DOERFFEL, Statistik in der analytischen Chemie

*Meinem hochverehrten Lehrer und Förderer,
Herrn Prof. Dr. G. Grüß (1902–1950),
ordentlicher Professor für Mathematik und Technische Mechanik
an der Bergakademie Freiberg (1936–1950),
in Dankbarkeit gewidmet*

DEUTSCHER VERLAG
FÜR GRUNDSTOFFINDUSTRIE GmbH · LEIPZIG

Statistik in der analytischen Chemie

Von Prof. Dr. sc. nat. Klaus Doerffel

5., erweiterte und überarbeitete Auflage

Mit 65 Bildern und 34 Tabellen

DOERFFEL, KLAUS:
Statistik in der analytischen Chemie /
von K. DOERFFEL. – 5., erw. u. überarb. Aufl. –
Leipzig: Dt. Verl. für Grundstoffind., 1990. –
256 S. : mit 65 Bild.

ISBN 3-342-00557-2
5., erweiterte und überarbeitete Auflage
© Deutscher Verlag für Grundstoffindustrie,
Leipzig, 1966
Erweiterte und überarbeitete Auflage:
© Deutscher Verlag für Grundstoffindustrie GmbH,
Leipzig, 1990
VLN 152-915/39/90
Printed in the German Democratic Republic
Satz und Druck: Interdruck GmbH Leipzig
Lektor: Dipl.-Chem. MARION HÖRHOLD
Gestaltung: GOTTFRIED LEONHARDT
Redaktionsschluß: 31. 5. 1990
LSV 1234
Bestell-Nr.: 542 266 1

Vorwort

Seit dem Erscheinen der ersten Auflage sind mehr als 20 Jahre vergangen. Das Buch hat sich seitdem zahlreiche Freunde im In- und Ausland erworben; es liegt in mehreren Übersetzungen vor. Die damals beschriebenen Methoden gehören inzwischen zum unentbehrlichen Handwerkszeug des Analytikers für die Charakterisierung von Analysenverfahren oder die Bewertung von Resultaten. Naturgemäß ist in diesen zwei Dezennien die methodische Entwicklung vorangeschritten. Theoretische Überlegungen haben die Einsatzbreite mancher Modelle erweitert oder auch neue Modelle bereitgestellt. Die Entwicklung der Rechentechnik hat Auswertemethoden vereinfacht oder automatisiert. Nach wie vor jedoch ist es Aufgabe des Analytikers geblieben, zum vorliegenden analytischen Problem das mathematische Modell fachgerecht auszuwählen, das aus dem Rechengang abgeleitete Resultat kritisch zu werten und in eine stoff- und problemgerechte Aussage umzusetzen.

Diesen Grundforderungen und Entwicklungstendenzen zu entsprechen, war das Anliegen bei der Überarbeitung des Buches. Beibehalten wurde die Grundkonzeption, Anregung zu geben für die fachgerechte Anwendung der mathematisch-statistischen Methoden. Daher wurde Wert auf den Vergleich von Varianten und Methoden gelegt. Zur stoff- und problemgerechten Interpretation der Rechenergebnisse konnten zusätzliche Beispiele aufgenommen werden, die zumeist Diskussionen zu diesem Gegenstand mit Fachkollegen entstammen. Dem aktuellen Problem der Zeitreihenanalyse wurde ein gesonderter Abschnitt gewidmet. Eine Erweiterung erfuhren die Abschnitte über statistische Tests und Korrelation/Regression. Weiterhin konnten Erfahrungen einfließen zur Behandlung logarithmisch-normalverteilter Meßwerte zum Umgang mit unvollständigen Faktorplänen sowie zur Anlage und Auswertung von Ringversuchen. Einen Abschnitt zur statistischen Optimierung steuerte Frau Dozent Dr. ARPADJAN (Sofia) bei.

Anregungen für die Überarbeitung gaben mir Gespräche mit Fachkollegen des In- und Auslandes, aber auch Diskussionen mit Mitarbeitern und Studenten. Ihnen allen bin ich zu Dank verpflichtet. Mein Dank gilt weiterhin Herrn Professor ACKERMANN und Herrn Professor DANZER für ihre kritischen Hinweise. Danken möchte ich meiner Mitarbeiterin Frau BIELA für ihre unermüdliche und zuverlässige Arbeit bei der Reinschrift des Manuskriptes und bei der Anfertigung der Zeichnungen. Dem Deutschen Verlag für Grundstoffindustrie gebührt mein Dank für sein bereitwilliges Eingehen auf meine Vorstellungen und Wünsche.

Ich hoffe, daß auch diese Auflage eine gute Aufnahme findet. Hinweise zur weiteren Gestaltung des Buches oder für Verbesserungsmöglichkeiten nehme ich gern entgegen.

KLAUS DOERFFEL

Inhaltsverzeichnis

Benutzte Symbolik 10

Standardprobleme 11

1 Fehlerarten in der analytischen Chemie 14

2 Empirische Häufigkeitsverteilungen 19

2.1. Diskussion empirischer Häufigkeitsverteilungen 19
2.2. Statistische Kennzahlen 23
    2.2.1. Mittelwerte 23
    2.2.2. Streuungsmaße 26
    2.2.3. Schiefe und Exzeß 29
2.3. Zweidimensionale Verteilungen 30

3 Theoretische Verteilungen 37

3.1. Gaußverteilung 37
3.2. Poissonverteilung 48
3.3. Prüfverteilungen 50
    3.3.1. t-Verteilung 50
    3.3.2. F-Verteilung 51
    3.3.3. χ^2-Verteilung 52
3.4. Zusammenhang zwischen den einzelnen Verteilungen 53

4 Fehlerfortpflanzung 55

4.1. Allgemeine Gesetzmäßigkeiten 55

4.2.	Analytische Operationen	56
4.3.	Gravimetrie	58
4.4.	Maßanalyse	60
4.5.	Photometrie	63
4.6.	Indirekte Verfahren	65
4.7.	Zählende Verfahren	68
4.8.	Probenahme	71

5 Zufallsfehler von Analysenverfahren — 77

5.1.	Berechnung der Standardabweichung	77
5.2.	Aussage	84

6 Beurteilung von Analysenwerten — 90

6.1.	Berechnung und Aussage des Vertrauensintervalls	90
6.2.	Prinzipielle Grenzen von Analysenverfahren	97
6.3.	Statistische Qualitätsbeurteilung	101

7 Statistische Prüfverfahren — 108

7.1.	Arbeitsweise	108
7.2.	Vergleich zweier Standardabweichungen (F-Test)	110
7.3.	Vergleich mehrerer Standardabweichungen (BARTLETT-Test)	114
7.4.	Vergleich zweier Mittelwerte (t-Test)	116
7.5.	Vergleich zweier Analysenserien	120
7.6.	Vergleich von Häufigkeiten	124
7.7.	Ausreißernachweis	125
7.8.	Prüfen empirischer Verteilungen	127

8 Inhomogenes Zahlenmaterial (einfache Varianzanalyse) — 133

8.1.	Zufallsfehler bei mehr als einer Fehlerursache	133
8.2.	Fehlerauflösung	135
8.3.	Vergleich mehrerer Mittelwerte	141
8.4.	Ringversuche	146

9 Statistik der Geraden (Korrelations- und Regressionsrechnung) ... 153

9.1. Prüfung auf gegenseitige Abhängigkeit zweier Variablen (Korrelationsrechnung) ... 153
9.2. Charakteristik von Zusammenhängen (Regressionsrechnung) ... 159
    9.2.1. Bestimmung der Konstanten ... 159
    9.2.2. Prüfverfahren ... 164
    9.2.3. Kalibrieren ... 167
    9.2.4. Nachweis systematischer Fehler ... 171

10 Einflüsse mehrerer Größen (Faktorexperimente) ... 178

10.1. Vollständige Faktorpläne ... 178
10.2. Unvollständige Faktorpläne nach PLACKETT und BURMAN ... 183
10.3. Spezifität und Selektivität von Analysenverfahren ... 188

11 Optimierung (S. ARPADJAN) ... 192

11.1. Allgemeine Verfahrensweise ... 192
11.2. Statistische Optimierung ... 193

12 Diskrete Zeitreihen ... 201

12.1. Beschreibung stochastischer Zeitreihen ... 201
12.2. Nachweis determinierter Komponenten ... 205
12.3. Korrelation innerhalb einer Zeitreihe ... 217
12.4. Korrelation zwischen zwei Zeitreihen ... 224
12.5. Verringerung von Prüfaufwand ... 228

Abschließende Betrachtungen ... 234

Tabellenanhang ... 236

Tabelle A.1. Ordinatenwerte der Gaußverteilung ... 236
Tabelle A.2. Gaußsches Integral ... 238
Tabelle A.3. Integralgrenzen der t-Verteilung in Abhängigkeit von der Wahrscheinlichkeit P (zweiseitige Fragestellung) bzw. $\bar{P}$ (einseitige Fragestellung) und dem Freiheitsgrad f ... 240

Tabelle A. 4. Integralgrenzen der χ^2-Verteilung in Abhängigkeit von der Wahrscheinlichkeit $\bar{P}$ und vom Freiheitsgrad f 241

Tabelle A. 5. Integralgrenzen der F-Verteilung in Abhängigkeit vom Freiheitsgrad f_1 und f_2 242

Tabelle A. 6. Grenzwerte zum DUNCAN-Test in Abhängigkeit vom Freiheitsgrad f_2 und der Rangordnung p_k der Meßwerte 246

Verzeichnis allgemeiner Vorschriften 248

Fachwörterverzeichnis Deutsch-Englisch-Russisch 250

Sachwörterverzeichnis 254

Benutzte Symbolik

a, b	Konstanten der Regressionsgeraden
k	Anzahl der Klassen bei empirischen Häufigkeitsverteilungen
m	Anzahl der Proben unterschiedlichen Gehaltes
μ	Mittelwert der Grundgesamtheit
n	Anzahl der Meßwerte
n_j	Anzahl der Parallelbestimmungen
P	Wahrscheinlichkeit
r	Korrelationskoeffizient
R	Spannweite
s	Schätzwert der Standardabweichung
s^2	Varianz
σ	Standardabweichung in der Grundgesamtheit
x	Meßwert
$\bar{x}$	Schätzwert des Mittelwertes
$\tilde{x}$	Zentralwert
$\pm \Delta \bar{x}$	Vertrauensintervall

Weitere, nicht durchgängig benutzte Symbole werden an der betreffenden Stelle erklärt.

Standardprobleme

In der Analytik trifft man eine Reihe von sich häufig wiederholenden Aufgabenstellungen an. Derartige Standardprobleme sind im folgenden zusammengestellt mit Hinweisen auf die zur Bearbeitung wichtigen Abschnitte dieses Buches.

Charakteristik von Analysenverfahren

Neben einer vollständigen, die Nacharbeit ermöglichenden Analysenvorschrift und der Angabe von Beleganalysen sind Analysenverfahren durch folgende Größen zu charakterisieren:

- Zufallsfehler [Größe (4; 5.1.); Gehaltsabhängigkeit (5.2.); Einfluß der Arbeitsbedingungen (2.1.; 5.2.; 8.1.)]
- systematische Fehler [Abwesenheit (9.2.4.), laufende Kontrolle (12.1.)]
- Selektivität (4.6.; 10.; bes. 10.3.)
- Kalibrierfunktion [Funktionstyp (9.2.2.); Gültigkeitsbereich (4.2.; 9.2.3.)]
- Nachweisvermögen [Nachweisgrenze mit Sicherheit $\bar{P}$, Blindwertbehandlung (6.2.; 9.2.3.), Erfassungsgrenze mit Sicherheit $P^+ \gg P^-$ (6.3.)]
- Zeitbedarf und Kosten

Präsentation von Analysenwerten

Analysenergebnisse müssen in allgemein gültiger, auch vom Nichtanalytiker interpretierbarer Form dargestellt werden. Hierzu dienen folgende Größen:

- Vertrauensintervall (6.1.; 8.4.; 9.2.3.)
- Richtigkeitsnachweis (7.4.; 8.4. [8.7])
- Erfassungsgrenze (6.3.) bei Spurenanalysen

Spurenanalyse

Bei spurenanalytischen Aufgaben arbeiten Analysenverfahren oft an der Grenze ihrer Leistungsfähigkeit. Dies bringt Besonderheiten bei der Charakterisierung von Analysenverfahren und bei der Präsentation von Resultaten. Zu beachten sind insbesondere

- logarithmische Verteilung der Meß- und Analysenwerte (2.1.; 5.1. [5.4]; 6.1.)
- logarithmische Kalibrierfunktion (9.2.2.)
- Nachweisgrenze (Blindwertermittlung, Sicherheit $\bar{P}$) für das Verfahren (6.2.; 9.2.3.)

- Erfassungsgrenze (Sicherheit $P^+ \gg P^-$) für das Resultat (6.3.)
- Präsentation der Resultate entsprechend der logarithmischen Meßwertverteilung (6.1.)

Qualitätssicherung

Zum Einhalten der z. B. durch gesetzliche Regelungen vorgeschriebenen Grenzen ist der Zufallsfehler (des als »richtig« vorausgesetzten Analysenwertes) zu berücksichtigen. Zweckmäßig ist die Diskussion folgender Gesichtspunkte:

- Vertrauensintervall (6.1.)
- Qualitätsvereinbarungen mit Abnehmer- und Erzeugerrisiko (6.3.)
- rechtliche Grundlagen der Verträge (6.3.)
- Ausnutzen korrelierender Kenngrößen (12.4.)
- Prüfung auf Trends und Periodizitäten bei Zeitreihen (12.2.)
- Kontrollkartentechniken (12.1.)
- Probenfrequenz (12.3.)
- Einsatz von Analysenkontrollproben (8.4. [8.7])

Probenahme

Die Entnahme einer repräsentativen Probe erfordert eingehende Kenntnisse zur Stoff- und Phasenzusammensetzung des Materials (vgl. Beispiele [4.10] und [8.2]). Darüber hinausgehend sind allgemeine Gesetzmäßigkeiten zu beachten, z. B.:

- Probenzahl (4.8.)
- Probengröße (8.2.)
- Probenhäufigkeit (12.3.)
- Möglichkeiten zur Ermittlung des Probenahmefehlers (8.2.)
- Möglichkeiten des Arbeitens mit Stichproben (12.5.)

Ringversuche

Im Ringversuch werden Proben durch verschiedene Laboratorien analysiert. Zur informativen Auswertung der Daten und für die effektive Anlage des Ringversuches sind folgende Gesichtspunkte zu berücksichtigen:

- graphische Darstellung der Daten (2.1.)
- Varianzanalyse als Auswertemodell (8.4.)
- Vergleichbarkeit von Laboratorien (8.4.)
- Anlage des Ringversuches nach Zahl der Laboratorien und Parallelbestimmungen (8.4.)
- Benutzen des zertifizierten Materials (8.4.)
- spezielle Vorgehensweise bei Spurenanalysen (5.1.; 6.1.; 8.4.)
- Durchführung von Ringversuchen bei nur wenigen teilnehmenden Laboratorien (2.1.; 8.4.)

Standardprobleme 13

Minimieren von Arbeitsaufwand

Beim Planen von Meßvorgängen aller Art muß es das Ziel sein, den stets kostenaufwendigen Prüfaufwand zu minimieren ohne Einbuße an Prüfqualität. Wichtige Gesichtspunkte dabei sind:

- Zusammenfassen von kleinen Teilversuchen (5.1.; 6.1.; 8.; 12.5.)
- Einsatz von Stichprobenplänen (12.5.)
- Ausnutzen korrelierender Größen (2.1. [2.19]; 9.1.; 12.4.)
- Qualitätskontrolle mit leichter zugänglichen Ersatzgrößen (12.5.)
- richtige Festlegung der Probenfrequenz (12.3.)
- exakte Formulierung von Qualitätsvereinbarungen im gegenseitigen Interesse (6.3.)

Statistische Tests

Statistische Tests liefern objektivierbare Entscheidungsaussagen. Für die speziellen Probleme ist der zugehörende passende Test auszuwählen:

- Vergleich von 2 Standardabweichungen (7.2.)
- Vergleich von mehr als 2 Standardabweichungen (7.3.)
- Vergleich Mittelwert mit Sollwert (7.4.)
- Vergleich zweier Mittelwerte (7.4.)
- Vergleich von mehr als 2 Mittelwerten (8.3.)
- Vergleich von Meßreihen (7.5.; 9.2.4.; 12.4.)
- Prüfung auf Ausreißer (7.7.)
- Vergleich von Häufigkeiten (7.6.)
- Prüfen von Verteilungen (3.1.; 7.8.)
- Nachweis von Periodizitäten (7.7.; 12.2.)
- Nachweis eines Trends (12.2.)
- Nachweis der linearen Regression (9.2.2.)
- Nachweis der Korrelation (9.1.; 12.4.)
- Nachweis des Faktoreinflusses (10.1.; 10.2.)

Verteilungsfunktionen

Die hier behandelten Auswerteverfahren setzen bestimmte Verteilungsfunktionen der Meßwerte voraus. Beiträge zur Diskussion dieser Verteilungen liefern:

- Interpretation empirischer Verteilungen (2.1.)
- Prüfung empirischer Verteilungen (2.1.; 3.1.; 7.8.)
- Auswahl adäquater Verteilungen (2.1.; 5.1. [5.3]; 6.1.)

Bei Nichterfüllung angenommener Verteilungen sind zu beachten:

- Konsequenzen für Vertrauensintervalle (3.1.) und alle parametrischen Tests
- Anwendung verteilungsunabhängiger Auswerte- und Rechenverfahren (2.2. [2.5], Gl. (2.9); 9.2.1.) sowie von nichtparametrischen Tests (7.; 12.2.)

1 Fehlerarten in der analytischen Chemie

Bei der Analyse einer Probe setzt der Analytiker meist mehrere Parallelbestimmungen an. Dabei sollen die einzelnen Resultate möglichst nahe beieinander liegen und dem tatsächlichen Gehalt der Probe entsprechen. Es sind also zwei Gesichtspunkte, nach denen der Analytiker seine Ergebnisse beurteilt:
1. die Reproduzierbarkeit der ermittelten Resultate,
2. die Übereinstimmung mit dem wirklichen Gehalt der Probe.

Die Reproduzierbarkeit hängt ab von dem *Zufallsfehler* des Analysenverfahrens. Je größer der Zufallsfehler ausfällt, desto stärker streuen die Werte bei der Wiederholung der Analyse und desto geringer ist die *Präzision* des Analysenverfahrens.

Abweichungen vom wahren Gehalt der Probe werden durch *systematische Fehler* verursacht. Ein Analysenverfahren kann nur dann richtige Werte liefern, wenn es frei ist von systematischen Fehlern. Zufällige Fehler machen ein Analysenergebnis unsicher, systematische Fehler machen es falsch. Es sind also die Reproduzierbarkeit der nach einem bestimmten Analysenverfahren erhaltenen Ergebnisse sowie ihre Richtigkeit getrennt zu diskutieren. Während sich die *Reproduzierbarkeit* durch die Größe des aufgetretenen Zufallsfehlers quantisieren läßt, kann man die Richtigkeit von Analysenwerten nur als qualitative Ja/Nein-Entscheidung (richtig bzw. systematisch verfälscht) erbringen [1].

In den Nomenklaturempfehlungen der IUPAC [2] werden zur Charakteristik des Zufallsfehlers die beiden Begriffe »Präzision« und »Genauigkeit« angegeben. Da der Begriff »Genauigkeit« in der Literatur nicht in einheitlichem Sinne benutzt wird, soll er im folgenden keine Anwendung finden.

[1.1] Im Praktikum der Maßanalyse hatten zwei Studenten die gleiche Probe zu titrieren. Folgende Werte wurden gefunden (in mg Ca):

Student 1			Student 2		
121,5	122,0	121,0	125,0	126,0	126,2

Bei beiden tritt die gleiche Zufallsstreuung auf. Gegenüber dem vorgegebenen Gehalt von 125,0 mg weisen die Resultate des ersten Studenten eine systematische Verschiebung zu Minderbefunden auf, sie können deshalb nicht als »richtig« anerkannt werden.

Die in der analytischen Chemie auftretenden Zufallsfehler und systematischen Fehler lassen sich auf viele verschiedenartige Ursachen zurückführen. Als hauptsächliche Fehlerquellen kommen in Betracht:

1. Die meisten untersuchten Stoffe sind als inhomogen anzusehen. Mehrere kleine daraus entnommene Anteile – die Analysenproben – werden deshalb nicht die gleiche Zusammensetzung besitzen. Die Analysenergebnisse werden also bereits aus diesem Grunde zufällige Schwankungen besitzen. Durch unsachgemäße einseitige Probenahme kann eine Bevorzugung einzelner Bestandteile und damit eine systematische Verfälschung der Probenzusammensetzung verursacht werden.
2. Alle zur Analyse notwendigen Meßgrößen, wie z. B. die Masse eines Niederschlages oder die Extinktion einer gefärbten Lösung, lassen sich nur mit begrenzter Präzision bestimmen. Das ist zurückzuführen auf das benutzte Meßverfahren, auf die spezielle Meßgröße und oftmals auch auf subjektive Einflüsse. Sieht man von fehlerhaft justierten Meßgeräten u. ä. ab, so äußern sich Meßfehler meist in Form zufälliger Abweichungen. Diese müssen durch geeignete Wahl der Meßbedingungen so klein als möglich gehalten werden [3].
3. Insbesondere bei der klassischen Analyse werden die untersuchten Proben chemischen Reaktionen unterworfen, deren Reaktionsprodukte nach Art und Menge charakterisiert werden. Alle diese Reaktionen sind als Gleichgewichtsreaktionen anzusehen, bei denen man bestrebt ist, das Gleichgewicht möglichst weit zugunsten der Reaktionsprodukte zu verschieben. Trotzdem treten im Ablauf der Reaktionen sowohl zufällige Fehler (z. B. Löslichkeitsbeeinflussungen durch unterschiedliche Neutralsalzkonzentrationen) als auch systematische Fehler (z. B. Mitfällungserscheinungen) auf. Aufgabe des Analytikers ist es, die für den jeweiligen speziellen Zweck am besten geeigneten Reaktionen auszuwählen.

Sieht man vom Probenahmefehler ab als nicht zum Analysenverfahren unmittelbar gehörig, so setzt sich der Gesamtfehler aus den Meßfehlern und den Fehlern beim Ablauf der chemischen Reaktion zusammen. Im allgemeinen sollen die Meßfehler klein sein gegenüber den Verfahrensfehlern. Während sich die Meßfehler durch die bei physikalischen Untersuchungen stets angewandte Fehlerdiskussion abschätzen lassen, ist dies für den Verfahrensfehler nicht oder nur ausnahmsweise möglich. Eine Beschreibung dieses Fehlers und damit des Gesamtfehlers ist nur möglich mit Hilfe der Methoden der mathematischen Statistik.

Diese Methoden gehen von der idealisierten Annahme aus, daß eine unendlich große Zahl von Meßwerten vorliegt. Die Menge aller dieser Resultate bezeichnet man als die *Grundgesamtheit*. Aus ihr leitet man die Gesetzmäßigkeiten ab für die dem Betrachter rein zufällig erscheinenden Vorgänge. Bei praktischen Messungen liegt indessen stets nur eine sehr begrenzte Anzahl von Meßwerten vor. Sie bilden aus der Grundgesamtheit eine Auswahl von endlichem Umfang, eine *Stichprobe*. Man hat die Stichprobe derart auszuwählen, daß sie die Grundgesamtheit möglichst gut charakterisiert (repräsentiert). Dieses Ziel ist um so besser zu erreichen, je größer der Umfang der Stichprobe ist und je besser die zufällige Auswahl der einzelnen Meßwerte erfolgte.

[1.2] Die Verhältnisse der Stichprobenauswahl lassen sich mit den Prinzipien der Probenahme in der Analytik besonders gut vergleichen. Eine Probe repräsentiert das Analysengut nur dann, wenn die Auswahl zufallsbedingt erfolgte (d. h. keine Bevorzugung gewisser Partien) und wenn die Probe genügend groß ist.

Grundsätzlich wird auch die richtig entnommene Stichprobe mit zufälligen Unterschieden gegenüber der Grundgesamtheit behaftet sein. Diese Zufälligkeiten und die Wahrscheinlichkeit ihres Auftretens lassen sich mit Hilfe der mathematischen Statistik beschreiben. Sie gestattet durch die Messung an Stichproben Aussagen zu geben über das Verhalten der Grundgesamtheit. Es ist deshalb möglich, aus einer endlichen Zahl von Meßwerten allgemein gültige Rückschlüsse über den Zufallsfehler des zugrunde liegenden Meßverfahrens abzuleiten und Voraussagen auf zukünftige gleichartige Fälle zu geben.

Ist innerhalb einer Analysenserie allein der Zufallsfehler wirksam, so streuen die Resultate regellos um kleine Beträge trotz völlig konstant gehaltener Versuchsbedingungen. Der meist unbekannte wahre Gehalt der Probe liegt *innerhalb* dieses Schwankungsbereiches. Der Zufallsfehler kann angegeben werden in der gleichen Einheit wie der Meßwert (z. B. in mg, in mg/l oder in Prozent). Man bezeichnet dies als den *Absolutfehler*. Der Zufallsfehler kann aber auch auf den Meßwert bezogen sein. Man erhält dann einen *relativen bzw. prozentualen Fehler*. Bei Fehlerangaben muß vermerkt sein, um welche der beiden Möglichkeiten es sich handelt.

[1.3] Bei Analysennormalproben ist im Attest neben dem Prozentgehalt der einzelnen Komponenten auch noch der zugehörige Zufallsfehler in Form des Absolutfehlers vermerkt. Für den Chromgehalt in einem Ferrochrom findet man beispielsweise $(63{,}5 \pm 0{,}1)\%$ Cr. Will man hieraus den relativen oder prozentualen Fehler ermitteln, so erhält man

$$\frac{0{,}1}{63{,}5} = 0{,}0016 \triangleq 0{,}16\,\% \text{ (rel.)}.$$

Der Absolutfehler ist für den unmittelbaren Gebrauch besonders einfach zu handhaben, er vermittelt einen direkten Eindruck über die Tragfähigkeit des gewonnenen Wertes. Dagegen ist der Relativfehler oft anschaulicher zur Charakterisierung von Analysenverfahren wegen seiner Verknüpfung mit dem Meßwert.

Systematische Fehler beeinflussen alle Messungen stets im gleichen Sinne. Dabei liegt der wahre Wert *außerhalb* des Schwankungsbereiches. Sind alle Meßwerte um den gleichen additiven Betrag verfälscht, so spricht man von einem *konstanten Fehler* (z. B. nicht erkannter Blindwert). Abweichungen, die sich mit der Meßwertgröße ändern, bezeichnet man als *veränderliche Fehler*. Bei Proportionalität zwischen Meßwert und Fehlergröße spricht man von einem *linear veränderlichen Fehler* (z. B. falsche Titerstellung einer Maßflüssigkeit). Beide Fehlerarten können natürlich auch gemeinsam auftreten. Systematische Abweichungen gibt man meist in Form des Absolutfehlers an [4].

Infolge des Zufallsfehlers streuen Parallelbestimmungen bei einer Analyse regellos um den wahren Wert der Probe. Ein systematischer Fehler dagegen verschiebt die Meßwerte zusätzlich nach der einen oder anderen Richtung, das Verfahren zeigt eine »Mißweisung«. Zufallsfehler und systematische Fehler wirken sich auf ein Analysenergebnis also grundverschieden aus. Trotzdem bestehen jedoch zwischen beiden Fehlerarten gewisse Zusammenhänge.

Eine Reihe von Analysenverfahren sind bekannt für ihre Neigung zu mehr oder weniger großen, systematischen Plus- oder Minusfehlern. Ein Beispiel hierfür bildet die gravimetrische Kieselsäurebestimmung, bei der man stets mit Minderbefunden zu rechnen hat.

Diese Minderbefunde kann man jedoch erst dann nachweisen, wenn die z. B. durch Löslichkeit des Niederschlages aufgetretenen Verluste größer sind als die Schwankungen als Folge des zufälligen Analysenfehlers. Es lassen sich ganz allgemein systematische Fehler nur dann auffinden, wenn die Verschiebung der Meßwerte größer ist als der Zufallsfehler des angewandten Meßverfahrens.

Wird eine Analysenprobe in verschiedenen Laboratorien untersucht, so treten in dem einen Teil systematische Plusfehler verschiedener Größe und in dem anderen Teil der Laboratorien systematische Minusfehler verschiedener Größe auf. Diese systematischen Abweichungen sind deutlich größer als der Zufallsfehler des Verfahrens. Da sie unterschiedliche Größe und verschiedenes Vorzeichen besitzen, äußern sie sich in Form einer regellosen Streuung der Ergebnisse, also in Form eines vergrößerten Zufallsfehlers. Das gleichzeitige Auftreten systematischer Fehler verschiedener Größe und verschiedenen Vorzeichens bewirkt also eine Erhöhung des Zufallsfehlers.

Ziel aller analytischen Untersuchungen ist es, dem wahren Gehalt der Probe durch die gefundenen Analysenwerte möglichst nahe zu kommen. Um dieses Ziel zu erreichen, nimmt man bei der Auswahl eines Analysenverfahrens gegebenenfalls einen kleinen systematischen Fehler in Kauf, falls das Verfahren einen geringen Zufallsfehler besitzt. Trotz der kleinen systematischen Verschiebung der Resultate kann man dabei dem wahren Gehalt der Probe näher kommen als durch Anwendung einer Methode, die zwar »richtig« arbeitet, jedoch einen sehr hohen Zufallsfehler besitzt ([5], vgl. Abschn. 2.2.2.).

Sämtliche bei Analysen auftretenden Fehler – Zufallsfehler wie auch systematische Fehler – lassen sich auf Eigenarten des benutzten Analysenverfahrens zurückführen. Sie werden weiterhin beeinflußt z. B. durch die Arbeitsbedingungen im Laboratorium oder die Qualifikation der Arbeitskraft und können zeitlichen Schwankungen unterworfen sein.

Bei allen Untersuchungen muß der Analytiker anstreben, den Zufallsfehler möglichst klein und unter ständiger Kontrolle zu halten und systematische Fehler dauerhaft auszuschalten. Dies letztere sollte geschehen durch Beseitigen der Fehlerursachen, nicht aber durch nachträgliche Korrektur des Ergebnisses. Die zuweilen empfohlenen empirischen Korrekturfaktoren sind als Mittelwerte mit mehr oder weniger großer Schwankungsbreite anzusehen, sie sagen deshalb nur wenig aus über den speziellen Einzelfall. Darüber hinaus wird durch die »Berichtigung« stets der Zufallsfehler vergrößert, weil man zwei fehlerhafte Werte kombiniert.

Will man Ergebnisse innerhalb einer größeren Meßreihe nur miteinander vergleichen – man bezeichnet dies zuweilen als *Relativmessungen* –, so genügt die Kenntnis des aufgetretenen Zufallsfehlers. Ob das Analysenverfahren einen systematischen Fehler enthielt, ist weniger wichtig zu wissen. Man muß nur sicher gehen können, daß sich dieser evtl. systematische Fehler während der Untersuchungen nicht verändert hat. Dagegen muß man bei *Absolutbestimmungen* (z. B. der Gehalt eines gehandelten Produktes) sowohl den Zufallsfehler kennen als auch wissen, daß keine systematischen Fehler zugegen waren. Die Richtigkeit eines Analysenwertes gilt im allgemeinen nur dann als erwiesen, wenn zwei möglichst verschiedene Methoden zu Werten führen, zwischen denen kein Unterschied nachweisbar ist ([5], Abschn. 7.).

Viele Analysenverfahren arbeiten mit empirischen Faktoren. Sie führen erst nach Kalibrierung zu »richtigen« Werten (z. B. Manganbestimmung nach VOLHARD-WOLFF). Zur Kalibrierung verwendet man zweckmäßig Normalproben von ähnlicher Zusammensetzung wie die untersuchte Probe. Die Häufigkeit der Kalibrierung ist fallweise festzulegen. Die »konventionellen« Analysenverfahren (etwa die Aschebestimmung in Brennstoffen oder die Flammpunktbestimmung von Ölen) sind als weitgehend standardisierte Untersuchungsmethoden anzusehen. Sie dienen vielfach nur der leichteren Verständigung z. B. zwischen Handelspartnern und liefern oft keine im hier gebrauchten Sinne »richtigen« Analysenwerte.

Fehlerdiskussionen spielen eine entscheidende Rolle beim Planen, Auswerten und Deuten chemisch-analytischer Untersuchungen. Deshalb benötigt der Analytiker umfassende Kenntnisse über die in seinem Arbeitsgebiet möglichen Fehlerarten. Unter Berücksichtigung ihrer charakteristischen Eigenschaften erhält er dann mit Hilfe mathematisch-statistischer Verfahren die gewünschte Information über sein vorliegendes Zahlenmaterial. Die Verfahren der mathematischen Statistik sind als »Handwerkszeug« auf jeweils bestimmte Fragestellungen zugeschnitten, z. B. auf den Vergleich von Mittelwerten, auf die Auswertung von Ringversuchen oder auf den Nachweis systematischer Fehler. Aufgabe des Analytikers ist es, aus dem Kreis der verschiedenen mathematisch-statistischen Methoden die für seine spezielle Fragestellung bestgeeignete Möglichkeit auszuwählen.

Quellenverzeichnis zum Abschnitt 1.

[1] KAISER, H.; SPECKER, H.: Bewertung und Vergleich von Analysenverfahren. Z. anal. Chem. **149** (1956) 46/56
[2] IUPAC, Nomenklaturregeln für die Analytik.
Recommendations for the Presentation of the Results of Chemical Analysis. Pure Appl. Chem. **18** (1969) 437/442
Mitteilungsblatt Chem. Ges. DDR 1981, Beiheft 42
[3] GYSEL, H.: Unbewußte individuelle Schätzungsanomalien und ihre Auswirkung auf die Genauigkeit von Mikroanalysen. Mikrochim. Acta 3 (1953) 266; **1956**; 577
[4] YOUDEN, W. J.: Testing Accuracy of Analytical Results. Anal. Chem. **19** (1946) 946/948
[5] DOERFFEL, K.; ECKSCHLAGER, K.; HENRION, G.: Chemometrische Strategien in der Analytik. Leipzig: Deutscher Verlag für Grundstoffindustrie 1990

Weiterführende Literatur zum Abschnitt 1.

BLJUM, A.: Aufgaben der Metrologie, Zavod. Lab. **11** (1976) 1289/1299
GOTTSCHALK, G.: Einführung in die Grundlagen der chemischen Materialprüfung. Stuttgart: Verlag S. Hirzel 1966
HARRIS, W. E.: Sampling, manipulative, observational and evaluative errors. Int. Lab. **1978**, 53/62
KLIMENT, V.; SANDRICK, R.: The precision and accuracy in X-ray fluorescence analysis of powdered samples. Radiochem., Radioanal. Lett. **46** (1981) 49/56
MAKULOV, A.: Berechnung systematischer Fehler in Mehrkomponentenstoffen. Zavod. Lab. **42** (1976) 1457/1464
NÖSEL, H.: Über die Zuverlässigkeit von O_2-Sättigungstabellen. Wasser, Luft, Betrieb **22** (1978) 176/180
ROGERS, L. B.: Validations of analytical measurements at trace levels of concentration. Acta pharm. suec. **18** (1982) 75
DIN 55350, Teil 12 und 13: Begriffe der Qualitätssicherung und Statistik

2 Empirische Häufigkeitsverteilungen

Viele Untersuchungen beginnen mit dem Zusammentragen eines umfangreichen Zahlenmaterials. In der analytischen Chemie fällt eine solche Vielzahl von Werten beispielsweise an, wenn man eine Probe in Form des Ringversuches in mehreren Laboratorien analysiert hat oder wenn man Qualitätskennwerte eines Produktes über einen längeren Zeitraum sammelt. Dieses Zahlenmaterial muß für die nachfolgenden Untersuchungen systematisch geordnet werden, hierzu erweisen sich graphische Methoden als besonders zweckmäßig und anschaulich. Als nächstfolgender Schritt wird angestrebt, das Zahlenmaterial durch Angabe weniger, charakteristischer Zahlenwerte zu kennzeichnen. Diese Kenngrößen erlauben in einfacher Weise den Vergleich des gewonnenen Zahlenmaterials mit anderen bereits vorliegenden Meßergebnissen.

2.1. Diskussion empirischer Häufigkeitsverteilungen

Die Durchdringung eines umfangreichen Zahlenmaterials wird erleichtert durch systematisches Ordnen. Wertvolle Hinweise gibt oftmals das Auftragen der Meßwertgröße in Abhängigkeit von der Häufigkeit des Meßwertes. Dabei kann man z. B. die Meßwerte als einzelne Punkte auf der linear geteilten (eindimensionalen) Zahlengeraden auftragen und dann die Punktdichte beurteilen. Wegen dieser möglichen Darstellungsform bezeichnet man derartige Verteilungen als *eindimensionale Verteilungen.*
Anschaulicher ist die Darstellung in Form des Säulendiagramms, bei dem man graphisch die Häufigkeit h in Abhängigkeit von der (in Klassen eingeteilten) Meßwertgröße x aufträgt. Die längste Säule zeigt den am häufigsten auftretenden Meßwert an und entspricht auf der Zahlengeraden der Stelle mit der größten Punktdichte. Zur Konstruktion des Säulendiagramms faßt man die einzelnen Werte zu k Klassen mit der Klassenbreite d zusammen. Die Zahl der Klassen k soll etwa gleich sein der Wurzel aus der Anzahl der Meßwerte, sie soll den Wert fünf jedoch nicht unter- und den Wert zwanzig nicht überschreiten. Bildet man zu wenige Klassen, so können charakteristische Einzelheiten der Häufigkeitsverteilung verlorengehen, durch zu weitgehende Klassenaufteilung verwischen die kleinen Zufallsschwankungen das Allgemeinbild. Bei der Wahl der Klassengrenzen ist darauf zu achten, daß die obere Klassengrenze kleiner ist als die untere der nächstfolgenden Klasse (vgl. Beispiel [2.1]). Wenn man Analysenergebnisse, die an einer

Probe erhalten wurden, in der beschriebenen Weise ordnet, erhält man bei einwandfreien Versuchsbedingungen meist symmetrische Verteilungen mit einem Häufigkeitsmaximum. Asymmetrische Häufigkeitsverteilungen mit links- oder rechtsverschobenem Maximum deuten auf Mängel in den Versuchsbedingungen oder auf falsche Teilung der Abszissenachse hin [1].

[2.1] An einem Ringversuch zur Aluminiumbestimmung in Stahl beteiligten sich 12 Laboratorien. Jedes der Laboratorien lieferte fünf an verschiedenen Tagen gewonnene Analysenwerte, die in der folgenden Übersicht zusammengestellt sind (in % Al angegeben):

Laboratorium A	0,016	0,015	0,017	0,016	0,019
Laboratorium B	0,017	0,016	0,016	0,016	0,018
Laboratorium C	0,015	0,014	0,014	0,014	0,015
Laboratorium D	0,011	0,007	0,008	0,010	0,009
Laboratorium E	0,011	0,011	0,013	0,012	0,012
Laboratorium F	0,012	0,014	0,013	0,013	0,015
Laboratorium G	0,011	0,009	0,012	0,010	0,012
Laboratorium H	0,011	0,011	0,012	0,014	0,013
Laboratorium I	0,012	0,014	0,015	0,013	0,014
Laboratorium K	0,015	0,018	0,016	0,017	0,016
Laboratorium L	0,015	0,014	0,013	0,014	0,014
Laboratorium M	0,012	0,014	0,012	0,013	0,012

Es liegen insgesamt $n = 60$ Werte vor. Der niedrigste Wert ist bei Laboratorium D mit $x_{D2} = 0,007$ % Al angegeben, der höchste bei Laboratorium A mit $x_{A5} = 0,019$ % Al. Mit einer Unterteilung in $k = 7$ Klassen mit einer Klassenbreite von je $d = 0,002$ % Al kommt man der Forderung $k \approx \sqrt{n}$ nahe. Die erste Klasse umfaßt die Werte 0,007 und 0,008 % Al, die zweite die Werte 0,009 und 0,010 % Al usw. Mit dieser Klasseneinteilung erhält man die im Bild 2.1 dargestellte Häufigkeitsverteilung. Trotz der unterschiedlichen Herkunft der Werte ergibt sich eine Häufigkeitsverteilung mit einem ausgeprägten Maximum. Auffällig ist, daß die in den einzelnen Laboratorien wiederholten Werte gut beieinander liegen, während beim Vergleich zwischen den einzelnen Laboratorien teilweise recht große Differenzen zu beobachten sind.

Für das praktische Arbeiten ist es oft zweckmäßig, empirische Häufigkeitsverteilungen um 90° gedreht zu zeichnen. Der Merkmalswert x läuft dann also von oben nach unten, die Häufigkeit h von links nach rechts.

Aus der Form der Häufigkeitsverteilung kann man bereits qualitative Aussagen über den aufgetretenen Zufallsfehler erhalten [1]. Bei großem Zufallsfehler ergeben sich breite Verteilungen, bei kleinem Zufallsfehler wird – vergleichbare Klasseneinteilung vorausgesetzt – die Verteilungskurve schmal und spitz. Keine Auskunft erhält man jedoch über einen evtl. systematischen Fehler, da dieser die Gestalt der Verteilung nicht verändert. Dagegen ergeben sich uneinheitliche systematische Fehler in oft sehr charakteristischer Weise zu erkennen. Tritt z. B. bei einem Ringversuch von mehreren Laboratorien in einem Teil der Laboratorien nach Größe und Vorzeichen der gleiche systematische Fehler auf, so entstehen Häufigkeitsverteilungen mit zwei (oder mehreren) Maxima. Das zweite Maximum kann sich auch als »Schulter« des Hauptmaximums äußern und eine schiefe Verteilung vortäuschen, wenn die systematische Verschiebung nicht sehr groß ist (vgl. Bild 2.2). Die Trennung solcher zusammengesetzter Verteilungen wird in vielen Fällen durch das Wahrscheinlichkeitsnetz [2] erleichtert (vgl. Bild 3.8).

```
                           M
                           M
                     M     L
                     M     L
                     M     L     L
                     I     L     K
                     H     I     K
                     H     I     K
                     H     I     I
                     G     H     F
                     G     H     C
                     G     F     C
                     F     F     B
                     E     F     B     K
               G     E     E     B     K
               G     E     C     A     B
         D  D  E     C     A     B
         D  D  D     C     A     A     A
                    ─────────────────────────
obere
Klassengrenze    8   10    12    14    16    18    20·10⁻³% Al
```

Bild 2.1. Häufigkeitsverteilung der Analysenwerte bei einem Ringversuch zur Aluminiumbestimmung in Stahl durch zwölf verschiedene Laboratorien

```
            M
         I  M
         I  M
         I  I  M
         I  G  M  L
         F  G  G  L
         F  G  K  K  L
      B  F  G  H  K  L
      B  B  F  K  D  L  C
      F  B  H  D  H  D  A  C
      E  E  H  H  D  C  A  C
   B  E  E  E  H  D  C  A  A  A
  ──────────────────────────────────
   40 41 42 43 44 45 46 47 48 49·10⁻³% Al
```

Bild 2.2. Asymmetrische Häufigkeitsverteilung bei einem Ringversuch zur Aluminiumbestimmung nach zwei verschiedenen Verfahren

In den meisten Fällen sind die Zahlenwerte aus einer mehrgipfligen Verteilung nicht geeignet für die weitere Auswertung. Man muß versuchen, die Ursachen des aufgetretenen systematischen Fehlers zu erkennen und abzustellen. Danach wird der Versuch unter einwandfreien Bedingungen wiederholt.

Bei Ringversuchen nicht gleichwertiger Laboratorien können schiefe Verteilungen mit einem links- oder rechtsseitig verschobenen Häufigkeitsmaximum oft dann beobachtet werden, wenn die Resultate der einzelnen Laboratorien mit systematischen Fehlern gleichen Vorzeichens, aber verschiedener Größe behaftet waren.

2. Empirische Häufigkeitsverteilungen

```
        H
        H
G       G       H                               F       G
G       G       H                               F       G       G
G       F       H                               E       F       G
F       F       F                       F       D       E       G
E       F       C       D               F       D       E       E
E       E       B       D       D       D       C       E       B
E       E       B       D       C       C       C       D       B       E
A       C       A       D       B       C       C       A       B       B
A       C       A       A       B       B       A       A       A       A       B

0,52    0,54            0,56% Si        5,44            5,50            5,56% Si
```

Bild 2.3. Schiefe Häufigkeitsverteilung von Analysenwerten bei der gemeinschaftlichen Siliciumbestimmung durch Ringversuch

[2.2] Für die Gefahr eines Minderbefundes ist die Siliciumbestimmung bekannt. Bild 2.3 zeigt zwei Häufigkeitsverteilungen von Werten aus Ringversuchen zur Siliciumbestimmung. Zu untersuchen waren zwei Stahlproben mit unterschiedlichem Siliciumgehalt. Es ergeben sich zwei deutlich linksseitig verschobene Verteilungen. Die Schiefe der Verteilung ist besonders ausgeprägt bei Probe 1 mit dem niedrigen Siliciumgehalt. Daher kann man vermuten, daß sich die systematische Abweichung in Form eines konstanten Fehlers (vgl. Abschn. 1, S. 16) äußert.

[2.3] Zu methodischen Untersuchungen wurde die gleiche Zinnerzprobe sechzigmal auf spektrochemischem Wege analysiert. Die Häufigkeitsverteilung der Meßwerte zeigt eine linksseitige Asymmetrie (vgl. Bild 2.4, S. 23). Diese verschwindet jedoch, wenn man die gefundenen Gehalte logarithmiert und für diese Gehaltslogarithmen die Häufigkeitsverteilung zeichnet [5].

Schiefe Verteilungen können auch dann auftreten, wenn die lineare Teilung der Merkmalsachse (Abszisse) aus verfahrensbedingten Gründen nicht gerechtfertigt ist. Solche scheinbar schiefen Verteilungen lassen sich oftmals in eine symmetrische Form überführen, indem man die Merkmalsachse logarithmisch teilt [3] [4].
Derartige logarithmische Verteilungen treten häufiger auf, als man vermutet. Sie werden jedoch oftmals nicht erkannt, da bei geringem Zufallsfehler des Verfahrens ihr Unterschied zur Verteilung mit linearer Merkmalsteilung nur gering ist. Mit dem Auftreten von logarithmischen Verteilungen muß man rechnen

- bei der Analyse sehr niedriger Gehalte (Spurenanalyse),
- bei Untersuchungen innerhalb eines sehr weit gespannten Gehaltsbereiches (mehrere Zehnerpotenzen),
- bei sehr großem Zufallsfehler (z. B. halbquantitative Spektralanalyse),
- bei Zeitmessungen.

Bei Vorliegen logarithmischer Verteilungen sind für alle nachfolgenden rechnerischen Auswertungen die Logarithmen der Meßwerte einzusetzen.
Die Diskussion empirischer Häufigkeitsverteilungen in der beschriebenen Art kann stets nur erste orientierende Hinweise geben. Selbst bei Vorliegen einer genügenden Anzahl von Messungen ($n > 40$) lassen sich nur ausgesprochen deutliche Erscheinungen mit genügender Sicherheit diagnostizieren (vgl. Beispiel [7.16]).

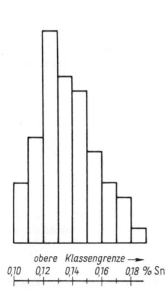
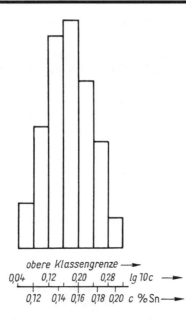

Bild 2.4. Häufigkeitsverteilung spektrochemischer Zinnbestimmungen [5] bei linearer und bei logarithmischer Merkmalsteilung

2.2. Statistische Kennzahlen

Für die anschließende weitere Bewertung von empirischen Verteilungen ist das im Versuch erhaltene Zahlenmaterial durch numerische Kennziffern zu charakterisieren. Hierzu dienen Mittelwerte und Streuungsmaße. Nur durch Angabe beider Größen ist eine Häufigkeitsverteilung bestimmt. Deshalb ist die oft übliche Angabe eines Mittelwertes allein wenig aussagekräftig. Sie sollte aus diesem Grunde stets durch Angabe des zugehörigen Zufallsfehlers ergänzt werden.

2.2.1. Mittelwerte

Bei der Auswertung von Analysenergebnissen werden fast ausschließlich das arithmetische bzw. das geometrische Mittel sowie der Zentralwert benutzt. Entsprechend den Eigenschaften der vorliegenden Messungen und entsprechend der gewünschten Aussage wird der eine oder andere dieser Mittelwerte gewählt. Wichtig ist, daß man für Resultate, die miteinander verglichen werden sollen, stets den gleichen Mittelwert verwendet.
Arithmetisches und *geometrisches Mittel:* Es mögen von einer Stichprobe n Einzelwerte $x_1, x_2 \ldots x_n$ (allgemein mit x_i bezeichnet) vorliegen. Dann ist der arithmetische Mittelwert $\bar{x}$ zu berechnen nach

$$\bar{x} = \frac{x_1 + x_2 + \ldots + x_n}{n} = \frac{1}{n} \sum_{i=1}^{n} x_i. \tag{2.1}$$

2. Empirische Häufigkeitsverteilungen

Sofern nicht zu wenige Messungen vorliegen, stellt das arithmetische Mittel $\bar{x}$ in den meisten Fällen eine gute Näherung für den Mittelwert in der Grundgesamtheit μ dar. Manche Analysenmethoden liefern die Logarithmen der gesuchten Gehalte (z. B. Spektralanalyse, vgl. Beispiel [2.3]). Die Umrechnung auf die gesuchten Gehalte erfolgt meist besonders einfach durch logarithmische Teilung der Konzentrationsachse bei der Kalibrierung. Zur Bestimmung des Mittelwertes müssen in derartigen Fällen die Logarithmen (und nicht die Numeri) benutzt werden. Mit $x = \lg X$ erhält man:

$$\bar{x}_{\lg} = \frac{\lg X_1 + \lg X_2 + \ldots + \lg X_n}{n} = \lg \bar{X}, \qquad (2.2)$$

$$\bar{X} = \sqrt[n]{X_1 \cdot X_2 \cdot \ldots \cdot X_n}. \qquad (2.3)$$

Es ist also statt des arithmetischen das geometrische Mittel $\bar{x}_g$ anzugeben. Sein numerischer Wert liegt stets unter dem des arithmetischen Mittels. Jedoch ist dieser Unterschied für praktische Zwecke vernachlässigbar, wenn der Zufallsfehler des Analysenverfahrens genügend klein ist (vgl. Bild 2.5, S. 28).

[2.4] Bei der quantitativen spektrochemischen Bestimmung von Zinn in armen Zinnerzen [5] wurden in einer Probe folgende Gehalte ermittelt (in % Sn):
$X_i = 0,19_2$
$ 0,24_3$
$ 0,15_7$
$ 0,25_5$
$ 0,31_9$

Man transformiert die Werte nach $x = \lg 10X$ und erhält:

$x_i = 0,283$
$ 0,386$
$ 0,196$
$ 0,407$
$ 0,504$

Einsetzen dieser Logarithmen in Gl. (2.2) führt zu $\bar{x}_{\lg} = 0,355 = \lg \bar{X}$. Durch Entlogarithmieren findet man als geometrisches Mittel $\bar{X} = 0,226$ % Sn. Das arithmetische Mittel ergibt sich zu $0,23_3$ % Sn.

Arithmetisches (und geometrisches) Mittel sollen nicht aus mehrgipfligen Verteilungen berechnet werden. Bei der Mittelbildung dürfen nur Werte aus vergleichbaren Messungen miteinander kombiniert werden. Im allgemeinen sollen dem Mittelwert wenigstens drei Einzelmessungen zugrunde liegen. Bei der Mittelbildung darf ein auffallend kleiner oder großer Meßwert keinesfalls weggelassen werden, es sei denn, man hat ihn als Ausreißer nachgewiesen (vgl. Abschn. 7.7.). Diese strenge Regel darf bei Messungen innerhalb eines Laboratoriums dahingehend gemildert werden, daß anstelle des abweichenden Wertes mindestens drei weitere Werte eingesetzt werden. Die Mittelbildung ist nicht statthaft, wenn die Merkmalsachse der Häufigkeitsverteilung nicht linear geteilt ist oder wenn die nach zeitlicher Entstehungsreihenfolge geordneten Meßwerte steigende oder fallende Tendenz (einen »Gang«) zeigen (vgl. Abschn. 12.2.). Bei wenigen oder stark streuenden Werten ist das arithmetische Mittel ein schlechter Repräsentant der Meßreihe [8].

Zentralwert: Zum Bestimmen des Zentralwertes $\tilde{x}$ – auch *Median* genannt – ordnet man die Meßergebnisse der Größe nach. Es ist also bei einer Stichprobe aus n Messungen $x_1 < x_2 < ... < x_n$. Der Zentralwert wird dann durch Auszählen ermittelt. Ist n eine ungerade Zahl, so ist $\tilde{x}$ gleich dem mittelsten ausgezählten Glied der Reihe. Bei einer geraden Zahl von Beobachtungen ist der Zentralwert gleich dem arithmetischen Mittel der beiden ausgezählten mittleren Werte. Es ist also z. B.

für $n = 3$: $\tilde{x} = x_2$,

für $n = 4$: $\tilde{x} = \dfrac{x_2 + x_3}{2}$. (2.4)

Der Zentralwert ist – im Gegensatz zum arithmetischen Mittel – unempfindlich gegen abseits liegende Meßwerte (Randwerte). Man kann ihn deshalb benutzen, um Meßserien geringen Umfangs ($n < 10$) zu charakterisieren, bei denen solche abseits liegende Einzelwerte auftreten. In der analytischen Chemie findet man diese Erscheinung bevorzugt bei Verfahren wie z. B. der quantitativen Emissionsspektralanalyse von Pulvern oder der quantitativen Infrarotspektralphotometrie bei Anwendung der Kaliumbromid-Preßtechnik. Trotz der abseits liegenden Randwerte erlaubt der Zentralwert $\tilde{x}$ in diesen Fällen eine zuverlässige Schätzung des Mittelwertes μ der Grundgesamtheit. Es ist allerdings erforderlich, daß der Zentralwert für sämtliche nach dem Verfahren untersuchten Proben in gleicher Weise berechnet wird und daß man nicht etwa Mittelwert und Zentralwert nebeneinander benutzt. Bei Meßserien, die aus einer größeren Zahl von Messungen bestehen ($n > 10$), gibt der Zentralwert $\tilde{x}$ jedoch nur einen schlechten Schätzwert für den Mittelwert μ, da er nur eine oder zwei Messungen der gesamten Serie berücksichtigt. Bei Vorliegen logarithmischer Verteilungen wird der Zentralwert aus den Logarithmen der Meßwerte berechnet.

[2.5] In Polyacrylnitril-Abbauprodukten wurde der restliche Nitrilgehalt auf infrarotspektralphotometrischem Wege bestimmt. Die Proben wurden mittels der Kaliumbromid-Preßtechnik präpariert, für jede Probe wurden vier Parallelbestimmungen durchgeführt. An einer Probe wurden folgende Extinktionswerte gemessen (nach steigender Größe geordnet):
$E = 0{,}625$
$0{,}665$
$0{,}673$
$0{,}680$
Nach Gl. (2.4) erhält man als Zentralwert

$$\tilde{E} = \frac{0{,}665 + 0{,}673}{2} = 0{,}669 .$$

Als arithmetisches Mittel findet man den sicherlich zu tief liegenden Wert $\bar{E} = \sum E_i/n = 0{,}661$. Bei Verwendung des Medians bleibt also der abseits liegende Wert $E_1 = 0{,}625$ ohne Einfluß auf das Resultat.

Zwischen dem Mittelwert und dem Zentralwert aus einer größeren Zahl von Messungen besteht nur ein geringer Unterschied, sofern die zugrunde liegenden Meßergebnisse einer symmetrischen Häufigkeitsverteilung folgen. Eine große Differenz $|\bar{x} - \tilde{x}|$ deutet auf eine scheinbare oder wirkliche Schiefe der Verteilung oder auf abseits liegende Randwerte.

2.2.2. Streuungsmaße

Die einzelnen Meß- oder Beobachtungswerte einer Häufigkeitsverteilung streuen mehr oder weniger stark um den Mittelwert. Die Beschreibung dieser Streuung ist ein zweites charakteristisches Kennzeichen des vorliegenden Zahlenmaterials. Als Streuungsmaße verwendet man in der analytischen Chemie fast ausnahmslos die Standardabweichung und die Spannweite, zuweilen auch den Quartilabstand. Diese Streuungsmaße sind dem jeweils vorliegenden Zweck entsprechend auszuwählen.

Standardabweichung: Die Standardabweichung einer Stichprobe ist definiert durch

$$s = \sqrt{\frac{\sum (x_i - \bar{x})^2}{n-1}}. \qquad (2.5)$$

x_i einzelne Meßwerte
$\bar{x}$ Mittel aller x_i
n Zahl aller Messungen

Sie ist das in der analytischen Chemie fast durchgängig benutzte Streuungsmaß, mit dem der Zufallsfehler von Analysenmethoden (aber nicht von Einzelwerten, vgl. Abschn. 6.) charakterisiert wird. Die Standardabweichung s ist die beste Näherung für den Parameter σ der Grundgesamtheit. Man gibt die Standardabweichung stets nur dem Betrage nach an. Ihr Quadrat s^2 wird als die *Varianz* bezeichnet.

Die Quadratsumme im Zähler von Gl. (2.5) wird meist nicht nach dieser Definitionsformel berechnet. Durch Umformen erhält man

$$\sum (x_i - \bar{x})^2 = \sum (x_i^2 - 2 x_i \bar{x} + \bar{x}^2) = \sum x_i^2 - 2\bar{x} \sum x_i + n\bar{x}^2.$$

Nach Gl. (2.1) ist $\bar{x} = \sum x_i/n$, damit erhält man durch Einsetzen

$$\sum (x_i - \bar{x})^2 = \sum x_i^2 - \frac{\left(\sum x_i\right)^2}{n} \qquad (2.6\,\mathrm{a})$$

$$= \sum x_i^2 - n\bar{x}^2. \qquad (2.6\,\mathrm{b})$$

Gl. (2.6a) ergibt nur einen kleinen Rundungsfehler. Sie ist deshalb für die numerischen Rechnungen besonders geeignet. Gl. (2.6b) bietet bei Arbeiten mit dem Rechner den Vorteil, nur wenige Einstellungen zu benötigen. Es ist zweckmäßig, zur Berechnung der Quadratsumme stets die gleiche Formel zu benutzen. Im folgenden wird immer Gl. (2.6a) Verwendung finden. Für die numerische Auswertung transformiert man die Meßwerte, um überflüssigen Zahlenballast und das Dezimalkomma abzustoßen. Dadurch vereinfacht man die Rechnung, vermeidet beim Rechner Eingabefehler und verringert die Eingabezeit. Diese Transformation muß für die Angabe des Resultates wieder rückgängig gemacht werden. Beim Auswerten der Gln. (2.6) ist der mit dem Rechner mögliche Stellenumfang zu beachten.

Die im Nenner von Gl. (2.5) stehende Größe $n-1$ wird als die Zahl der *Freiheitsgrade* (FG) bezeichnet. Man kann sie als Zahl der Kontrollmessungen ansehen, die das aus einer Messung bereits gewonnene Ergebnis bestätigen sollen. Die Zahl der Freiheitsgrade wird im folgenden durch den Buchstaben f symbolisiert.

2.2. Statistische Kennzahlen

[2.6] Aus zehn Manganbestimmungen an der gleichen Probe soll die Standardabweichung berechnet werden. Folgende Werte lagen vor (in % Mn):

0,69   0,70   0,67   0,66   0,67
0,68   0,67   0,69   0,68   0,68

Man transformiert nach $X = 100x - 68$, dadurch fällt für die Rechnung das Komma weg. Durch Subtraktion des Wertes 68, der etwa dem arithmetischen Mittel entspricht, gehen die einzelnen Meßwerte in kleine Zahlen über; außerdem wird das letzte Glied in Gl. (2.6 a) klein. Es ergeben sich folgende transformierte Werte:

+1   +2   −1   −2   −1 $\sum X_i = -1$
 0   −1   +1   0   0 $n = 10$

Aus Gl. (2.6 a) findet man für die Quadratsumme

$$\sum (X_1 - \bar{X})^2 = 1^2 + 2^2 + 1^2 + \ldots - \frac{(-1)^2}{10} = 13,$$

$$S = \sqrt{13/9}$$
$$= 1,2.$$

Man macht die Transformation rückgängig, wobei das subtraktive Glied unberücksichtigt bleibt, und erhält als Standardabweichung

$s = 0,01\%$ Mangan

mit $f = 9$ Freiheitsgraden.

Bei Vorliegen logarithmischer Verteilungen (vgl. Beispiel [2.3]) wird die Standardabweichung s_{lg} aus den Logarithmen der Meßwerte berechnet. Es wird dann

$$s_{lg}^2 = \frac{\sum_{1}^{n} (\lg x_i - \lg \bar{x}_g)^2}{n-1} = \frac{1}{n-1} \sum_{1}^{n} \left(\lg \frac{x_i}{\bar{x}_g} \right)^2. \qquad (2.7)$$

$\bar{x}_g$ geometrisches Mittel

Das Verhältnis $x_i / \bar{x}_g$ weicht vom Wert Eins nach oben und nach unten um so mehr ab, je größer der relative Zufallsfehler ist. Damit ergibt sich

$$+s_{lg} = \lg \left(1 + \frac{s_x}{x} \right),$$
$$-s_{lg} = \lg \frac{1}{1 + s_x/x}. \qquad (2.8)$$

Die relative Standardabweichung in Richtung der höheren und der tieferen Werte nimmt unterschiedlich große Werte an. Die durch das reziproke Verhältnis [Gl. (2.8)] bedingte Asymmetrie steigt mit wachsendem Zufallsfehler. Unter Annahme der logarithmischen Meßwertverteilung lassen sich beliebig große Zufallsfehler beschreiben. Die Größe $\left(1 + \frac{s_x}{x} \right)$ wird im praktischen Gebrauch manchmal als »Fehlerfaktor« bezeichnet.

[2.7] Bei einem halbquantitativen Analysenverfahren wurde $s_{lg} = \pm 0{,}301$ gefunden. Entsprechend Gl. (2.8) ergibt sich $+s_{lg} = \lg 2$ und $-s_{lg} = \lg 0{,}5$. Die Relativstandardabweichung beträgt somit $+100\ldots-50\,\%$. Dies entspricht einem Fehlerfaktor von zwei.

Die Größe des Zufallsfehlers bestimmt die Abweichung des geometrischen vom arithmetischen Mittel (vgl. S. 24). Bei geringem Zufallsfehler ($s_x/x < 0{,}10$) ist der Unterschied zwischen beiden Größen zu vernachlässigen. Die Benutzung des arithmetischen statt des geometrischen Mittels kann bei großem Zufallsfehler zu erheblichen Abweichungen führen (vgl. Bild 2.5).

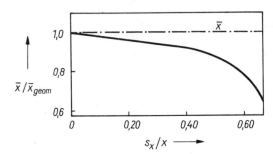

Bild 2.5. Unterschied zwischen arithmetischem ($\bar{x}$) und geometrischem Mittel in Abhängigkeit von der Relativstandardabweichung

Spannweite: Die Differenz zwischen dem größten und kleinsten Wert einer Meßreihe wird als Spannweite R bezeichnet. Es ist also

$$R = x_{max} - x_{min}. \qquad (2.9)$$

Die Spannweite ist besonders geeignet zur Charakterisierung der Streuung bei Stichproben geringen Umfanges ($n \leq 10$). Bei Vorliegen einer größeren Anzahl von Messungen ($n > 10$) ist die Spannweite ein schlechter Schätzwert für die Streuung in der Grundgesamtheit, da sie – im Gegensatz zur Standardabweichung – lediglich zwei Werte der gesamten Meßserie berücksichtigt. Die Größe der Spannweite wird beeinflußt durch den Umfang der Stichprobe, bei gleichbleibendem Zufallsfehler vergrößert sich R mit zunehmender Zahl von Meßwerten. Unter bestimmten Voraussetzungen kann aus der Spannweite von Stichproben auf die Standardabweichung geschlossen werden [Gl. (5.4)].

Quartilabstand: Die Streubreite eines umfangreicheren Datenmaterials ($n > 10$) kann man durch den Quartilabstand charakterisieren. Dazu ordnet man die n Meßwerte nach steigender Größe ($x_1 < x_2 < \ldots < x_n$) und bestimmt durch Auszählen das Intervall, das die zentralen 50 % der Meßwerte umspannt. Der Quartilabstand ergibt sich als Gehaltsdifferenz aus der oberen Quartilgrenze (oberhalb deren noch 25 % der ausgezählten Meßwerte liegen) und aus der unteren Quartilgrenze (unterhalb deren noch 25 % der ausgezählten Meßwerte liegen). Bei einer beliebigen symmetrischen Verteilung liefert der Quartilabstand einen schnellen Überblick über die Streubreite des Datensatzes. Einzelne abseits liegende Werte beeinflussen den Quartilabstand nur bei kleinem Umfang der Meßserie. Zur Charakterisierung von Streubreiten werden auch andere ähnliche Abstände für p % der ausgezählten Meßwerte benutzt, die man dann als Perzentile bezeichnet.

2.2.3. Schiefe und Exzeß

Im Abschnitt 2.1. wurden einige Ursachen gezeigt, die eine schiefe Verteilung vortäuschen können. Alle dort besprochenen Häufigkeitsverteilungen ließen sich durch geeignete Maßnahmen (z. B. Übergang zum logarithmischen Maßstab) in symmetrische Verteilungen überführen. Es handelt sich deshalb nicht um eine echte Schiefe. Eine echte Schiefe liegt vor, wenn bei genügend großer Zahl von Meßwerten und nach Ausschalten aller meßtechnisch oder mathematisch möglichen Ursachen die Asymmetrie bestehen bleibt. Man charakterisiert solche Verteilungen außer durch Mittelwert und Streuungsmaß zusätzlich durch die Schiefe ϱ. Sie ist definiert durch

$$\varrho = \frac{\sum n_j (x_j - \bar{x})^3}{n s^3}. \tag{2.10}$$

n_j Zahl der Meßwerte x_j in der j-ten Klasse
n Zahl aller Meßwerte

Die Schiefe ist eine dimensionslose Zahl, für symmetrische Verteilungen wird $\varrho = 0$. Linksseitige Asymmetrie wird durch $\varrho > 0$, rechtsseitige Asymmetrie durch $\varrho < 0$ angezeigt.

[2.8] Zu empirischen Häufigkeitsverteilungen mit einer echten Schiefe führen oft die Werte von Siliciumbestimmungen. Für die im Bild 2.3 dargestellte erste Verteilung erhält man $\varrho_1 = +0,58$, für die zweite $\varrho_2 = +0,09$. Die systematischen Fehler wirken sich also besonders stark bei den geringen Gehalten aus.

Die Schiefe einer Verteilung läßt sich weiterhin beurteilen mit Hilfe der Quartilabstände. Man berechnet die Gehaltsspannen des unteren Quartils R_{qu} (erster Meßwert bis untere Quartilsgrenze) und des oberen Quartils R_{qo} (obere Quartilsgrenze bis letzter Meßwert) und bildet die Differenz $R_{qo} - R_{qu}$. Bei einer beliebigen symmetrischen Verteilung ist diese Differenz Null, bei linksseitiger Schiefe wird sie positiv, bei rechtsseitiger Schiefe negativ.
Mängel in den gewählten Versuchsbedingungen können zu einer Überhöhung oder einer Stauchung der Häufigkeitsverteilung führen. Überhöhte Verteilungen findet man z. B., wenn die Auswahl der Stichprobenwerte nicht zufällig erfolgte oder wenn die Meßwerte ausgelesen wurden. Gestauchte Verteilungen entstehen, wenn bei einem Ringversuch in den einzelnen Laboratorien stark unterschiedliche Arbeitsbedingungen herrschen. Derartig verzerrte Häufigkeitsverteilungen charakterisiert man durch den Exzeß ε als zusätzliche Maßzahl; ε ist definiert durch

$$\varepsilon = \frac{\sum n_j (x_j - \bar{x})^4}{n s^4} - 3. \tag{2.11}$$

Eine überhöhte Häufigkeitsverteilung gibt Werte von $\varepsilon > 0$, eine gestauchte Verteilung führt zu $\varepsilon < 0$.

[2.9] Zwei Beispiele von exzessiven Verteilungen sind im Bild 2.6 dargestellt. Bei der überhöhten Verteilung der Arsenwerte ist anzunehmen, daß die Resultate nicht zufällig entstanden sind. Die Be-

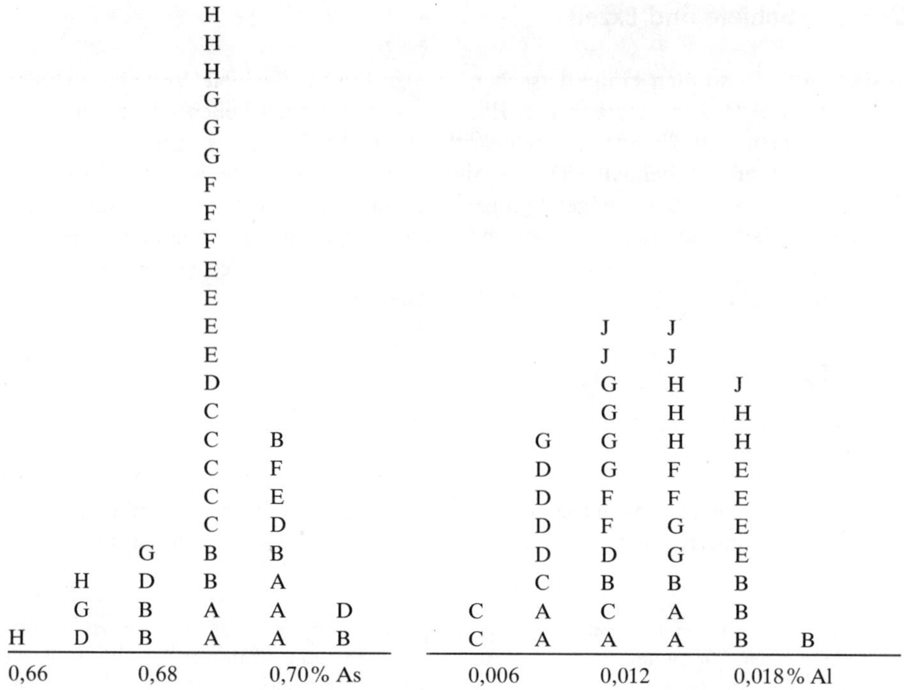

```
                    H
                    H
                    H
                    G
                    G
                    G
                    F
                    F
                    F
                    E
                    E
                    E
                    E
                    D
                    C
                    C    B
                    C    F                    J    J
                    C    E                    J    J
                    C    D              G    H    J
             G      B    B              G    H    H
       H     D      B    A         G    G    H    H
       G     B      A    A    D    D    G    F    E
H      D     B      A    A    B    D    F    F    E
─────────────────────────────    D    F    G    E
                                 D    D    G    E
                                 C    B    B    B
                            C    A    C    A    B
                            C    A    A    A    B    B
                            ──────────────────────────
0,66       0,68      0,70 % As   0,006      0,012     0,018 % Al
```

Bild 2.6. Exzessive Häufigkeitsverteilungen

stimmung geringer Mengen Aluminium in Stählen wird in besonders starkem Maße beeinflußt durch laboratoriumsbedingte geringfügige systematische Fehler. Im Ringversuch findet man deshalb häufig gestauchte Verteilungen. Die Berechnung des Exzesses ergibt $\varepsilon_1 = +1{,}30$ bzw. $\varepsilon_2 = -0{,}88$.

2.3. Zweidimensionale Verteilungen

Bei allen bisherigen Betrachtungen wurde die Meßwertgröße einer einzigen Zufallsvariablen in Abhängigkeit von der Häufigkeit des Meßwertes diskutiert. Es treten jedoch auch Fälle auf, in denen ein Produkt oder ein Meßwert durch zwei zueinandergehörige Zufallsgrößen charakterisiert ist. Diese beiden Zufallsgrößen x und y können in gleichen oder in verschiedenen Maßeinheiten angegeben sein.

[2.10] Ein Beispiel für den ersten Fall sind die in der quantitativen Emissionsspektralanalyse gemessenen Schwärzungen der Linien von Grund- und Zusatzmetall; ein Beispiel für den zweiten Fall ist die Angabe von mechanischer Zugfestigkeit und Prozentgehalt des typischen Legierungselementes zur Charakterisierung einer Stahlsorte.

2.3. Zweidimensionale Verteilungen

Sowohl die x- als auch die y-Werte sind Zufallsschwankungen unterworfen. Im Rahmen dieser Zufallsfehler können für die untersuchte Probe sämtliche beliebigen Kombinationen von x-Werten mit y-Werten auftreten. Wollte man das in einem Versuch angefallene Zahlenmaterial durch ein Säulendiagramm charakterisieren, so wäre die umständlich zu zeichnende dreidimensionale Darstellung notwendig. Die Merkmalsachsen x und y würden in der Grundfläche dieses Körpers liegen. Die Häufigkeiten müßten senkrecht dazu in den Raum aufgetragen werden. Wegen der Schwierigkeit dieser Darstellung zeichnet man die einzelnen Punkte in die (zweidimensionale) x-y-Ebene ein und beurteilt die Punktdichte. Die höchste Stelle des räumlichen Gebildes findet sich dort, wo die Meßpunkte in der zweidimensionalen Darstellung die größte Dichte zeigen. Im allgemeinen liegen sämtliche Meßpunkte innerhalb einer Ellipse oder eines Kreises. Derartige Verteilungen, bei denen man die Häufigkeit zweier jeweils zusammengehöriger Zufallsgrößen betrachtet, bezeichnet man als *zweidimensionale Verteilungen*. Auch die zweidimensionale Verteilung wird durch die Kennzahlen Mittelwert und Streuung charakterisiert. Diese Größen sind für beide Zufallsvariable x und y gesondert zu berechnen. Der Punkt $M(\bar{x}, \bar{y})$ liegt an der Stelle des theoretisch zu erwartenden Häufigkeitsmaximums. Die Gesamtstreuung s setzt sich pythagoräisch aus den beiden Einzelstreuungen zusammen (es addieren sich also die Varianzen). Einzelheiten hierzu sind zu finden bei SMIRNOW, DUNIN und BARKOWSKI [9].

[2.11] Zur Qualitätsüberwachung wurden an Proben der Stahlsorte GS 50 der Kohlenstoffgehalt x (in % C) und die mechanische Zugfestigkeit y (in N/mm^2) bestimmt. Über den Zeitraum eines Vierteljahres wurden folgende Resultate ermittelt:

x	y	x	y	x	y	x	y
0,30	589	0,35	535	0,37	602	0,29	572
0,33	614	0,32	593	0,33	544	0,30	555
0,37	612	0,39	582	0,34	545	0,33	555
0,36	572	0,30	538	0,33	562	0,32	518
0,31	548	0,32	566	0,30	576	0,32	539
0,29	537	0,32	562	0,34	596	0,38	557
0,34	574	0,38	601	0,36	605	0,37	558
0,39	570	0,37	587	0,33	575	0,34	587
0,37	540	0,38	587	0,34	570	0,35	580
0,38	575	0,33	614	0,36	550	0,36	560

Aus diesen 40 Wertepaaren ergibt sich die im Bild 2.7 gezeigte zweidimensionale Häufigkeitsverteilung. Mittelwerte und Standardabweichungen werden für beide Meßgrößen gesondert berechnet. Man erhält

$\bar{x} = 0,34 \% \text{C}$,

$\bar{y} = 570 \text{ N/mm}^2$.

Damit liegt der Mittelpunkt der Verteilung bei M ($\bar{x} = 0,34$; $\bar{y} = 570$). Als Standardabweichungen findet man

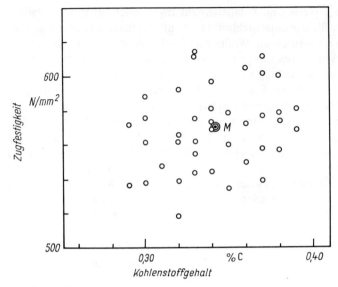

Bild 2.7. Zweidimensionale Häufigkeitsverteilung von Qualitätsmerkmalen der Stahlmarke GS 50

$$s_x = \sqrt{\frac{\sum (x_i - \bar{x})^2}{n-1}} = 0{,}03\,\%\,\text{C},$$

$$s_y = \sqrt{\frac{\sum (y_i - \bar{y})^2}{n-1}} = 24\,\text{N/mm}^2.$$

Aus der Gestalt der zweidimensionalen Verteilung kann man Rückschlüsse auf den Verbundenheitsgrad der beiden Zufallsvariablen x und y ziehen. Wenn diese beiden Größen voneinander völlig unabhängig sind, d. h., Zufallsschwankungen der einen Größe verursachen nicht auch gleichzeitig dieselben oder ähnliche Zufallsschwankungen der zweiten Größe, so zeigt die Grundfläche der zweidimensionalen Verteilung kreisförmige Gestalt. Je stärker die beiden Zufallsvariablen voneinander abhängig sind (korrelieren), desto mehr streckt sich der Kreis zu einer Ellipse. Ihre große Hauptachse ist eine Gerade mit dem Anstieg $+1$, wenn zwischen beiden Größen ein gleichsinniger Zusammenhang besteht, d. h., die Zufallsschwankungen besitzen gleiches Vorzeichen. Bei gegensinnigem Zusammenhang ergibt sich eine Ellipse mit der Hauptachse längs der Geraden $y = -x$.

[2.12] In der quantitativen Emissionsspektralanalyse bezieht man die für die Analysenlinie gemessene Schwärzung S_z auf die Schwärzung einer Linie des Grundmetalls S_g. Hierdurch sollen Zufallseinflüsse wie z. B. Unregelmäßigkeiten der Lichtquelle eliminiert werden. Diese Zufallseinflüsse werden um so besser ausgeschaltet, je mehr diese beiden Schwärzungen zueinander in Abhängigkeit stehen (HOLDT [6]). Bild 2.8 zeigt die bei methodischen Untersuchungen erhaltenen Schwärzungen S_z und S_g graphisch aufgetragen. Die Verbundenheit zwischen beiden Größen kommt durch die langgestreckte elliptische Form der Häufigkeitsverteilung deutlich zum Ausdruck.

Auch bei zweidimensionalen Verteilungen kann es erforderlich sein, den Maßstab der Merkmalsachse zu transformieren. Besonders häufig tritt dabei die logarithmische Teilung auf.

2.3. Zweidimensionale Verteilungen

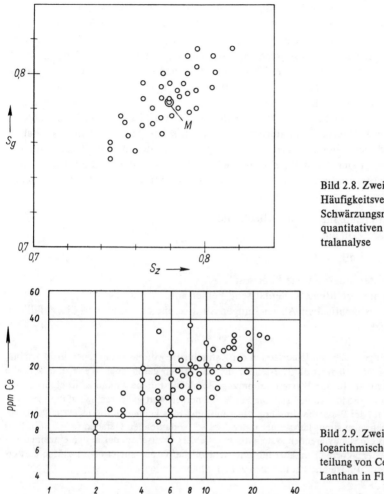

Bild 2.8. Zweidimensionale Häufigkeitsverteilung von Schwärzungsmessungen bei der quantitativen Emissionsspektralanalyse

Bild 2.9. Zweidimensionale logarithmische Häufigkeitsverteilung von Cerium und Lanthan in Flußspat

[2.13] Zur Charakterisierung von Flußspatlagerstätten erwiesen sich die Spurenelemente Cerium und Lanthan als besonders wichtig (LEEDER [7]). Die zweidimensionale logarithmische Häufigkeitsverteilung dieser beiden Elemente für eine der betrachteten Lagerstätten zeigt Bild 2.9. Bei der Untersuchung weiterer Lagerstätten wurde festgestellt, daß die absoluten Gehalte von Cerium und Lanthan von Lagerstätte zu Lagerstätte variieren. Jedoch zeigten sich bei allen diesen Lagerstätten gleiche Streuung und gleicher Korrelationsgrad der Werte. Hieraus ließen sich analoge Entstehungsbedingungen der betrachteten Lagerstätten ableiten.

Die graphisch dargestellte zweidimensionale Häufigkeitsverteilung erlaubt, die bei einem Ringversuch von verschiedenen Laboratorien erhaltenen Werte wirkungsvoll auf systematische Fehler zu prüfen [10]. Es werden hierzu zwei Proben (X und Y) der gleichen Familie benötigt, die sich im Gehalt des zu bestimmenden Elementes nur wenig unterscheiden. Jedes der beteiligten m Laboratorien analysiert die beiden Proben unmittelbar nebeneinander. (Es können in dieser Weise auch Mehrfachbestimmungen ausgeführt werden, vgl. S. 20.) Die m Wertepaare $x_1, y_1; x_2, y_2; \ldots; x_m y_m$ werden in das Koordinatensystem mit gleicher Teilung der Abszissen- und der Ordinatenachse eingezeichnet. Durch den Mittelpunkt M mit $\bar{x} = \sum x_i/m$ und $\bar{y} = \sum y_i/m$ legt man parallel zu den Koordinatenachsen ein Achsenkreuz. Treten nur Zufallsfehler auf, so besitzen die Plus- und die Minusabweichungen vom Mittelpunkt die gleiche Wahrscheinlichkeit. Man wird in jedem der vier Quadranten angenähert die gleiche Zahl von Punkten finden. Macht sich jedoch bei einem oder bei mehreren Laboratorien ein systematischer Plus- (oder Minus-) Fehler bemerkbar, so wirkt sich dieser im gleichen Sinne sowohl auf den Wert x_i als auch auf den Wert y_i aus. Es ergibt sich nunmehr ein Punkteüberschuß im ersten und im dritten Quadranten. Als Orientierungsgröße für das Verhältnis von zufälligen und systematischen Fehlern wurde von YOUDEN [11] der Quotient

$$\alpha = \frac{\text{Zahl der Wertepaare im 1. und 3. Quadranten}}{\text{Gesamtzahl aller Wertepaare}}$$

vorgeschlagen. Dabei gilt

$\alpha = 0,5$: Es treten nur zufällige Fehler auf.
$\alpha \geq 0,67$: Es treten deutliche systematische Fehler auf.
$\alpha \geq 0,8$: Die systematischen Abweichungen sind doppelt so groß wie die zufälligen Fehler.

[2.14] Bei einem Ringversuch von Laboratorien der Kaliindustrie wurden zwei Proben in 14 Laboratorien untersucht. Bild 2.10 zeigt die Darstellung der für Kalium gefundenen Werte, Bild 2.11 die Darstellung der Resultate für die Wasserbestimmung. Bei der Kaliumbestimmung als einer »eingefahrenen« Analysenmethode verteilen sich die Punkte bemerkenswert gleichmäßig auf die vier Quadranten ($\alpha = 0,5$). Bei der Wasserbestimmung dagegen findet man keine derartig regellose Punktverteilung, der Punktschwarm streut längs einer unter etwa 45° verlaufenden Geraden ($\alpha = 0,86$!). Dies ist als der Nachweis eines gravierenden systematischen Fehlers anzusehen, der in den einzelnen Laboratorien mit gleichem Vorzeichen, aber mit unterschiedlicher Größe aufgetreten ist. Man darf erfahrungsgemäß einen Minusfehler bei der Mehrzahl der Laboratorien annehmen.

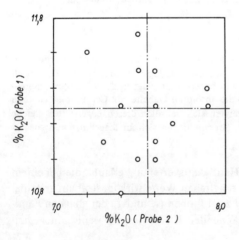

Bild 2.10. Zweidimensionale Häufigkeitsverteilung von Werten der Kaliumbestimmung an je zwei Proben

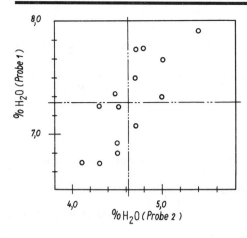

Bild 2.11. Zweidimensionale Häufigkeitsverteilung von Werten der Wasserbestimmung an je zwei Proben

Bei den meisten Ringversuchen erhält man Verteilungen, bei denen sich die Meßpunkte innerhalb einer Ellipse befinden ($\alpha \approx 0{,}5$). Ihre große Hauptachse wird durch die Winkelhalbierende des ersten bzw. dritten Quadranten dargestellt. Je stärker systematische Fehler gegenüber dem Zufallsfehler ausgeprägt sind, um so langgestreckter und schmaler fällt die Ellipse aus. Der Beweis für ein ungenügendes Analysenverfahren ist gegeben, wenn sich die einzelnen Punkte dicht längs der Winkelhalbierenden verteilen ($\alpha > 0{,}85$). Wenn andererseits die Mehrzahl der Punkte innerhalb einer ziemlich breiten Ellipse streut und nur einige wenige Punkte im ersten oder dritten Quadranten weit außerhalb liegen, so besteht der Verdacht, daß diese Laboratorien eine eigene, von der allgemeinen Methodik abweichende Arbeitsweise angewandt haben.

Quellenverzeichnis zum Abschnitt 2.

[1] DOERFFEL, K.: Auswerten und Planen von Gemeinschaftsversuchen. Z. anal. Chemie **184** (1961) 81
[2] DAEVES, K.; BECKEL, A.: Großzahlmethodik und Häufigkeitsanalyse. Weinheim: Verlag Chemie 1958
[3] AHRENS, L. H.: Die logarithmische Normalverteilung der Elemente. Geochim. cosmochim. Acta [London] **5** (1954) 49
[4] GADDUM, J. H.: Logarithmische Normalverteilungen. Nature [Paris] **156** (1945) 463
[5] DOERFFEL, K.; GEYER, R.: Methodische Untersuchung zur spektrochemischen Analyse pulverförmiger Stoffe am Beispiel armer Zinnerze. Wiss. Z. Techn. Hochsch. Chem. Leuna-Merseburg **6** (1964) 251
[6] HOLDT, G.: The Use of Scatter Diagrams in Emission Spectroscopy. Appl. Spectrosc. **14** (1960) 64
[7] LEEDER, O.: Geochemie der Seltenen Erden in natürlichen Fluoriten und Calciten. Diss. Freiberg 1965
[8] STEVENS, S. S.: Über das Mitteln von Werten. Science **121** (1956) 113
[9] SMIRNOW, A.; DUNIN-BARKOWSKI, I.: Mathematische Statistik in der Technik. Berlin: Verlag Technik 1961
[10] YOUDEN, W. J.: Die Probe, das Verfahren, das Laboratorium. Anal. Chem. **32** (1960) 12, 23 A
[11] YOUDEN, W. J.: Ind. Eng. Chem. **51** Nr. 2 (1959) 81 A/82 A

Weiterführende Literatur zum Abschnitt 2.

BABKO, A. K.: Über Richtigkeit und Reproduzierbarkeit einer chemischen Analyse. Zavod. Lab. **21** (1958) 269

BLJUM, I. A.: Zufall und Gesetzmäßigkeit in der chemischen Analyse. Zavod. Lab. **44** (1978) 1041/1047

DEAN, R. B.; DIXON, W. J.: Vereinfachte Statistik für eine kleine Zahl von Beobachtungen. Anal. Chem. **23** (1951) 636/639

DONDI, F.; BETTI, A.; BLO, G.; BIGHI, C.: Statistical Analysis of GC-Peaks. Anal. Chem. **53** (1981) 496/504

SANSONI, B.; LYER, R. K.; KURTH, R.: Concentration of Analytical Data as Part of Data processing in Trace Element Analysis. Z. anal. Chem. **306** (1981) 212/232

THOMSON, M.; HOWARTH, R. J.: The frequency distribution of analytical error. Analyst **105** (1980) 1188/1195

EGGER, E.; DUMMLER, W.; NEYMEYER, H.-G.; SCHWARZE, H.; SCHOLZ, R.: Referenzbereiche (Standardentwurf). Zbl. Pharm. **126** (1987) 740

DIN 55 350, Teil 12: Begriffe der Qualitätssicherung und Statistik – Merkmalsbezogene Begriffe

3 Theoretische Verteilungen

Durch systematisches Ordnen von Meßwerten und graphische Darstellung ergaben sich die im Abschnitt 2. besprochenen Häufigkeitsverteilungen. Man findet dabei insbesondere dann stets ein ähnliches Erscheinungsbild, wenn allein Zufallsfehler wirksam werden. Dies legt die Vermutung nahe, daß derartigen Verteilungen bestimmte mathematische Gesetzmäßigkeiten zugrunde liegen. Einige dieser Gesetzmäßigkeiten für den Fall der Grundgesamtheit und der Stichprobe sollen im folgenden behandelt werden.

3.1. Gaußverteilung

Es wird vorausgesetzt, daß sehr viele Beobachtungswerte vorliegen ($n \to \infty$). Diese Werte werden durch mehrere schwach abhängige Zufallsursachen beeinflußt. Die Auswirkung dieser Zufallsursachen erfolgt additiv, sie sei klein gegenüber dem Meßwert selbst. Bei sehr kleiner Klassenbreite ($d \to 0$) läßt sich dann die eindimensionale Häufigkeitsverteilung durch folgende Funktion beschreiben:

$$y = h(x) = \frac{1}{\sigma\sqrt{2\pi}} e^{-\frac{1}{2}\left(\frac{x-\mu}{\sigma}\right)^2}. \qquad (3.1)$$

Diese Häufigkeitsverteilung wird als *Normalverteilung* oder *Gaußverteilung* bezeichnet. Gl. (3.1) beschreibt die Wahrscheinlichkeitsdichte dieser Verteilung, μ und σ sind irgendwelche reellen Zahlen. Sie heißen *Parameter* der Verteilung. Dabei gilt:

$$\mu = \sum x_i / n, \qquad (3.2\,\text{a})$$

$$\sigma^2 = \sum (x_i - \mu)^2 / n. \qquad (3.2\,\text{b})$$

Sind μ und σ gegeben, so ist y allein eine Funktion von x. Lage und Form der Kurve sind durch Angabe der beiden Parameter μ und σ vollständig bestimmt. Das Kurvenmaximum liegt an der Stelle $x = \mu$, die beiden Wendepunkte finden sich bei $x_1 = \mu - \sigma$ und $x_2 = \mu + \sigma$ (vgl. Bild 3.1). Die Kurve erreicht den Wert $y = 0$ für $x = \pm \infty$. Jedoch sind die Ordinatenwerte bei $x = \mu \pm 3\sigma$ für praktische Zwecke bereits vernachlässigbar klein. Bild 3.2 zeigt drei flächengleiche Gaußkurven mit gleichem Mittelwert μ, aber verschieden großen Standardabweichungen σ. Man erkennt, daß mit abnehmender Standardabweichung σ die Kurven immer schmaler und spitzer verlaufen.

3. Theoretische Verteilungen

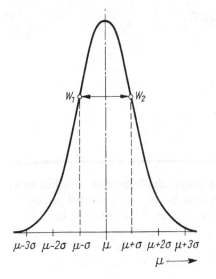

Bild 3.1. Geometrische Bedeutung der Standardabweichung

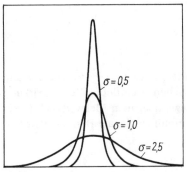

Bild 3.2. Flächengleiche Normalverteilung bei verschiedener Standardabweichung

Tabelle 3.1. Ordinatenwerte zum Zeichnen der Gaußkurve

$x =$	μ	$\mu \pm 0{,}5\,\sigma$	$\mu \pm \sigma$	$\mu \pm 1{,}5\,\sigma$	$\mu \pm 2\sigma$	$\mu \pm 3\sigma$
$y =$	y_{max}	$\frac{7}{8} y_{max}$	$\frac{5}{8} y_{max}$	$\frac{2{,}5}{8} y_{max}$	$\frac{1}{7} y_{max}$	$\frac{1}{80} y_{max}$

Der Gaußverteilung folgen die meisten Resultate der üblichen Analysenverfahren [1]. Ausnahmen bilden lediglich zählende Analysenmethoden (vgl. Abschn. 3.2.) sowie u. U. Methoden, bei denen irgendwelche biologischen Vorgänge ausgewertet werden (z. B. Keimzahlbestimmung im Trinkwasser). Weiterhin darf die Gaußverteilung mit linearer Merkmalsteilung bei einer Reihe von Analysenverfahren (Spurenanalyse, halbquantitative Methoden) nicht mehr ohne weiteres vorausgesetzt werden (EHRLICH, GERBATSCH, JAETSCH und SCHOLZE [2] (vgl. Bild 2.4 und S. 22) sowie SCHLECHT [4]).
Zum Zeichnen der Gaußkurve bestimmt man bei gegebener Standardabweichung zu-

nächst die Scheitelordinate $y_{max} = 1/\sigma\sqrt{2\pi}$ für $x = \mu$. Weitere Ordinatenwerte gewinnt man aus Tabelle 3.1, S. 38.
Für den praktischen Gebrauch normiert man Gl. (3.1), indem man $\mu = 0$, $\sigma = 1$ und $\frac{x - \mu}{\sigma} = u$ setzt. Man erhält dann

$$y = \frac{1}{\sqrt{2\pi}} e^{-\frac{u^2}{2}}. \qquad (3.3)$$

Ordinatenwerte dieser normierten Gaußfunktion in Abhängigkeit von u können Tabelle A.1 entnommen werden.
Im eindimensionalen Fall ließ sich die Wahrscheinlichkeitsdichte als Kurve in der Ebene darstellen. Auf der Abszissenachse wurden die Werte der unabhängigen Veränderlichen x, auf der Ordinate die sich jeweils ergebenden y-Werte abgetragen. In ähnlicher Weise läßt sich auch eine zweidimensionale Gaußverteilung (vgl. Abschn. 2.3.) als räumliches Gebilde interpretieren. Die beiden Zufallsvariablen x_1 und x_2 werden auf den Koordinaten in der Grundebene, die jeweils zugehörigen y-Werte auf der in den Raum ragenden Achse aufgetragen. Es ergibt sich somit ein räumliches Gebilde mit elliptischer

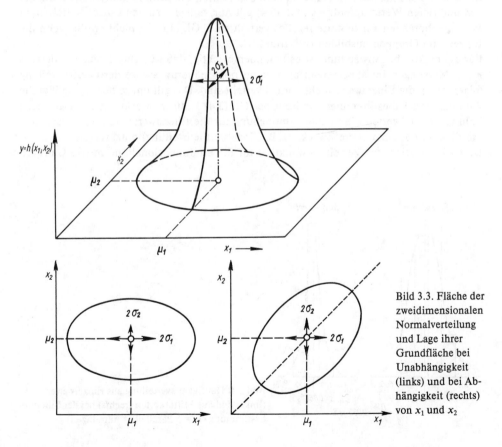

Bild 3.3. Fläche der zweidimensionalen Normalverteilung und Lage ihrer Grundfläche bei Unabhängigkeit (links) und bei Abhängigkeit (rechts) von x_1 und x_2

Grundfläche, sein Maximum liegt an der Stelle $x_1 = \mu_1$ und $x_2 = \mu_2$. Die Lage der Grundfläche ist abhängig davon, ob x_1 und x_2 voneinander unabhängig sind oder nicht (vgl. Bild 3.3 und S. 33).
Häufigkeitsverteilungen lassen sich statt aus Einzelwerten auch aus Mittelwerten $\bar{x}_1 ... \bar{x}_m$ aus je n_j Parallelbestimmungen aufstellen. Jede dieser Meßserien vom Umfang n_j kann als Stichprobe aus der gleichen Grundgesamtheit angesehen werden. Es läßt sich mathematisch zeigen, daß das Gesamtmittel der Stichproben $\bar{\bar{x}}$ gleich ist dem Mittelwert μ der Grundgesamtheit, es gilt also bei eindimensionalen Verteilungen

$$\bar{\bar{x}} = \frac{\bar{x}_1 + \bar{x}_2 + ... + \bar{x}_m}{m} = \mu.$$

Dagegen ist die Standardabweichung σ_M kleiner als die Standardabweichung σ der Grundgesamtheit, es ist

$$\sigma_M = \frac{\sigma}{\sqrt{n_j}}. \tag{3.4}$$

Häufigkeitsverteilungen aus Mittelwerten verlaufen also spitzer als die entsprechende Kurve aus den Einzelwerten (vgl. Bild 3.4), denn durch die Mittelbildung werden die hohen und tiefen Werte unterdrückt. Gl. (3.4) gilt nur, falls die zu den Einzel-Mittelwerten $\bar{x}_1 ... \bar{x}_m$ gehörenden Einzelwerte regellos verteilt sind. Gl. (3.4) ist nicht erfüllt, wenn die Einzelwerte Gruppen ausbilden (vgl. Bild 2.1).
Für die praktische Anwendung ist es besonders wichtig, daß Mittelwerte aus mindestens $n_j = 5$ Messungen im allgemeinen auch dann noch näherungsweise der Gaußverteilung folgen, wenn die Einzelwerte nicht normal verteilt sind. Das gilt um so mehr, je größer die Zahl der Parallelbestimmungen n_j ist. Über Gl. (3.4) kann man also aus einer größeren Zahl von Mittelwerten die Standardabweichung für die Einzelwertverteilung abschätzen, um diese Größe für weitere Zwecke (z. B. Einzelwertbeurteilung) einzusetzen.
Durch Integration der Verteilungsfunktion für die eindimensionale normierte Gaußver-

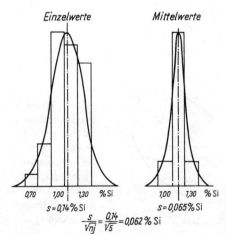

Bild 3.4. Häufigkeitsverteilung aus Einzelwerten (links) und aus Mittelwerten (rechts) bei der Siliciumbestimmung ($n_j = 5$ Parallelbestimmungen)

teilung [Gl. (3.3)] in den Grenzen $-\infty\ldots+\infty$ erhält man die Fläche F zwischen Gauß-kurve und Abszissenachse:

$$F = \frac{1}{\sqrt{2\pi}} \int_{-\infty}^{+\infty} e^{-\frac{u^2}{2}} \, du. \tag{3.5a}$$

Diesen Ausdruck bezeichnet man als das *Gaußsche Fehlerintegral*. Die sich bei der Integration ergebende Fläche wird gleich Eins (bzw. 100%) gesetzt. Bei variabler oberer Integrationsgrenze x ergibt sich

$$Y = F(x) = \frac{1}{\sqrt{2\pi}} \int_{-\infty}^{x} e^{-\frac{u^2}{2}} \, du. \tag{3.5b}$$

Die graphische Darstellung dieser Funktion in Gegenüberstellung zur Glockenkurve zeigt Bild 3.5. Dem Maximum der Glockenkurve entspricht bei der Integralkurve der Wendepunkt bei $Y = 0{,}5$ (bzw. 50%), die beiden Wendepunkte der Gaußkurve liegen bei der Integralkurve bei $Y_1 = 0{,}159$ ($\triangleq 15{,}9\%$) und $Y_2 = 0{,}841$ ($\triangleq 84{,}1\%$). Die Integralkurve läßt

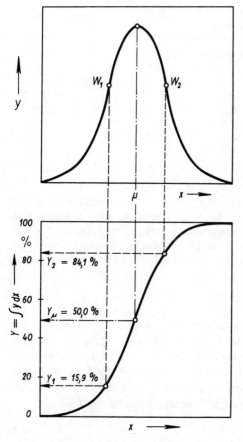

Bild 3.5. Gaußkurve und zugehörige Integralkurve

sich zu einer Geraden strecken, wenn man die Ordinate nach dem Gaußschen Integral teilt (Wahrscheinlichkeitsnetz). Diese Gerade verläuft um so steiler, je kleiner der aufgetretene Zufallsfehler ist.

Das Wahrscheinlichkeitsnetz ermöglicht eine rasche Prüfung, ob die Werte einer empirischen Häufigkeitsverteilung aus einer normalverteilten Grundgesamtheit stammen. Man ordnet die gefundenen Werte entsprechend ihrer Größe nach Klassen und berechnet [gemäß Gl. (3.5b)] den prozentualen Anteil Y_i sämtlicher unterhalb der Schranke x_i liegenden Werte. Bei einer Gaußverteilung streuen die Wertepaare $(x_i; Y_i)$ im Bereich $10\% < Y_i < 90\%$ längs einer Geraden.

Aus der Darstellung im Wahrscheinlichkeitsnetz lassen sich weiterhin die charakteristischen Parameter μ und σ der Gaußverteilung schnell und einfach bestimmen. Den Mittelwert μ findet man bei der zu $Y = 50\%$ gehörenden Abszisse, die Standardabweichung ergibt sich aus der halben Differenz der zu den Ordinatenwerten $Y_2 = 84{,}1\%$ und $Y_1 = 15{,}9\%$ gehörigen Abszissenwerte (vgl. S. 45).

[3.1] Es soll untersucht werden, ob die in Beispiel [2.1] gefundenen Resultate mit einer Gaußverteilung vereinbar sind. Man stellt gemäß Gl. (3.5b) folgende Summentafel auf:

Schranke x_i	Häufigkeit	Summenhäufigkeit	
(in % Al)	absolut	absolut	prozentual ($= Y_i$)
0,008	2	2	3,3
0,010	4	6	10,0
0,012	16	22	36,7
0,014	18	40	66,7
0,016	14	54	90,0
0,018	5	59	98,3
0,020	1	60	100,0

Die zusammengehörigen Wertepaare (x_i, Y_i) werden in das Wahrscheinlichkeitsnetz eingetragen (vgl. Bild 3.6). Da die einzelnen Punkte recht gut längs der Ausgleichsgeraden streuen, besteht kein Grund, die Annahme zurückzuweisen, daß eine Normalverteilung vorliege. Der Gehalt der Probe ergibt sich aus der zu $Y = 50\%$ gehörigen Abszisse zu $\mu = 0{,}013_0 \%$ Al. Die Standardabweichung findet man aus der halben Differenz der zu $Y_2 = 84{,}1\%$ und $Y_1 = 15{,}9\%$ gehörigen Abszissenwerte zu

$$\sigma = \frac{1}{2}(0{,}015\,5 - 0{,}010\,7) = 0{,}002_4 \%.$$

Die beschriebene Methode soll nur dann angewandt werden, wenn mindestens 30 Meßwerte vorliegen. Die einzelnen Punkte dürfen nur wenig längs der Ausgleichsgeraden streuen. In Zweifelsfällen oder bei schwerwiegenden Aussagen wird man auf die rechnerische Prüfung (vgl. Abschn. 7.8.) zurückgreifen. Ergibt sich bei der Prüfung im Wahrscheinlichkeitsnetz keine Gerade, so kann dies auf eine nicht passende Teilung der Abszissenachse (z. B. Vorliegen einer logarithmischen Normalverteilung) deuten.

[3.2] Es soll untersucht werden, ob die im Beispiel [2.3] gefundenen Resultate der Zinnbestimmung einer Normalverteilung folgen. Auf Grund der graphischen Darstellung (vgl. Bild 2.4) ist eine logarithmische Normalverteilung zu erwarten. Man berechnet deshalb aus den Logarithmen der Analysenwerte die prozentualen Summenhäufigkeiten analog Beispiel [3.1]. Im Wahrscheinlichkeitsnetz teilt man die Abszisse entsprechend den gebildeten Klassen logarithmisch. Die einzelnen Punkte streuen längs einer Geraden (vgl. Bild 3.7), es besteht also kein Grund, die Annahme zurückzuweisen, daß bei logarithmischer Transformation eine Gaußverteilung vorliegt.

Wenn die vorliegenden Meßwerte über einen weiten Bereich (mehrere Zehnerpotenzen) verteilt sind, erleichtert die Verwendung von Wahrscheinlichkeitspapier mit logarithmischer Teilung der Merkmalsachse die Arbeit. Dieses Funktionspapier ist jedoch nicht günstig anwendbar, falls die Werte relativ dicht beieinander liegen wie im Beispiel [3.2]. Der auf der Abszisse benutzbare Bereich ist dann zu stark zusammengedrängt. Zweigipflige Verteilungen äußern sich im Wahrscheinlichkeitsnetz oft dadurch, daß sich durch den Punktschwarm zwei Geraden legen lassen, die sich in den zu $Y = 50\%$ gehörigen Werten unterscheiden. Die Geraden schneiden sich, falls die Standardabweichungen der beiden Teilkollektive verschieden groß sind ($\sigma_1 \neq \sigma_2$); sie laufen parallel bei $\sigma_1 = \sigma_2$.

[3.3] Als Beispiel für den ersten Fall zeigt Bild 3.8 die Darstellung der Werte von Bild 2.2 im Wahrscheinlichkeitsnetz. Bild 3.9 gibt die bei der gemeinschaftlichen Aluminiumbestimmung in einer Magnesiumlegierung gefundenen Werte in gleicher Darstellung.

Bei der Prüfung im Wahrscheinlichkeitsnetz darf man nur ausgesprochen deutliche Erscheinungen verwerten. Kleinere Fluktuationen um die Ausgleichsgerade sind fast niemals genügend beweiskräftig.

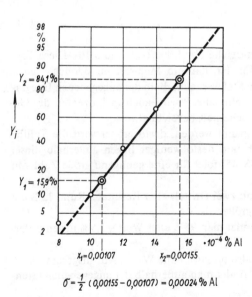
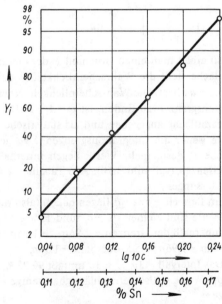

Bild 3.6. Prüfung auf Normalverteilung im Wahrscheinlichkeitsnetz

Bild 3.7. Prüfung auf logarithmische Normalverteilung im Wahrscheinlichkeitsnetz

3. Theoretische Verteilungen

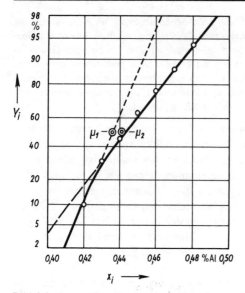

Bild 3.8. Zweigipflige Verteilung mit $\mu_1 \neq \mu_2$ und $\sigma_1 \neq \sigma_2$

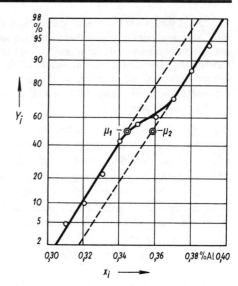

Bild 3.9. Zweigipflige Verteilung mit $\mu_1 \neq \mu_2$ und $\sigma_1 = \sigma_2$

Berechnet man das Gaußsche Integral [Gl. (3.5a)] in den Grenzen

$$F(x) = \frac{1}{\sqrt{2\pi}} \int_{-u\sigma}^{+u\sigma} e^{-\frac{u^2}{2}} du, \qquad (3.6)$$

so erhält man einen Bruchteil P der Gesamtfläche $F = 1,000$ (vgl. Bild 3.10). Diese Teilfläche stellt die Wahrscheinlichkeit P dafür dar, daß ein Meßwert im Bereich $-u\sigma \ldots \ldots + u\sigma$ liegt. Die Wahrscheinlichkeit, einen Meßwert außerhalb der angegebenen Integrationsgrenzen zu finden, ist $\alpha = 1 - P$. Die Teilfläche P wird auch in Prozenten der Gesamtfläche angegeben und als statistische Sicherheit bezeichnet.

Je weiter die Integrationsgrenzen $\pm u\sigma$ gespannt werden, desto größer wird die Teilfläche P, desto mehr Werte liegen innerhalb und desto weniger liegen außerhalb dieser Grenzen (vgl. Bild 3.10). Aus Tabelle 3.2 (S. 45) folgt für eine genügend große Zahl von Messungen:

Im Bereich $-\sigma \ldots +\sigma$ liegen 68,3 % (also rund zwei Drittel) aller Resultate. Rund 15 % der Werte sind kleiner als $-\sigma$, rund 15 % sind größer als $+\sigma$.

Innerhalb der Grenzen $-1,96\sigma \ldots +1,96\sigma$ findet man 95 % aller Werte, 2,5 % liegen unterhalb $-1,96\sigma$; 2,5 % oberhalb $+1,96\sigma$.

Das Intervall $-3\sigma \ldots +3\sigma$ umfaßt 99,73 %, also praktisch alle Werte. Nur insgesamt 0,7 % der Werte – also vernachlässigbar wenige – findet man außerhalb der angegebenen Grenzen.

Die nach Gl. (3.6) berechnete Teilfläche P hängt unmittelbar mit den gewählten Integrationsgrenzen zusammen. Durch die Wahl der einen Größe ist die andere festgelegt. Um

3.1. Gaußverteilung

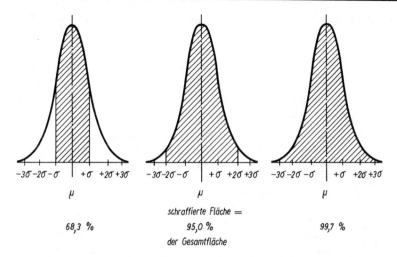

Bild 3.10. Integration der Gaußkurve im Bereich $\mu \pm u(P)\sigma$

Tabelle 3.2. Einige Werte für das Gaußsche Integral bei Integration in den Grenzen $-u\sigma \ldots +u\sigma$

u	P	$\alpha = 1 - P$	u	P	$\alpha = 1 - P$
0,500	0,383	0,617	1,96	0,95	0,05
0,675	0,500	0,500	2,58	0,99	0,01
1,000	0,683	0,317	3,00	0,9973	0,0027
1,640	0,900	0,100	4,00	0,9999	0,0001

diesen Zusammenhang zu verdeutlichen, wird im folgenden die Integrationsgrenze durch den Ausdruck $u(P)\sigma$ symbolisiert.

Mit Tabelle 3.2 findet auch die auf Seite 42 vorgenommene graphische Bestimmung der Standardabweichung ihre Erklärung. Die Fläche unter der Gaußkurve im Bereich $-\sigma \ldots +\sigma$ beträgt 68,3 % der Gesamtfläche. In der Summenhäufigkeitsdarstellung findet man die Abszissenwerte $-\sigma$ und $+\sigma$, indem man die Ordinaten $Y_1 = 50 - \frac{68,3}{2} = 15,9\%$ und $Y_2 = 50 + \frac{68,3}{2} = 84,1\%$ aufsucht.

Die in Tabelle 3.2 angegebenen Wahrscheinlichkeiten gelten natürlich nur bei Erfüllung der Gaußverteilung. Ähnliche Beziehungen zwischen den Integrationsgrenzen $u\sigma$ und den zugehörigen Wahrscheinlichkeiten P lassen sich auch für ganz beliebige Verteilungen angeben. Nach TSCHEBYSCHEW gilt dann

$$P(u) = 1 - \frac{1}{u^2}. \tag{3.7}$$

Wenn man annehmen darf, daß die Verteilung ein Häufigkeitsmaximum in der Nähe des

Mittelwertes besitzt (CAMP-MEIDELL-Bedingung), so kann man zur Berechnung von P folgende Näherung benutzen:

$$P(u) \approx 1 - \frac{1}{2{,}25 u^2}. \tag{3.8}$$

Einige Werte für P unter diesen beiden Bedingungen gibt Tabelle 3.3. Man erkennt die Abnahme von P im Vergleich zur Gaußverteilung (vgl. Tab. 3.2).

Tabelle 3.3. Einige Werte für $P(u)$ nach CAMP und MEIDELL [Gl. (3.8)] bzw. TSCHEBYSCHEFF [Gl. (3.7)]

u	$P(u)$	
	CAMP/MEIDELL	TSCHEBYSCHEFF
1,00	0,556	
1,64	0,834	0,628
1,96	0,884	0,740
2,58	0,933	0,850
3,00	0,951	0,889
4,00	0,972	0,938

Die Standardabweichung für eine Normalverteilung aus Mittelwerten ist nach Gl. (3.4) gegeben durch $\sigma_M = \sigma/\sqrt{n_j}$. Dabei bezeichnet n_j die Anzahl der zu jedem Mittelwert gehörigen Parallelbestimmungen. Die Differenzen zwischen einem Stichprobenmittelwert $\bar{x}$ und dem Mittelwert der Grundgesamtheit μ liegen in P Fällen im Mittel in den Grenzen $-u(P)\sigma_M$ und $+u(P)\sigma_M$. Es gilt also

$$-u(P)\frac{\sigma}{\sqrt{n_j}} < \mu - \bar{x} < +u(P)\frac{\sigma}{\sqrt{n_j}}. \tag{3.9}$$

Durch Addition von $\bar{x}$ erhält man

$$\bar{x} - u(P)\frac{\sigma}{\sqrt{n_j}} < \mu < \bar{x} + u(P)\frac{\sigma}{\sqrt{n_j}}. \tag{3.10}$$

Bei sehr häufiger Wiederholung der Meßserie darf man erwarten, daß bei $100P\%$ aller dieser Stichproben das Mittel μ der Grundgesamtheit innerhalb des berechneten Intervalls $\bar{x} \pm u(P)\frac{\sigma}{\sqrt{n_j}}$ zu finden ist. Bei Abwesenheit systematischer Fehler weicht ein analytisch festgestellter Mittelwert um weniger als $\pm u(P)\frac{\sigma}{\sqrt{n_j}}$ vom wahren Gehalt der Probe ab. Setzt man

$$u(P)\frac{\sigma}{\sqrt{n_j}} = \Delta\bar{x}, \tag{3.11}$$

so erhält man das zum Mittelwert $\bar{x}$ gehörige, mit Wahrscheinlichkeit P gültige Vertrauensintervall $\bar{x} \pm \Delta\bar{x}$. Innerhalb der beiden Grenzen $+\Delta\bar{x}$ und $-\Delta\bar{x}$ wird in $100P\%$ aller Fälle der wahre Wert μ zu finden sein. Deshalb benutzt man die Angabe des Vertrauensintervalls, um die Tragfähigkeit des gemessenen Wertes zu charakterisieren. Bei Nichterfüllung der Gaußverteilung verringert sich für gegebenes μ die Sicherheit der Aussage (vgl. Tab. 3.3).

Bei der Berechnung des Vertrauensintervalls ist zu beachten, ob *beide* Grenzen (obere *und* untere) interessieren oder ob nach nur *einer* Grenze (oberer *oder* unterer) gefragt ist (vgl. Bild 3.11). Wird das Vertrauensintervall als Fehlerangabe zu einem Mittelwert benutzt, so interessieren natürlich *beide* Grenzen. Man bezeichnet dies als zweiseitige Fragestellung mit der vereinbarten Wahrscheinlichkeit P. Es wird bei dieser Fragestellung links und rechts der Ordinate im Punkt $\bar{x} \pm u(P) \dfrac{\sigma}{\sqrt{n_j}}$ je eine Fläche vom Inhalt $\dfrac{1}{2}(1-P) = \dfrac{\alpha}{2}$ abgeschnitten. Im Gegensatz zur Angabe eines Meßwertes legt man Qualitätsforderungen oft einseitig fest, z. B. soll der Gehalt an Verunreinigungen eines Produktes eine obere Grenze nicht überschreiten. In diesem Fall spricht man von einer *einseitigen Fragestellung* mit der zugehörigen Wahrscheinlichkeit $\bar{P}$. Diese ist durch den Anteil der Fläche für $x = -\infty$ bis $x = u(\bar{P})\dfrac{\sigma}{\sqrt{n_j}}$ an der Gesamtfläche gegeben (vgl. Bild 3.11). Man schneidet bei einseitiger Fragestellung also links *oder* rechts der Ordinate im Punkt $\bar{x} + u(\bar{P})\dfrac{\sigma}{\sqrt{n_j}}$ bzw. $\bar{x} - u(\bar{P})\dfrac{\sigma}{\sqrt{n_j}}$ eine Fläche vom Inhalt $1 - \bar{P} = \bar{\alpha}$ ab. Zwischen den zu ein- bzw. zweiseitigen Fragestellungen gehörigen Wahrscheinlichkeiten $\bar{P}$ bzw. P gilt die Beziehung

$$\bar{P} = 0{,}5 + \frac{P}{2}. \tag{3.12}$$

Eine Zusammenstellung gängiger, zueinander gehöriger Werte von P und $\bar{P}$ gibt Tabelle 3.4, Werte für das Gaußsche Integral im Bereich $-\infty \ldots u\sigma$ können Tabelle A.2 (S. 238) entnommen werden.

Tabelle 3.4. Zueinander gehörige Werte von P und $\bar{P}$ für ein- bzw. zweiseitige Begrenzung des Vertrauensintervalls

P	$\bar{P}$	P	$\bar{P}$
0,90	0,95	0,99	0,995
0,95	0,975	0,997	0,998
0,98	0,990	0,999	0,999 5

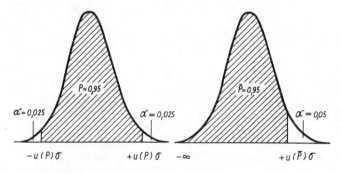

Bild 3.11. Grenzen des Vertrauensintervalls bei zweiseitiger (links) und einseitiger Fragestellung (rechts)

3.2. Poissonverteilung

Eine Reihe von Verfahren der modernen analytischen Chemie leiten ihre Ergebnisse aus der Zählung diskreter Größen ab. Beispiele sind hierfür die Zählung von Impulsraten in der Radiochemie, die Zählung von Röntgenquanten in der Röntgenspektralanalyse, die Zählung von Strukturelementen bei der Integration von Schliffen u. a. m. Allen diesen Verfahren ist gemeinsam, daß die Zahl der möglichen Ereignisse (z. B. Anzahl der zerfallsbereiten Atomkerne) sehr groß, die Zahl der tatsächlich eingetretenen Ereignisse (der Zerfall der einzelnen Kerne) dagegen sehr klein ist. Infolge der Seltenheit dieser Ereignisse ändert sich im beobachteten Zeitintervall die Zusammensetzung der Probe nicht merklich. Wenn man den gleichen Versuch mehrfach wiederholt, so kann man die Wahrscheinlichkeit für das Auftreten des einzelnen Meßwertes x beschreiben durch

$$y = \frac{\mu^x e^{-\mu}}{x!}. \tag{3.13}$$

Man bezeichnet diese Art der Verteilung als Poissonverteilung. Es fällt auf, daß sie nur durch einen einzigen Parameter, den Mittelwert μ, charakterisiert ist. Zwischen Mittelwert μ und Standardabweichung σ besteht die Beziehung

$$\sigma = \sqrt{\mu}. \tag{3.14}$$

Im Gegensatz zur Gaußverteilung ist die Poissonverteilung eine diskrete Verteilung. Für kleine Werte von μ besitzt sie eine beträchtliche Schiefe (vgl. Bild 3.12). Diese nimmt mit wachsendem μ sehr rasch ab, und die Form der Verteilungskurve nähert sich der Normalverteilung mit Mittelwert μ und Standardabweichung $\sigma = \sqrt{\mu}$. Für praktische Zwecke darf die Annäherung durch eine Gaußverteilung als genügend genau angesehen werden für $x > 15$. Entsprechend Tabelle 3.2 liegen dann 68,3 % aller Werte im Bereich $\mu - \sqrt{\mu} \ldots \mu + \sqrt{\mu}$.

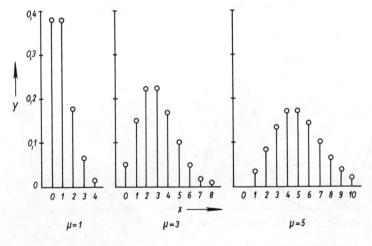

Bild 3.12. Poissonverteilungen für verschiedene Werte des arithmetischen Mittels μ

3.2. Poissonverteilung

Wegen dieser Möglichkeit der Annäherung durch eine Gaußverteilung kann man das Wahrscheinlichkeitsnetz auch zur Prüfung auf die Erfüllung der Poissonverteilung verwenden. In diesem Falle ergeben die Summenhäufigkeiten eine Gerade durch die Punkte

$$P_m(x_m = \mu;\, Y_m = 50\,\%), \qquad P_1(x_1 = \mu - \sqrt{\mu};\, Y_1 = 15{,}9\,\%), \tag{3.15}$$

$$P_2(x_2 = \mu + \sqrt{\mu};\, Y_2 = 84{,}1\,\%).$$

Zur praktischen Durchführung dieser Prüfung konstruiert man aus den ermittelten Summenhäufigkeiten und den zugehörigen Gehalten zunächst die Ausgleichsgerade. Man bestimmt aus den einzelnen Messungen den Schätzwert des arithmetischen Mittels $\bar{x}$ und berechnet hieraus gemäß Gl. (3.15) die Koordinaten der Punkte P_1 und P_2. Die durch diese beiden Punkte gelegte Gerade muß mit der Ausgleichsgeraden fast zusammenfallen.

[3.4] Mit einem Zählrohr wurde hundertmal die durch einen α-Strahler verursachte Impulszahl gemessen. Bei Aufstellen der Häufigkeitsverteilung ergab sich folgende prozentuale Besetzung der einzelnen Klassen:

Obere Klassengrenze x_i (Impulse)	Prozentuale Häufigkeit	Prozentuale Summenhäufigkeit Y
3 810	5	5
3 850	7	12
3 890	9	21
3 930	23	44
3 970	24	68
4 010	19	87
4 050	8	95
4 090	3	98
4 130	1	99
4 170	1	100

Man trägt die Wertepaare (x_i, Y_i) der Summenhäufigkeitsverteilung in das Wahrscheinlichkeitsnetz ein und gleicht durch eine Gerade aus (vgl. Bild 3.13). Das nach Gl. (2.1) aus den hundert Zählergebnissen erhaltene arithmetische Mittel liegt bei $\bar{x} = 3958$ Impulsen. Hieraus erhält man nach Gl. (3.15) die beiden zur theoretischen Verteilung gehörenden Punkte P_1 und P_2. Ihre Abszissenwerte ergeben sich zu $x_1 = 3958 - \sqrt{3959} = 3895$ und $x_2 = 3958 + \sqrt{3958} = 4021$, die zugehörigen Ordinatenwerte zu $Y_1 = 15{,}9\,\%$ und $Y_2 = 84{,}1\,\%$. Die Gerade durch die zwei Punkte P_1 und P_2 fällt fast mit der Ausgleichsgeraden zusammen. Deshalb darf eine Poissonverteilung der Werte angenommen werden.

Läßt sich aus der graphischen Prüfung keine genügend sichere Aussage herleiten, so greift man auf die später beschriebenen rechnerischen Prüfverfahren (vgl. Abschn. 7.8.) zurück.

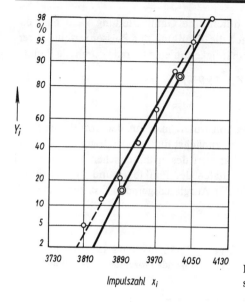

Bild 3.13. Prüfung auf Poissonverteilung im Wahrscheinlichkeitsnetz

3.3. Prüfverteilungen

3.3.1. t-Verteilung

Die im Abschnitt 3.1. beschriebene Gaußverteilung gilt nur für den Fall einer sehr großen Zahl von Meßwerten. Bei einer kleinen Anzahl von Werten kann die Verteilungsdichte mehr oder weniger von den Gesetzen der Normalverteilung abweichen. In der mathematischen Statistik wird diese zusätzliche Unsicherheit durch eine modifizierte symmetrische Verteilung – die t-Verteilung – berücksichtigt. Die Häufigkeitsmaxima von Gauß- und t-Verteilung liegen bei dem gleichen Abszissenwert. Im Gegensatz zur Normalverteilung sind jedoch Höhe und Breite von Kurven der normierten t-Verteilung abhängig vom Freiheitsgrad f der zugehörigen Standardabweichung. Je niedriger die Zahl der Freiheitsgrade

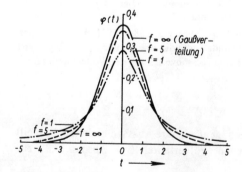

Bild 3.14. t-Verteilung für $f=1$ (–..–..–) und $f=5$ (-----) sowie Gaußverteilung (——)

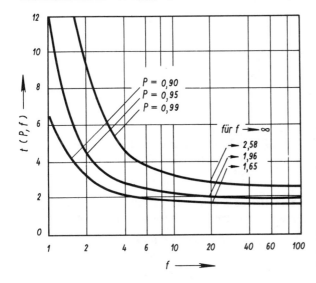

Bild 3.15. Integralgrenzen $t(P, f)$ der t-Verteilung in Abhängigkeit vom Freiheitsgrad f

liegt, desto flacher verläuft bei gleicher Standardabweichung die Kurve (vgl. Bild 3.14). Für $f \to \infty$ geht die t-Verteilung in die Normalverteilung über. Entsprechend diesem vom Freiheitsgrad f abhängigen Kurvenverlauf entfernen sich die Integralgrenzen bei vorgegebener Wahrscheinlichkeit P mit abnehmender Zahl von Freiheitsgraden immer mehr vom Mittelwert. Für $P = 0{,}95$ z. B. wird ein Meßwert x nicht mehr im Bereich $\mu - 1{,}96 \ldots \mu + 1{,}96$ liegen. Dieses Intervall fällt um so breiter aus, je weniger Messungen durchgeführt werden (vgl. Bild 3.15). Die Integralgrenzen der t-Verteilung in Abhängigkeit von der Wahrscheinlichkeit P und dem Freiheitsgrad f sind für die auf $s = 1$ normierte Verteilung in Tabelle A. 3 (S. 240) zusammengestellt.

3.3.2. F-Verteilung

Aus einer normalverteilten Grundgesamtheit denkt man sich genügend häufig zwei Stichproben vom Umfange n_1 bzw. n_2 entnommen. Man berechnet die Varianzen s_1^2 und s_2^2 mit $f_1 = n_1 - 1$ und $f_2 = n_2 - 2$ Freiheitsgraden und bildet

$$F = \frac{s_1^2}{s_2^2}.$$

($F > 1$, d. h., s_1^2 soll stets die größere Varianz sein.)

Die sich aus der Verteilungsfunktion für alle möglichen F-Werte ergebende Kurve verläuft – als Verhältnis zweier Quadrate – einseitig im ersten Quadranten zwischen $F = 0$ und $F = \infty$ (vgl. Bild 3.16). Die Kurven besitzen Reziprokalsymmetrie, es ist F mit $1/F$ vertauschbar, sofern gleichzeitig f_1 durch f_2 ersetzt wird. Bei Integration der Verteilungsfunktion in den Grenzen $0 \ldots F_p$ ($F_p < \infty$) erhält man einen Bruchteil $\bar{P}$ der Gesamtfläche. Dieser ist gleichbedeutend mit der Wahrscheinlichkeit, daß ein gefundener Wert $F = s_1^2/s_2^2$ zwischen Null und F_p liegt. Diese Integralgrenzen $F(\bar{P}; f_1; f_2)$ sind für $\bar{P} = 0{,}95$

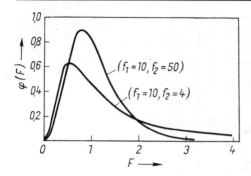

Bild 3.16. F-Verteilung für ($f_1 = 10; f_2 = 4$) und für ($f_1 = 10; f_2 = 50$) Freiheitsgrade

und $\bar{P} = 0{,}99$ in Abhängigkeit vom Freiheitsgrad f_1 bzw. f_2 in Tabelle A. 5 (S. 242) zusammengestellt. Die Interpolation der nicht enthaltenen Werte erfolgt im Bereich $f_1 = 24$ und $f_2 = 120$, indem man F als Funktion von $\frac{1}{f}$ aufträgt (vgl. Beispiel [7.1]).

3.3.3. χ^2-Verteilung

Es sind gegeben n voneinander unabhängige Zufallsgrößen $x_1, x_2 \ldots x_n$. Falls Normalverteilung vorliegt, gilt

$$\sum_1^n \left(\frac{x_1 - \bar{x}}{\sigma}\right)^2 = (n-1)\frac{s^2}{\sigma^2} = \chi^2$$

mit $f = n - 1$ Freiheitsgraden.

Die sich aus der Verteilungsfunktion für χ^2 ergebende Kurve erstreckt sich im ersten Quadranten über den Bereich $\chi^2 = 0$ bis $\chi^2 = \infty$. Ihr Verlauf wird stark beeinflußt durch die Zahl der Freiheitsgrade f (vgl. Bild 3.17). Für eine niedrige Zahl von Freiheitsgraden verläuft die Kurve zunächst asymmetrisch, mit wachsendem f vermindert sich die Schiefe, und bei einer großen Zahl von Freiheitsgraden erhält man die Gaußkurve mit

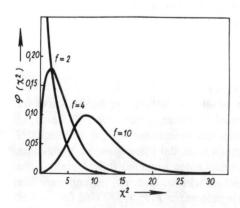

Bild 3.17. χ^2-Verteilung für $f = 2$, $f = 4$ und $f = 10$ Freiheitsgrade

3.4. Zusammenhang zwischen den einzelnen Verteilungen

$\mu > 0$. Die Integration der Verteilungsfunktion in den Grenzen $0\ldots\chi_p^2$ ($\chi_p^2 < \infty$) liefert einen Bruchteil $\bar{P}$ der Gesamtfläche. Diese Teilfläche entspricht der Wahrscheinlichkeit dafür, daß ein Wert $\chi^2 = \sum_{i=1}^{f} x_i^2$ aus f voneinander unabhängigen Beobachtungen in das Intervall $0\ldots\chi_p^2$ fällt. Zum praktischen Gebrauch sind für $\bar{P} = 0{,}95$ und $\bar{P} = 0{,}99$ in Abhängigkeit vom Freiheitsgrad f die Integralgrenzen der χ^2-Verteilung $\chi^2(\bar{P}, f)$ in Tabelle A. 4 (S. 241) zusammengestellt.

3.4. Zusammenhang zwischen den einzelnen Verteilungen

Beim ersten Anblick mag es aussehen, als ob alle hier besprochenen theoretischen Verteilungen völlig verschiedenartig seien und in keinem inneren Zusammenhang stünden. Daß dem jedoch nicht so ist, wurde bereits verschiedentlich gezeigt. So wurde z. B. festgestellt (vgl. S. 48), daß die Poissonverteilung durch eine Gaußverteilung angenähert werden kann, falls die Bedingung $x > 15$ erfüllt ist. Weiterhin wurde angedeutet, daß die t-Verteilung ebenfalls in die Gaußverteilung übergeht bei $f \to \infty$.

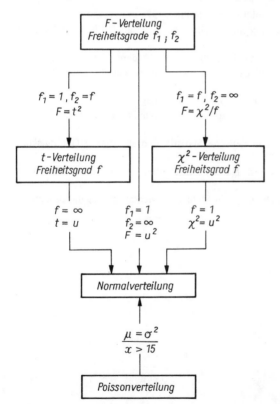

Bild 3.18. Zusammenhang zwischen den einzelnen theoretischen Verteilungen

Ähnliche Zusammenhänge existieren auch zwischen den anderen behandelten Verteilungen, sie sind im Bild 3.18 schematisch dargestellt. Man erkennt, daß die Prüfverteilungen (t-, F-, χ^2-Verteilung) Sonderfälle der Gaußverteilung für eine bestimmte Fragestellung und bei begrenzter Zahl von Freiheitsgraden darstellen.

Quellenverzeichnis zum Abschnitt 3.

[1] CLANCEY, V. J.: Statistical Methods in Chemical Analysis. Nature [Paris] **159** (1947) 4036, 339, 340
[2] EHRLICH, G.; GERBATSCH, R.; JAETSCH, K.; SCHOLZE, H.: Zur Genauigkeit spektralanalytischer Spurenbestimmungen. Vortrag auf dem IX. Coll. Spectrosc. Int. Lyon 1961
[3] OERTEL, A. C.: Frequency Distribution of Spectrographic error in the DC Excitation of Soil Samples. Austral. J. Appl. Sci. **7** (1956) 2, 133, 141
[4] SCHLECHT, H.: Der Zufallsfehler einer chemischen Analyse. Contributions to Geochemistry, Geol. Survey Bull, 992

Weiterführende Literatur zum Abschnitt 3.

GREEN, J. R.; MARGERISON, D.: Statistical Treatment of Experimental Data. Amsterdam: Elsevier Scientific Publ. Comp. 1977
HIRSCH, R. F.: Statistics. Philadelphia: The Franklin Institute Press 1978
NOAK, S.; SCHULZE, G.: Statistische Auswertung analytischer Daten. Z. anal. Chem. **304** (1980) 250/254
PLACHKY, D.; BARINGHAUS, L.; SCHMITZ, N.: Stochastik I. Wiesbaden: Akadem. Verlagsges. 1978
SCHEFFLER, E.: Einführung in die Praxis der statistischen Versuchsplanung. Leipzig: Deutscher Verlag für Grundstoffindustrie 1974
SCHMIDT, W.: Lehrprogramm Statistik. Weinheim: Chemie-Physik-Verlag 1976
SMIRNOW, A.; DUNIN-BARKOWSKI, V.: Mathematische Statistik in der Technik. Berlin: Verlag Technik 1961
STORM, R.: Wahrscheinlichkeitsrechnung, mathematische Statistik und statistische Qualitätskontrolle. 5. Aufl. Leipzig: Fachbuchverlag 1974
WEBER, E.: Grundriß der biologischen Statistik für Naturwissenschaftler, Landwirte und Mediziner. 7. Aufl. Jena: Gustav Fischer Verlag 1972
DIN 55350, Teil 12: Begriffe der Qualitätssicherung und Statistik – Merkmalsbezogene Begriffe

4 Fehlerfortpflanzung

Der Zufallsfehler eines Analysenverfahrens setzt sich aus mehreren Teilfehlern zusammen. Um bei der Analyse den Gesamtfehler klein zu halten, muß man optimale Meßbedingungen aufsuchen. Diese lassen sich nach den Gesetzen der Fehlerfortpflanzung ermitteln. Fehlerdiskussionen dieser Art berücksichtigen vorrangig den auftretenden Meßfehler. Deshalb erlauben sie nur in Ausnahmefällen die Voraussage auf die Präzision des Analysenverfahrens, denn die Meßfehler sind meist klein gegenüber zufälligen Schwankungen z. B. im Ablauf chemischer Reaktionen. Jedoch kann ein Analysenverfahren seine volle Leistungsfähigkeit erst dann entfalten, wenn die Meßfehler minimiert sind.

Für einige typische Verfahren der analytischen Chemie soll im folgenden die Auswirkung der Fehlerfortpflanzung bei der Suche nach bestmöglichen Meßbedingungen beschrieben werden.

4.1. Allgemeine Gesetzmäßigkeiten

Zur Diskussion der Fehlerfortpflanzung müssen die formelmäßige Verknüpfung der einzelnen Meßgrößen und die Teilfehler der verschiedenen Schritte bekannt sein. Es wird weiterhin vorausgesetzt, daß sämtliche Meßgrößen voneinander unabhängig (unkorreliert) sind (vgl. S. 32).

Besteht zwischen n unkorrelierten Variablen ein funktioneller Zusammenhang der Form

$$y = \varphi(x_1, x_2, \ldots, x_n), \tag{4.1}$$

so läßt sich der zugehörige Gesamtfehler σ_y angeben durch

$$\sigma_y^2 = \left(\frac{\partial \varphi}{\partial x_1}\right)^2 \sigma_{x_1}^2 + \left(\frac{\partial \varphi}{\partial x_2}\right)^2 \sigma_{x_2}^2 + \ldots + \left(\frac{\partial \varphi}{\partial x_n}\right)^2 \sigma_{x_n}^2. \tag{4.2}$$

Der aus Gl. (4.2) resultierende Fehler σ_y ist größer als der Fehler der Einzelglieder. Durch Zusammenwirken mehrerer fehlerbehafteter unkorrelierter Teilgrößen erhöht sich also stets der Zufallsfehler des Resultates. Es ist deshalb sinnlos, eine berechnete Größe auf mehr Dezimalstellen anzugeben, als die zugrunde liegenden Teilgrößen gültige Dezimalstellen besitzen. Die meisten in der analytischen Chemie gebrauchten Zusammenhänge

4. Fehlerfortpflanzung

lassen sich auf die Grundrechnungsarten zurückführen. Wenn hierbei z. B. zwei voneinander unabhängige Variable x_1 und x_2 miteinander verknüpft sind, ergeben sich für die Fehlerfortpflanzung die wesentlich einfacheren folgenden Beziehungen:

Berechnungsformel	Gesamtfehler	
$\left.\begin{array}{l} y = x_1 + x_2 \\ y = x_1 - x_2 \end{array}\right\}$	$\sigma_y^2 = \sigma_{x_1}^2 + \sigma_{x_2}^2$	(4.3 a)
$\left.\begin{array}{l} y = x_1 \, x_2 \\ y = x_1/x_2 \end{array}\right\}$	$\left(\dfrac{\sigma_y}{y}\right)^2 = \left(\dfrac{\sigma_{x_1}}{x_1}\right)^2 + \left(\dfrac{\sigma_{x_2}}{x_2}\right)^2$	(4.3 b)

Bei der Fehlerfortpflanzung addieren sich stets die zugehörigen Varianzen, und zwar bei Summen oder Differenzen die Varianzen der Absolutfehler, bei Produkten oder Quotienten die Varianzen der Relativfehler. Deshalb benutzt man zur Fehlerdiskussion von Summen oder Differenzen bevorzugt den Absolutfehler, zur Fehlerdiskussion von Produkten oder Quotienten den Relativfehler. [Zur Fehlerfortpflanzung bei korrelierten Meßgrößen siehe Gl. (9.9)].

4.2. Analytische Operationen

Besonders häufig treten in der analytischen Chemie Differenzmessungen (wie z. B. bei Wägungen) auf. Wie Gl. (4.3 a) zeigt, pflanzt sich hierbei der Absolutfehler fort. Er erhöht sich nur unwesentlich und ist unabhängig von der Größe der Differenz. Vielfach wird die ermittelte Differenz innerhalb eines Produktes oder eines Quotienten weiter verarbeitet [z. B. Gl. (4.10)]. In diesem Falle interessiert der Relativfehler der Differenz $\sigma_{x_1-x_2}/(x_1 - x_2)$. Dieser ist um so größer, je geringer der Unterschied $x_1 - x_2$ wird, er nimmt sehr hohe Beträge an, wenn x_1 und x_2 annähernd gleichgroß werden. Man soll deshalb nach Möglichkeit Differenzmessungen ähnlich großer Zahlen vermeiden.

[4.1] Bei einer Chloridbestimmung wurden folgende Meßwerte erhalten:

Tiegel + AgCl	$X = 8,345\,3$ g
Tiegel leer	$X_0 = 8,087\,5$ g
AgCl	$y = X - X_0 = 0,257\,8$ g

Den Wägefehler darf man bei Benutzung einer normalen Analysenwaage für beide Wägungen gleichgroß zu $\sigma_x = 0,000\,2$ g ansetzen [8]. Aus Gl. (4.3 a) erhält man dann als Absolutfehler der Differenz $\sigma_y = \sigma_x \sqrt{2} \approx 0,000\,3$ g. Dieser ist nicht wesentlich größer als der Fehler der einzelnen Wägung. Als Relativfehler für die einzelne Wägung ergibt sich $\sigma_x/X \approx 0,000\,03 \triangleq 0,003\,\%$. Die Differenz $y = X - X_0$ dagegen ist mit einem wesentlich höheren Relativfehler behaftet, er wird $\sigma_y/y \approx 0,001 \approx 0,1\,\%$. Trotz der hohen Präzision bei der einzelnen Wägung läßt sich die Differenz nur mit dem vergleichsweise hohen Relativfehler von $0,1\,\%$ bestimmen.

4.2. Analytische Operationen

Bei Multiplikation einer fehlerbehafteten mit einer fehlerfreien Zahl (stöchiometrischer Umrechnungsfaktor) wird nur der Absolutfehler vervielfältigt, der Relativfehler dagegen bleibt unverändert. Entsprechendes gilt auch für die Division.

[4.2] Bei der gravimetrischen Nickelbestimmung wurden 0,3124 g Nickeldiacetyldioxim-Komplex ausgewogen, das entspricht $0,2250 \cdot 0,3124$ g $= 0,0703$ g Nickel. Bei einem Wägefehler von $\sigma_y = 0,0003$ g ergibt sich der Absolutfehler der Nickelbestimmung zu 0,0003 g Nickeldiacetyldioxim-Komplex bzw. $0,2250 \cdot 0,0003$ g $= 0,00007$ g Ni; der Relativfehler beträgt in beiden Fällen $0,001 \triangleq 0,1 \%$.

Eine häufige Operation stellt die Teilung einer Probe auf volumetrischem Wege dar (Aliquotieren). Sie erfolgt bevorzugt mittels Vollpipette und nachfolgender Verdünnung im Maßkolben. Der Verdünnungsfaktor q ergibt sich dann nach

$$q = \frac{V_P}{V_M}. \tag{4.4}$$

V_P Volumen der Vollpipette
V_M Volumen des Maßkolbens

Daraus folgt als Relativfehler

$$\frac{\sigma_q}{q} = \sqrt{\left(\frac{\sigma_{V_P}}{V_P}\right)^2 + \left(\frac{\sigma_{V_M}}{V_M}\right)^2}. \tag{4.5}$$

Der Verdünnungsfehler wird um so kleiner, je größer das Volumen der benutzten Geräte ist (vgl. Tab. 4.1, S. 61). Sind hohe Verdünnungsgrade erforderlich, dann zerlegt man die Verdünnungsoperation in mehrere Teilschritte. Dadurch erhält man häufig einen geringeren Verdünnungsfehler, als wenn man in einem einzigen Schritt verdünnt und dabei Geräte mit großem Volumenfehler verwendet [16].

[4.3] Aus einer Lösung mit $10^{-2} \%$ Na sind Lösungen mit $10^{-3} \%$ Na und $10^{-4} \%$ Na herzustellen. Beim Benutzen von 10-ml-Vollpipetten und 100-ml-Maßkolben erhält man als Verdünnungsfehler für die Lösung mit $10^{-3} \%$ Na (vgl. Tab. 4.1 mit $\sigma_v \approx f_{max}/3$).

$$\frac{\sigma_q}{q} = \sqrt{\left(\frac{0,020/3}{10}\right)^2 + \left(\frac{0,10/3}{100}\right)^2} = 0,000745 \triangleq 0,07 \% \text{ (rel.)}.$$

Für die Lösung mit $10^{-4} \%$ Na, die durch weiteres Verdünnen aus der $10^{-3} \%$-Lösung hergestellt wird, verdoppelt sich dieser Fehler zu $\sigma_q/q = 0,00144 \triangleq 0,14 \%$ (rel.).

Würde man diese Lösung herstellen wollen durch Abpipettieren von 1 ml der Ausgangslösung mit $10^{-2} \%$ Na und Verdünnen auf 100 ml, so ergibt sich mit $f_{max} \approx 0,007$ ml

$$\frac{\sigma_q}{q} = \sqrt{\left(\frac{0,007/3}{1}\right)^2 + \left(\frac{0,10/3}{100}\right)^2} = 0,00236 \triangleq 0,2 \% \text{ (rel.)}.$$

Man erhält dann einen deutlich größeren Verdünnungsfehler. [Bei Arbeiten mit noch größeren Gerätschaften (Vollpipette 25 ml, Maßkolben 250 ml) verringert sich der Verdünnungsfehler noch weiter auf 0,040 % (rel.) bzw. 0,080 % (rel.) für die beiden Lösungen.]

Die meisten Analysenverfahren bedürfen der Kalibrierung. Unter der Voraussetzung einer direkten Proportionalität zwischen Meßgröße y und Gehalt x gilt

$$\frac{y_A}{x_A} = \frac{y_K}{x_K}. \tag{4.6}$$

y_K, y_A Meßgröße bei Kalibrierung bzw. Analyse
x_K, x_A Gehalt von Kalibrier- bzw. Analysenprobe

Es ist üblich, den Quotienten y_K/x_K (bzw. $\Delta y/\Delta x$) als Empfindlichkeit b des Analysenverfahrens zu bezeichnen. Umstellen von Gl. (4.6) ergibt als Analysenfunktion

$$x_A = \frac{x_K}{y_K} y_A = \frac{y_A}{b}. \tag{4.7}$$

Bei fehlerlosem Dosieren von x_K erhält man

$$\left(\frac{\sigma_x}{x_A}\right)^2 = \left(\frac{\sigma_{y_K}}{y_K}\right)^2 + \left(\frac{\sigma_{y_A}}{y_A}\right)^2, \tag{4.8}$$

$$\frac{\sigma_x}{x_A} \approx \frac{\sigma_y}{y} \sqrt{2}.$$

Durch diese einfachste Variante der Kalibrierung vergrößert sich der Zufallsfehler um den Faktor $\sqrt{2}$. Bei n_K-maliger Wiederholung dieser Operation kann dieser zusätzliche Fehler etwas herabgesetzt werden gemäß

$$\frac{\sigma_x}{x_A} = \frac{\sigma_y}{y} \sqrt{1 + \frac{1}{n_K}}. \tag{4.9}$$

Bei einer endlichen Zahl von Messungen ist der Gewinn nicht sehr groß. Außerdem ist es dann günstiger, Proben verschiedener Konzentration vorzugeben und durch Regressionsrechnung die Kalibrierfunktion zu ermitteln [15], vgl. Abschn. 9.2.3.

4.3. Gravimetrie

Bei gravimetrischen Verfahren erhält man das Resultat – den prozentualen Gehalt der untersuchten Probe – aus folgender Beziehung:

$$p = \frac{100 \, k \, a}{e}. \tag{4.10}$$

p Gehalt der Probe in %
k stöchiometrischer Umrechnungsfaktor
[$1/k \triangleq$ Empfindlichkeit, vgl. Gl. (4.7)]
a Masse der Auswaage
e Masse der Einwaage

Man kann das Ergebnis also unmittelbar aus den zur Analysenprobe gehörigen Messungen ableiten, ohne auf Kalibrierung angewiesen zu sein. Deshalb wird die Gravimetrie oft zu den »Absolutmethoden« gezählt. Die bei diesen Analysenverfahren für Ein- und Auswaage ermittelten Massen a bzw. e erhält man fast stets aus Differenzmessungen (vgl. Beispiel [4.1]). Üblicherweise wird die Auswaage n_j-mal ermittelt (»Konstantwägen«). Als Meßfehler für die Gehaltsbestimmung erhält man

$$\frac{\sigma_p}{p} = \sqrt{\left(\frac{\sigma_e}{e}\right)^2 + \frac{1}{n_j}\left(\frac{\sigma_a}{a}\right)^2}. \tag{4.11}$$

Hiernach läßt sich der Fehler der Gehaltsbestimmung klein halten durch niedrige Meßfehler und hohe Meßwerte.

Dem Vermindern des Meßfehlers sind geräte- und aufwandsmäßige Grenzen gesetzt. Bei der Einwaage ist – im Gegensatz zur Auswaage – nur eine einzige Wägung üblich. Deshalb empfiehlt es sich, hierfür eine empfindliche Waage mit geringerem Wägefehler zu benutzen (z. B. bei Arbeiten im Makromaßstab eine Halbmikrowaage).

Dem Erhöhen der Meßwerte stehen hauptsächlich verfahrensbedingte Gründe entgegen, z. B. lassen sich größere Mengen an Niederschlag schlecht verarbeiten. Deshalb sollte die Auswaage den Richtwert von 200 mg nicht wesentlich übersteigen. Bei den meisten gravimetrisch durchgeführten Analysen sind Ein- und Auswaage von gleicher Größenordnung ($e \approx a$).

Der Fehler des Umrechnungsfaktors k ist im allgemeinen zu vernachlässigen, wenn man mit vier gültigen Dezimalstellen arbeitet. Der Umrechnungsfaktor k tritt deshalb in Gl. (4.11) nicht auf. Trotzdem wirkt er sich mittelbar auf den Gesamtfehler aus, da er durch die auf $a_{max} \approx 200$ mg begrenzte Auswaage die Höhe der Einwaage bestimmt. Sind Ein- und Auswaage etwa gleich groß, so kann ein großer Umrechnungsfaktor den Gesamtfehler günstig beeinflussen.

[4.4] In einem Magnesit ($MgCO_3$ mit $p \approx 25\%$ Mg) wird Magnesium einmal durch Auswiegen als Magnesium-8-oxychinolat ($k_1 = 0,077\,80$) und ein anderes Mal als Diphosphat ($k_2 = 0,218\,5$) bestimmt. Die Auswaage beträgt in beiden Fällen $a = 200$ mg. Damit wird die Einwaage im ersten Fall $e_1 \approx 60$ mg, im zweiten Fall $e_2 \approx 175$ mg. Nach Gl. (4.3 b) erhält man für das Oxychinolatverfahren als Meßfehler

$$\left(\frac{\sigma_p}{p}\right)^2 = \left(\frac{0,3}{60}\right)^2 + \left(\frac{0,3}{200}\right)^2 = 0,000\,002\,73,$$

$$\frac{\sigma_p}{p} = 0,005\,2 \,\hat{=}\, 0,52\,\% \text{ (rel.)}.$$

Für das Diphosphatverfahren ergibt sich

$$\left(\frac{\sigma_p}{p}\right)^2 = \left(\frac{0,3}{175}\right)^2 + \left(\frac{0,3}{200}\right)^2 = 0,000\,005\,17,$$

$$\frac{\sigma_p}{p} = 0,002\,3 \,\hat{=}\, 0,23\,\% \text{ (rel.)}.$$

Trotz des »ungünstigeren« Umrechnungsfaktors ist im zweiten Fall der Meßfehler nur halb so groß wie bei dem ersten Verfahren.

In einigen – verhältnismäßig seltenen Fällen – ist die Auswaage wesentlich kleiner als die Einwaage. Das tritt ein bei der gravimetrischen Analyse kleiner Gehalte, z. B. der

Phosphorbestimmung in Stählen, der dokimastischen Edelmetallbestimmung usw. Bestimmend für den Fehler des Gehaltes ist in solchen Fällen meist der Fehler der Auswaage (kleiner Meßwert). Gegenüber den Verfahren, bei denen Ein- und Auswaage ähnliche Größe besitzen, wird hier der Gesamtfehler verhältnismäßig hoch. Zwar fällt dieser Fehler bei den niedrigen Gehalten wenig ins Gewicht, jedoch wird man solche Methoden nach Möglichkeit vermeiden, da bei den geringen Mengen an Niederschlag die Verunreinigungen bereits eine merkbare Rolle spielen. Deshalb ist die Gravimetrie als Methode hauptsächlich zur Bestimmung mittlerer und hoher Gehalte anzusehen. Die gravimetrische Bestimmung geringer Gehalte erfordert meist eine spezielle Analysentechnik.

4.4. Maßanalyse

Bei den Methoden der Maßanalyse erhält man den prozentualen Gehalt der untersuchten Probe [9] nach

$$p \text{ (in \%)} = \frac{100 \, k f v}{e}. \tag{4.12}$$

v Verbrauch an Maßflüssigkeit
f Titer der Maßflüssigkeit

Bei Gegenüberstellung mit Gl. (4.10) erkennt man, daß in Gl. (4.12) noch zusätzlich der Titer f der Maßflüssigkeit auftritt. Dieser muß experimentell bestimmt werden, man kann deshalb die Maßanalyse in gewissem Sinne als ein Verfahren mit Kalibrierung ansehen.

Als Fehler der Gehaltsbestimmung erhält man aus Gl. (4.12) nach den Regeln der Fehlerfortpflanzung [Gl. (4.3 b)]

$$\frac{\sigma_p}{p} = \sqrt{\left(\frac{\sigma_e}{e}\right)^2 + \left(\frac{\sigma_v}{v}\right)^2 + \left(\frac{\sigma_f}{f}\right)^2}. \tag{4.13}$$

Im Gegensatz zur Gravimetrie setzt sich der Fehler für die Volumenmessung aus mehreren Teilfehlern zusammen. Hauptsächlich wirksam sind hierbei Ablesefehler, Tropfenfehler und Nachlauffehler. Bei Präzisionsmessungen sind ferner für die benutzten Geräte die Differenz zwischen Eichtemperatur und Arbeitstemperatur sowie der Dichteunterschied von Analysenprobe und Urtitersubstanz zu berücksichtigen (DOERFFEL [3]). Im allgemeinen wird man bei Verwenden einer 50-ml-Bürette den Volumenfehler mit $\sigma_v \approx 0{,}05$ ml ansetzen dürfen.
Die nach Gl. (4.13) anzustrebenden hohen Meßwerte finden ihre Grenze im Fassungsvermögen der benutzten Bürette. Bei einer 50-ml-Bürette dürfte der optimale Verbrauch bei 30 ml bis höchstens 40 ml liegen. Nach dieser Forderung soll die Einwaage e bemessen werden. Läßt sich ein niedrigerer Verbrauch nicht umgehen, so wählt man möglichst lange und enge Büretten, muß aber dann langsam titrieren, um den Nachlauffehler klein zu halten (LINDER und HASLWANTER [10]).
Der Normalitätsfaktor f kann entweder durch Titerstellen gegen Substanzen bekannten

4.4. Maßanalyse

Tabelle 4.1. Toleranzen von Volumenmeßgeräten (JANDER und JAHR [7])

Maßkolben Klasse A					
Volumen (in ml)	2 000	1 000	500	250	100
zulässiger absoluter Maximalfehler f_{max} (in ml)	0,6	0,4	0,25	0,15	0,10
zulässiger prozentualer Maximalfehler (in %)	0,03	0,04	0,05	0,06	0,10
Vollpipetten Klasse A					
Volumen (in ml)	100	50	25	10	2
zulässiger absoluter Maximalfehler f_{max} (in ml)	0,80	0,50	0,30	0,20	0,10
zulässiger prozentualer Maximalfehler (in %)	0,08	0,10	0,013	0,20	0,5

Wirkwertes oder durch präzises Einwiegen des wirksamen Reagens ermittelt werden. In jedem Falle ergibt er sich durch Kombination einer Masse- und einer Volumenbestimmung nach

$$f = \frac{e_K}{kv_K}. \tag{4.14}$$

Daraus findet man als Fehler für die »Kalibrierung« des Verfahrens

$$\frac{\sigma_f}{f} = \sqrt{\left(\frac{\sigma_{e_K}}{e_K}\right)^2 + \left(\frac{\sigma_{v_K}}{v_K}\right)^2}. \tag{4.15}$$

Der Fehler bei der Titerstellung soll klein sein gegen die bei der Analyse auftretenden anderen beiden Fehler, es gilt also

$$\frac{\sigma_f}{f} \ll \sqrt{\left(\frac{\sigma_v}{v}\right)^2 + \left(\frac{\sigma_e}{e}\right)^2}. \tag{4.16}$$

Diese Forderung ist erfüllt, wenn $\sigma_f/f < 0,001 \triangleq 0,1\%$ (rel.) (KOLTHOFF [9]). Nur dann kann die Maßanalyse ihre volle Leistungsfähigkeit entfalten.

[4.5] Bei der maßanalytischen Bestimmung des Eisengehaltes in einem Roteisenstein ($p \approx 90\%$ Fe_2O_3) werden $v \approx 30$ ml einer Lösung von $c(\frac{1}{5} KMnO_4)$ verbraucht, wenn die Einwaage etwa $e \approx 250$ mg beträgt. Unter der Voraussetzung, daß $\sigma_f/f = 0,001$, erhält man nach Gl. (4.13) als Meßfehler für die Gehaltsbestimmung

$$\frac{\sigma_p}{p} = \sqrt{\left(\frac{0,3}{250}\right)^2 + \left(\frac{0,05}{30}\right)^2 + 0,001^2} = 0,0023 \triangleq 0,23\% \text{ (rel.)}.$$

Der auftretende Meßfehler ist also ähnlich groß wie bei der gravimetrischen Analyse (vgl. Beispiel [4.4]).

4. Fehlerfortpflanzung

Die Größe des Fehlers σ_f/f ist stark abhängig von der Art und Weise der Titerstellung. Benutzt man eine Urtitersubstanz, so sind Einwaage und Verbrauch an Maßflüssigkeit bei Eichung und Analyse ähnlich groß, es werden also $e_K \approx e$ und $v_K = v$. Damit erhält man

$$\frac{\sigma_f}{f} = \sqrt{\left(\frac{\sigma_{e_K}}{e_K}\right)^2 + \left(\frac{\sigma_{v_K}}{v_K}\right)^2} \approx \sqrt{\left(\frac{\sigma_e}{e}\right)^2 + \left(\frac{\sigma_v}{v}\right)^2}.$$

Gl. (4.16) ist somit nicht erfüllt. Man kann der Forderung von Gl. (4.16) jedoch entsprechen, wenn die Kalibrierung unter erhöhtem technischem Aufwand erfolgt. So sollten z. B. mindestens $n_j = 3$ Parallelbestimmungen vorgesehen werden, wodurch sich der Fehler auf den Betrag $1/\sqrt{n_j}$ verkleinert [vgl. Gl. (3.4)]. Die Einwaage e_K ist auf einer Halbmikrowaage vorzunehmen, das Volumen v_K wird erhöht, gegebenenfalls unter Verwendung einer größeren Bürette. Ferner ist es günstig, Urtitersubstanzen mit hoher molarer Masse zu benutzen.

[4.6] Bei der Titerstellung einer 0,1 N Kaliumpermanganatlösung legt man $e_K = 210$ mg Natriumoxalat vor und verbraucht zur Titration etwa $v_K = 30$ ml Maßlösung. Nach Gl. (4.16) ergibt sich als Fehler des Titers

$$\frac{\sigma_f}{f} = \sqrt{\left(\frac{0,3}{210}\right)^2 + \left(\frac{0,05}{30}\right)^2} = 0,002\,2 \triangleq 0,22\,\% \text{ (rel.)}.$$

Der Forderung $\sigma_f/f < 0,001$ wird also nicht Genüge getan. Erfolgt die Einwaage jedoch auf einer Halbmikrowaage ($\sigma_{e_K} \approx 0,1$ mg) und wird zur Titration ein Volumen von $v_K = 40$ ml verwendet, so vermindert sich bei $n_j = 3$ Parallelbestimmungen der Fehler wesentlich. Man erhält

$$\frac{\sigma_f}{f} = \frac{1}{\sqrt{3}} \sqrt{\left(\frac{0,1}{280}\right)^2 + \left(\frac{0,05}{40}\right)^2} = 0,000\,75 \triangleq 0,075\,\% \text{ (rel.)}.$$

Damit ist die Forderung $\sigma_f/f < 0,001$ gut erfüllt.

Für eine Reihe von Maßlösungen läßt sich der Titer bestimmen, indem man die Masse des wirksamen Reagens und das Gesamtvolumen der Maßlösung mit hoher Präzision festlegt. Bei genügend großen Mengen an Maßflüssigkeit (z. B. 1 l) werden $e_K \gg e$ und $v_K \gg v$, und damit findet Gl. (4.16) ihre Erfüllung. Diese Art der Titerstellung ist jedoch nur dann möglich, wenn das benutzte Reagens in definierter Form und der erforderlichen Reinheit herstellbar ist und wenn die Maßlösung Titerkonstanz zeigt. Ferner darf sich beim Bereiten der Maßflüssigkeit der Wirkwert nicht ändern. Reagenzien, die diese Bedingungen erfüllen, sind z. B. Kaliumdichromat, Kaliumbromat oder auch »EDTA«.

[4.7] Zur Herstellung einer Lösung von präzise $c\left(\frac{1}{6} K_2Cr_2O_7\right)$ wägt man $e_K = 4,903\,2$ g $K_2Cr_2O_7$ ein und füllt im Maßkolben auf das Volumen von $v_K = 1\,000$ ml auf. Mit $\sigma_{v_K} \approx 0,10$ ml (aus Tab. 4.1) erhält man als Meßfehler

$$\frac{\sigma_f}{f} = \sqrt{\left(\frac{0,3}{4\,903,3}\right)^2 + \left(\frac{0,10}{1\,000}\right)^2} = 0,000\,12 \triangleq 0,012\,\%.$$

Der für die Titerstellung zugelassene Maximalfehler von $\sigma_f/f < 0,001$ wird also wesentlich unterboten, ohne daß ein besonderer Aufwand erforderlich ist.

Nach allen diesen Betrachtungen ist die Maßanalyse als zeitgünstige Methode hauptsächlich zur Bestimmung hoher und mittlerer Gehalte anzusehen. Sie entspricht in diesem Charakterzug der Gravimetrie. Im Gegensatz zur Gravimetrie liefert sie das Resultat jedoch erst nach vorausgegangener experimenteller Bestimmung des Wirkwertes. Nur wenn der Fehler bei dieser Kalibrierung vernachlässigbar klein ist, besitzt die Maßanalyse genügend Aussageschärfe zur Charakterisierung der untersuchten hohen Gehalte.

4.5. Photometrie

Grundlage aller photometrischen Messungen ist das Gesetz von LAMBERT-BEER-BOUGUER. Befindet sich im untersuchten System nur ein einziger lichtabsorbierender Stoff, so gilt die Beziehung

$$E = \varepsilon(\lambda)\, c\, l. \tag{4.17}$$

E Extinktion
$\varepsilon(\lambda)$ wellenlängenabhängiger Extinktionskoeffizient (Empfindlichkeit)
c Konzentration
l Küvettenschichtdicke

Die verwandte Meßgröße – die Extinktion E – wird berechnet nach

$$E = \ln \frac{I_0}{I} = \varphi(I_0, I). \tag{4.18}$$

Dabei stellen I_0 bzw. I die Lichtintensitäten ohne bzw. mit Probe im Strahlengang dar. Als Varianz der Extinktionsbestimmung erhält man nach Gl. (4.2)

$$\sigma_E^2 = \left(\frac{\partial \varphi(I_0, I)}{\partial I_0}\right)^2 \sigma_{I_0}^2 + \left(\frac{\partial \varphi(I_0, I)}{\partial I}\right)^2 \sigma_I^2 = \frac{\sigma_{I_0}^2}{I_0^2} + \frac{\sigma_I^2}{I^2}.$$

Daraus ergibt sich mit $\sigma_{I_0} = \sigma_I = \sigma_D$ die Absolutstandardabweichung σ_E bzw. die Relativstandardabweichung σ_E/E zu

$$\sigma_E = \sigma_D \sqrt{\frac{1}{I_0^2} + \frac{1}{I^2}}, \tag{4.19a}$$

$$\frac{\sigma_E}{E} = \frac{\sigma_D}{E} \sqrt{\frac{1}{I_0^2} + \frac{1}{I^2}}. \tag{4.19b}$$

Wie bei der Gravimetrie erhält man auch hier ein präzises Ergebnis durch einen niedrigen Meßfehler σ_D. Bei guten Geräten kann man ihn für eine tausendteilige Skala ($I_0 = 1\,000$) auf $\sigma_D = 2$ Skt. herabdrücken.
Den Einfluß des Verhältnisses I_0/I auf den Relativfehler der Extinktionsbestimmung zeigt Bild 4.1. Danach hat man mit einem Fehlerminimum zu rechnen, wenn $I = 0{,}37 I_0$ beträgt, für $\sigma_D = 0{,}5\,\%$ Durchlässigkeit wird $\sigma_E/E \approx 0{,}015 \triangleq 1{,}5\,\%$ (rel.). Das Fehlermini-

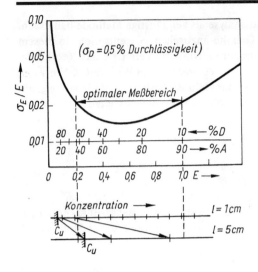

Bild 4.1. Relativstandardabweichung σ_E/E der Extinktionsmessung in Abhängigkeit von der Extinktion E (vgl. S. 63)

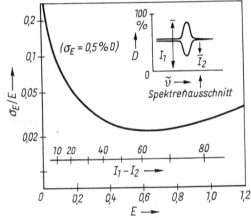

Bild 4.2. Relativstandardabweichung σ_E/E der Extinktionsmessung bei Differenztechnik für $\sigma_D = 0{,}5\,\%$ (vgl. S. 65)

mum verläuft sehr flach, zur Analyse kann man deshalb das Gebiet $0{,}05 I_0 < I < 0{,}7 I_0$ bzw. $1{,}3 > E > 0{,}2$ verwenden. Dabei ergeben kleine Werte von I (geringe Durchlässigkeiten) noch ein relativ präzises Ergebnis, während bei hohen Durchlässigkeitswerten der Fehler sehr rasch ansteigt. Aus diesem Grunde ist die photometrische Analyse an der unteren Grenze des gewählten Konzentrationsbereiches stets unsicher.

Für die Bestimmung niedriger Gehalte wendet man – besonders in der IR-Spektroskopie – häufig die Differenztechnik an. Zunächst verschiebt man die Durchlässigkeit für das reine Lösungsmittel I_0 etwa in die Skalenmitte. Dann registriert man den interessierenden Spektrenausschnitt in der üblichen Weise, d. h. die Lösung im Meßstrahl, das Lösungsmittel im Vergleichsstrahl. Danach vertauscht man die Küvetteninhalte und wiederholt die Messung. Der erste Versuch liefert eine Positiv-, der zweite eine Negativbande (vgl. Bild 4.2). Die Extinktion berechnet man nach

$$E = \ln \frac{I_1}{I_2} \tag{4.20}$$

Durch diese Verfahrensweise wird die Empfindlichkeit ungefähr verdoppelt. Zur Fehlerabschätzung setzt man $I_1 = \bar{I} + x$ sowie $I_2 = \bar{I} - x$, und damit wird

$$E = \ln \frac{\bar{I} + x}{\bar{I} - x}. \tag{4.21}$$

Gemäß Gl. (4.2) erhält man als Relativfehler der Extinktionsmessung

$$\frac{\sigma_E}{E} = \frac{2\bar{I}}{(\bar{I}^2 - \bar{x}^2)E} \sigma_D. \tag{4.22}$$

Für $\bar{I} = 50\,\%$ und $\sigma_D = 0.5\,\%$ Durchlässigkeit durchläuft σ_E/E wieder ein ähnliches flaches Fehlerminimum (vgl. Bild 4.2). Trotz gleichen Fehlers der Durchlässigkeitsmessung ist σ_E/E im Fehlerminimum auf etwa den doppelten Betrag gegenüber der einfachen Photometrie angewachsen.

Der für die Photometrie abgeleitete Meßfehler ist größer als der Meßfehler bei gravimetrischen oder titrimetrischen Methoden (vgl. Beispiel [4.4] oder [4.5]). Man wird deshalb die Photometrie hauptsächlich zur Bestimmung geringer Gehalte vorsehen, da in diesem Bereich ein größerer Fehler keine so entscheidende Rolle spielt wie bei der Analyse hoher Gehalte. Dieses Anwendungsgebiet der Photometrie liegt um so näher, als die meisten farbbildenden Reaktionen sehr intensiv gefärbte Verbindungen liefern. Es fehlt jedoch nicht an Versuchen, die Photometrie auch zur Bestimmung mittlerer und hoher Gehalte einzusetzen, insbesondere dort, wo andere Verfahren erheblichen Arbeitsaufwand (z. B. durch Trennungen) erfordern und aus diesem Grunde unsicher arbeiten. Allerdings benötigt die photometrische Bestimmung von Hauptbestandteilen eine spezielle Analysentechnik, insbesondere eine möglichst präzise Messung der Größe I ($\sigma_I < \sigma_{I_0}$).

4.6. Indirekte Verfahren

In manchen Fällen wird die Meßgröße zur Bestimmung des Analyten beeinflußt durch die Begleitkomponenten. Ursache hierfür sind entweder nicht genügend selektive Meßbedingungen oder ungenügende Selektivität beim Ablauf von Reaktionen (vgl. auch Abschn. 10.3.). In deren Folge kommt es zu Überlagerungen der Signale von Analyt und Begleitkomponenten. Man erhält dann die für den Analyten gesuchte Meßgröße erst mittelbar aus der Kombination mehrerer Meßwerte [4] [5]. Solche »indirekten« Verfahren kennt man für alle gängigen Bestimmungsmethoden, wie die Gravimetrie, die Maßanalyse, die Photometrie u. a. m.

Im einfachsten Falle ergibt sich die gesuchte Meßgröße aus der Differenz zweier Analysenwerte (z. B. Verfahren mit Rücktitration). Sind zwei oder mehrere Elemente ohne Trennung nebeneinander zu bestimmen, so führt man an dem Gemisch aus n Komponenten n verschiedenartige Analysen durch. Aus den Meßwerten stellt man ein System mit n Unbekannten auf, dessen Lösung die gesuchten Gehalte der einzelnen Komponenten liefert.

Besonders häufig finden Methoden mit Rücktitration eines Überschusses von Maßlösung Anwendung. Einen durch Rücktitration ermittelten Gehalt findet man nach

$$p \text{ (in \%)} = \frac{100(f_1 k_1 v_1 - f_2 k_2 v_2)}{e}. \tag{4.23}$$

Dabei sind die Größen v_1 und v_2 jeweils aus der Differenz zweier Volumenablesungen entstanden. Es soll angenommen werden, daß die beiden Umrechnungsfaktoren etwa gleich groß sind ($k_1 \approx k_2$) und daß $f_1 = f_2 = 1{,}000$ werden. Dann erhält man nach Gl. (4.3 a) als Fehler der Volumendifferenz $\Delta v = v_1 - v_2$

$$\sigma_{\Delta v} = \sqrt{\sigma_{v1}^2 + \sigma_{v2}^2} = \sigma_v \sqrt{2}\ .$$

Falls der Fehler der Titerstellung klein ist gegenüber Volumen- und Einwägefehler, folgt hieraus für den Fehler der Gehaltsbestimmung

$$\frac{\sigma_p}{p} = \sqrt{\left(\frac{\sigma_e}{e}\right)^2 + 2\left(\frac{\sigma_v}{\Delta v}\right)^2}. \tag{4.24}$$

Der Gesamtfehler erhöht sich gegenüber Direktverfahren geringfügig, da der Volumenfehler mit dem Faktor $\sqrt{2}$ zu multiplizieren ist. Um den Fehler klein zu halten, ist eine möglichst große Volumendifferenz Δv anzustreben.

[4.8] Bei der maßanalytischen Gehaltsbestimmung von Acetylsalicylsäurepräparaten (MEDICUS und POETHGE [13]) wird zunächst die Acetylsalicylsäure mit Lauge neutralisiert.

Dann setzt man eingestellte Lauge im Überschuß zu (v_1) und verseift durch Kochen entsprechend der Gleichung

Den Laugenüberschuß titriert man mit Säure zurück (v_2). Bei der angegebenen Einwaage von $e \approx 400$ mg und bei einem Gehalt von nahezu 100 % Acetylsalicylsäure werden $v_1 \approx 30$ ml und $v_2 \approx 10$ ml. Unter der Annahme, daß die Neutralisation fehlerlos erfolgte, ergibt sich nach Gl. (4.24)

$$\frac{\sigma_p}{p} = \sqrt{\left(\frac{0{,}3}{400}\right)^2 + 2\left(\frac{0{,}05}{20}\right)^2} = 0{,}003\,6 \triangleq 0{,}36\,\% \text{ (rel.)}.$$

4.6. Indirekte Verfahren

Man kann also bei passender Wahl der Meßgrößen auch mit einer Differenzmethode einen genügend kleinen Meßfehler erhalten.

Der geringe Meßfehler in Beispiel [4.8] ergibt sich infolge der günstig gewählten Meßgrößen. Sinkt bei gleichbleibender Einwaage der Verbrauch an Maßflüssigkeit Δv ab, so steigt der Gesamtfehler sehr rasch an. Bei einer Volumendifferenz von $\Delta v = 5$ ml erhält man bereits einen Meßfehler von $\sigma_p/p \approx 1{,}5\,\%$ (rel.), also eine recht unscharfe Aussage.
Besonders häufig trifft man die indirekte Analyse eines Stoffgemisches bei photometrischen Bestimmungen. Man muß auf diese Methodik immer dann zurückgreifen, wenn bei der betrachteten Wellenlänge λ mehr als ein Stoff absorbiert. Man mißt dann die Extinktionen für die Summe der n Komponenten bei n verschiedenen Wellenlängen. Bei bekannten Extinktionskoeffizienten $\varepsilon(\lambda)$ der reinen Stoffe und gegebener Schichtdicke l kann man ein System von n Gleichungen aufstellen. Für den einfachsten Fall des Zweikomponentensystems erhält man

$$\frac{E(\lambda_1)}{l} = E' = \varepsilon'_A c_A + \varepsilon'_B c_B,$$
$$\frac{E(\lambda_2)}{l} = E'' = \varepsilon''_A c_A + \varepsilon''_B c_B.$$
(4.25)

Die gesuchten Konzentrationen c_A und c_B findet man durch Auflösen des Gleichungssystems zu

$$c_A = \frac{E'\varepsilon''_B - E''\varepsilon'_B}{\varepsilon'_A \varepsilon''_B - \varepsilon'_B \varepsilon''_A}, \qquad c_B = \frac{E''\varepsilon'_A - E'\varepsilon''_A}{\varepsilon'_A \varepsilon''_B - \varepsilon'_B \varepsilon''_A}.$$
(4.26)

Das Analysenergebnis c_A bzw. c_B wird aus zwei miteinander verkoppelten, fehlerhaften Messungen berechnet. Zur Berechnung der Konzentrationen sind vier Konstanten nötig (gegenüber nur einer bei der direkten Analyse). Die Bestimmung aller Meßgrößen – der Extinktionen wie auch ganz besonders der Extinktionskoeffizienten – muß mit größtmöglicher Sorgfalt geschehen. Ein systematischer Fehler nur bei einer einzigen dieser Größen wirkt sich als systematischer Fehler sowohl auf c_A als auch auf c_B aus.
Aus Gl. (4.26) erhält man den Zufallsfehler für die Konzentrationen c_A bzw. c_B mittels Gl. (4.2) zu

$$\frac{\sigma_{c_A}}{c_A} = \frac{\sqrt{\varepsilon'^2_B + \varepsilon''^2_B}}{|E'\varepsilon''_B - E''\varepsilon'_B|}\sigma_y, \qquad \frac{\sigma_{c_B}}{c_B} = \frac{\sqrt{\varepsilon'^2_A + \varepsilon''^2_A}}{|E''\varepsilon'_A - E'\varepsilon''_B|}\sigma_y.$$
(4.27)

Für $\varepsilon'_B = 0$ bzw. $\varepsilon''_A = 0$ geht Gl. (4.26) in die für die direkte Bestimmung gültige Beziehung $\sigma_c/c = \sigma_E/E$ über.
Als Näherung werden ähnliche Meßgrößen ($E' \approx E''$) und ähnliche Extinktionskoeffizienten in den Bandenmaxima ($\varepsilon'_A \approx \varepsilon''_B$) angenommen. Dann kann man das Verhältnis

$$\frac{\varepsilon'_B}{\varepsilon'_A} = \xi_A \quad \text{bzw.} \quad \frac{\varepsilon''_A}{\varepsilon''_B} = \xi_B$$
(4.28)

als Maß der Bandenüberlagerung betrachten. Man erhält dann

$$\left.\begin{array}{l}\dfrac{\sigma_{c_A}}{c_A} \approx \dfrac{\sigma_E}{E} \dfrac{\sqrt{\varepsilon_B'^2 + \varepsilon_A'^2}}{|\varepsilon_A' - \varepsilon_B'|} \\[2ex] \dfrac{\sigma_{c_B}}{c_B} \approx \dfrac{\sigma_E}{E} \dfrac{\sqrt{\varepsilon_B''^2 + \varepsilon_A''^2}}{|\varepsilon_B'' - \varepsilon_A''|}\end{array}\right\} = \dfrac{\sigma_E}{E} \dfrac{\sqrt{\xi^2 + 1}}{1 - \xi}.$$ (4.29)

Mit steigendem Überlagerungsgrad ξ steigt der Zufallsfehler sehr schnell an (vgl. Bild 4.3). Dies macht sich besonders bei sehr niedrigen Gehalten einer der beiden Komponenten bemerkbar. Deshalb sollen bei einer indirekten Analyse beide Komponenten zu etwa gleichen Anteilen vorliegen.

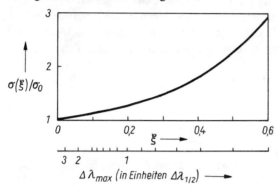

Bild 4.3. Relative Zunahme des Zufallsfehlers in Abhängigkeit vom Überlagerungsgrad ξ bzw. vom Abstand der Signalmaxima $\Delta\lambda_{max}$

Für die indirekte Analyse von Mehrkomponentensystemen gelten diese Betrachtungen in verstärktem Maße. Generell sollen indirekte Methoden nur dann angewandt werden, wenn keine anderen Möglichkeiten (auch unter Anwendung von Trennverfahren) bestehen. Die Zahl der Komponenten soll minimal sein (evtl. kann man eine oder mehrere Komponenten gesondert bestimmen). Die Meßwellenlängen sind nach minimalem Überlagerungsgrad und nach maximaler Differenz der Extinktionskoeffizienten festzulegen. Generell ist es bei indirekten Methoden besonders wichtig, sich vor der Analyse Klarheit über die optimalen Meßbedingungen zu verschaffen.

4.7. Zählende Verfahren

Zählende Analysenverfahren, wie z. B. die Radiometrie oder die direktmessende Röntgenspektroskopie, gewinnen in der analytischen Chemie ständig an Bedeutung. Die analytische Aussage – den gesuchten Gehalt der Probe – findet man durch Auszählen charakteristischer diskreter Ereignisse (z. B. Impulse). Diese Zählung wird mehrere Male wiederholt, aus den einzelnen Zählwerten bildet man den Mittelwert $\bar{x}$. Um diese Ereignisse miteinander vergleichen zu können, bezieht man sie meist auf die Zeiteinheit, z. B. auf die Minute. Hat man während T Minuten insgesamt $\bar{x}$ Impulse gemessen, so erhält man als Impulsfrequenz ν (in ipm) zu

$$\nu = \bar{x}/T.$$ (4.30)

4.7. Zählende Verfahren

Zur Bestimmung der Impulsfrequenz kann man entweder bei vorgegebener Zeit die Zahl der Impulse ermitteln, oder man legt eine Anzahl von Impulsen fest und mißt die hierfü: erforderliche Zeit. Die erste Methode wird als Zeitvorwahl, die zweite als Impulszahlvorwahl bezeichnet.

Zählvorgänge folgen meist einer Poissonverteilung (vgl. Abschn. 3.2.). Mit Hilfe der Beziehung $\sigma \approx \sqrt{\bar{x}}$ [Gl. (3.14)] läßt sich der Relativfehler eines ausgezählten Ereignisses leicht abschätzen. Man findet

$$\frac{\sigma}{\bar{x}} = \frac{\sqrt{\bar{x}}}{\bar{x}} = \frac{1}{\sqrt{\bar{x}}}. \tag{4.31}$$

[4.9] Die Impulszahl für ein radioaktives Präparat soll mit einer Präzision von mindestens $0{,}01 \triangleq 1\%$ (rel.) ausgezählt werden. Für den aus einer Reihe von Meßwerten erhaltenen Mittelwert $\bar{x}$ ergibt sich aus Gl. (4.31):

$$\frac{\sigma}{\bar{x}} = 0{,}01 = \frac{1}{\sqrt{\bar{x}}}.$$

Hieraus folgt

$\bar{x} = 10\,000$.

Es sind also mindestens 10^4 Impulse auszuzählen, um die geforderte Präzision von 1 % (rel.) zu erreichen.

Die in Gl. (4.30) benötigte Impulsfrequenz ν erhält man aus der Differenz der Frequenzen von Präparat + Untergrund und Untergrund allein, es ist also

$$\nu = \nu_P - \nu_U. \tag{4.32}$$

ν_P Impulsfrequenz von Präparat + Untergrund
ν_U Impulsfrequenz des Untergrundes

Bestimmt man die beiden Größen ν_P und ν_U bei vorgegebener Zählzeit T (Zeitvorwahl), so wird

$$\nu = \frac{\bar{x}_P}{T} - \frac{\bar{x}_U}{T} = \frac{\bar{x}}{T}. \tag{4.33}$$

Da die beiden Zählungen bei gleicher Zählzeit T erfolgen, kann man die Impulszahl als unmittelbare Meßgröße verwenden. Gl. (4.32) geht über in

$$\bar{x} = \bar{x}_P - \bar{x}_U. \tag{4.34}$$

$\bar{x}_P$ Impulszahl von Präparat + Untergrund
$\bar{x}_U$ Impulszahl des Untergrundes

Aus Gl. (4.34) folgt mit Hilfe des Fehlerfortpflanzungsgesetzes [Gl. (4.3 a)] und unter Berücksichtigung von $\sigma \approx \sqrt{\bar{x}}$ [Gl. (3.14)]

$$\sigma_{\bar{x}} = \sqrt{\sigma_P^2 + \sigma_U^2} = \sqrt{\bar{x}_P + \bar{x}_U}. \tag{4.35}$$

Die Impulsfrequenz v_U läßt sich als Bruchteil von v_P angeben, es ist

$$v_U = \xi v_P \quad (\xi < 1). \tag{4.36}$$

Dann gilt bei der Zeitvorwahlmethode gleichzeitig

$$\bar{x}_U = \xi \bar{x}_P.$$

Man setzt dies in Gl. (4.35) ein und erhält als Relativfehler für die Bestimmung der Impulszahl bei Zeitvorwahl:

$$\frac{\sigma_{\bar{x}}}{\bar{x}} = \frac{\sqrt{(1+\xi)}}{\sqrt{\bar{x}_P}\,(1-\xi)}. \tag{4.37}$$

Bei Impulszahlvorwahl ist vorgegeben $\bar{x}_P = \bar{x}_U = \bar{x}^*$. Man mißt die zum Erreichen dieser Impulszahlen erforderlichen Zeiten T_P und T_U und rechnet nach Gl. (4.30) auf die jeweiligen Impulsfrequenzen um. Gl. (4.32) führt zu

$$v = v_P - v_U = \frac{\bar{x}_P}{T_P} - \frac{\bar{x}_U}{T_U} = \bar{x}^* \left(\frac{1}{T_P} - \frac{1}{T_U}\right). \tag{4.38}$$

In Gl. (4.38) ist $\frac{1}{T_P} \neq \frac{1}{T_U}$, deshalb erfolgt die Berechnung des Fehlers σ_v nach Gl. (4.2). Unter Berücksichtigung von $\sigma = \sqrt{\bar{x}}$ erhält man

$$\sigma_v = \sqrt{\frac{\sigma_P^2}{T_P^2} + \frac{\sigma_U^2}{T_U^2}} = \sqrt{\frac{\bar{x}_P}{T_P^2} + \frac{\bar{x}_U}{T_U^2}}. \tag{4.39}$$

Man drückt wieder die Impulsfreqenz v_U als Bruchteil von v_P aus [analog Gl. (4.36)]; unter den Bedingungen der Impulszahlvorwahl gilt dann

$$\frac{1}{T_U} = \xi \frac{1}{T_P}.$$

Man setzt dies in Gl. (4.39) ein und findet mit $\bar{x}_P = \bar{x}_U = \bar{x}^*$ als Relativfehler für die Impulsfrequenz bei Impulszahlvorwahl

$$\frac{\sigma_v}{v} = \frac{\sqrt{(1+\xi^2)}}{\sqrt{\bar{x}^*}\,(1-\xi)}. \tag{4.40}$$

Zum Vergleich der Relativfehler bei Zeitvorwahl und Impulszahlvorwahl bildet man aus Gl. (4.37) und Gl. (4.40) den Quotienten. Wenn man den Fehler bei Zeitvorwahl durch den Index T, bei Impulszahlvorwahl durch den Index n kennzeichnet, erhält man mit $(\bar{x}_P)_T = (\bar{x}^*)_n$:

$$\frac{(\sigma_{\bar{x}}/\bar{x})_T}{(\sigma_v/v)_n} = \sqrt{\frac{1+\xi}{1+\xi^2}}. \tag{4.41}$$

Dieser Quotient wird lediglich durch das Verhältnis der für das Präparat + Untergrund sowie für den Untergrund allein ermittelten Impulszahlen bestimmt. Falls man bei der Zeitvorwahl für Präparat + Untergrund eine ähnliche Zahl von Impulsen auszählt, wie man bei der Impulszahlvorwahl für Präparat + Untergrund sowie für Untergrund allein vorge-

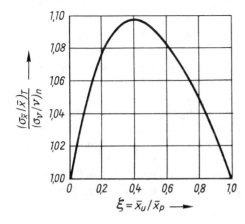

Bild 4.4. Verhältnis des Meßfehlers von Impulszahl- und Zeitvorwahlmethode in Abhängigkeit vom Quotienten der Impulsraten für Untergrund und Präparat (BIRKS und BROWN [2])

ben würde [$(\bar{x}_P)_T = (\bar{x}^*)_n$], ist der Fehler bei der Zeitvorwahl stets etwas größer als bei der Impulszahlvorwahl. Dem Vorteil des Zeitgewinnes durch die kürzere Zähldauer für den Untergrund steht der Nachteil eines erhöhten Zufallsfehlers gegenüber. Die graphische Darstellung der Gl. (4.41) (vgl. Bild 4.4) zeigt, daß der erhöhte Zufallsfehler bei der Zeitvorwahlmethode abhängig ist vom Verhältnis der zu messenden Impulsfrequenzen ν_P und ν_U. Im ungünstigsten Fall ($\xi \approx 0{,}4$) besitzt bei $(\bar{x}_P)_T = (\bar{x}^*)_n$ die Zeitvorwahlmethode einen um etwa 10% (rel.) größeren Zufallsfehler als die Methode der Impulszahlvorwahl.

Zählende Analyseverfahren – insbesondere die Methoden der Radiochemie – besitzen eine ausgedehnte Anwendungsmöglichkeit. Man kann sie sowohl zur Bestimmung kleiner und sehr kleiner Gehalte einsetzen wie auch zur Analyse z. B. von Hauptbestandteilen. Diese weite Einsatzmöglichkeit erfordert, daß die Meßfehler des Verfahrens in jedem Falle eingehend diskutiert werden müssen, um die jeweiligen optimalen Meßbedingungen aufzufinden.

4.8. Probenahme

Ziel der Probenahme und Probenvorbereitung ist es, aus dem oft sehr umfangreichen Material eine Probe von relativ kleinem Ausmaß herzustellen, die als Grundlage für die Analyse dienen kann. Die Probe gilt nur dann als ordnungsgemäß genommen, wenn sie das zu prüfende Material repräsentiert. Für Untersuchungen der quantitativen Analyse bedeutet dies, daß die prozentuale Zusammensetzung des angefallenen Materials und der Analysenprobe identisch sein müssen. Während der Analytiker für die Durchführung von Analysen meist sehr viel Sorgfalt verwendet, werden von ihm die Fragen der einwandfreien Probenahme manchmal in ungenügendem Maße beachtet. Notwendigerweise sind in solchen Fällen die Analysen bereits falsch, ehe sie überhaupt ausgeführt wurden. Es ist deshalb zu untersuchen, welche allgemeinen Gesetzmäßigkeiten zu beachten sind, damit der Analytiker eine repräsentative Probe erhält.

Aus Flüssigkeiten oder Gasen ist die Probenahme im allgemeinen einfach. Es sind jedoch eventuelle gravitative Entmischungserscheinungen zu berücksichtigen. Komplizierter gestalten sich die Fragen der Probenahme bei festen Substanzen. Das zur Analyse vorgesehene Material liegt meist in Form eines heterogenen Gemisches verschiedenartiger Komponenten vor. Wenn man von Sonderfällen wie z. B. der Untersuchung von Lagerstätten absieht, ist die interessierende Komponente in dem gesamten Probegut zufällig verteilt. Bei Entnahme einer Probe läuft man infolge der Körnigkeit des Materials Gefahr, daß man von der einen oder anderen Komponente einen zu großen oder zu kleinen Teil erfaßt. Bei wiederholter Probenahme werden deshalb die einzelnen Proben etwas unterschiedliche Zusammensetzung aufweisen. Der hierdurch verursachte Probenahmefehler σ_P läßt sich unter gewissen idealisierenden Bedingungen abschätzen. Für ein Gemisch aus zwei Komponenten – z. B. Erz und Gangart – gilt nach BAULE und BENEDETTI-PICHLER [1]

$$\frac{\sigma_P}{\bar{x}} = \frac{q\,d_1 d_2}{100\,d^2} \sqrt{\frac{\bar{a}^3}{e\,\bar{x}}(100\,d_1 - \bar{x}\,d)} \ . \tag{4.42}$$

$\bar{x}$ mittlerer Erzgehalt des Gemisches in %
d_1, d_2 Dichte von Erz bzw. Gangart
d Dichte der Probe
q Metallgehalt des reinen Erzes in %
e zur Analyse verwandte Substanzmenge bzw. Masse der gezogenen Probe in g
$\bar{a}$ mittlere Kantenlänge eines Teilchens in cm

Bei der Ableitung dieser Gleichung ist angenommen, daß alle Teilchen der Probe gleiches Volumen besitzen. Da dies meist nicht der Fall ist, muß man das Teilchenvolumen $\bar{a}^3$ derartig ansetzen, daß die Masse aller Teilchen $< \bar{a}$ etwa 75 % ausmacht. Nach Gl. (4.42) wächst der Probenahmefehler mit steigender Teilchengröße und mit steigendem Metallgehalt des reinen Erzes sowie mit abnehmendem Erzgehalt und mit abnehmender benutzter Probemenge. Soll der Probenahmefehler innerhalb vorgegebener Grenzen bleiben, so muß die gezogene Probe um so größeren Umfang besitzen, je grobkörniger das Material ist.

Außer dieser von BAULE und BENEDETTI-PICHLER angegebenen Gleichung (4.42) finden sich in der Literatur ähnliche Versuche, den Probenahmefehler abzuschätzen [12]. Besonders erwähnenswert ist ein von GY [6] angegebenes Probenahmediagramm. Es gestattet die Berechnung folgender Größen:

– die erforderliche Mindestmasse der Probe, wenn der Durchmesser der größten Teilchen des Haufwerks gegeben ist und wenn der Probenahmefehler vorgeschrieben ist,
– die erforderliche Korngröße, auf die das Haufwerk vor weiterem Verjüngen gebracht werden muß, ohne daß der zulässige Probenahmefehler überschritten wird,
– der Relativfehler, mit dem man bei der Probenahme rechnen muß, wenn die Probenmenge und der größte Korndurchmesser des zu bemusternden Haufwerks bekannt sind.

Alle diese Ansätze arbeiten mit unterschiedlichen, meist sehr idealisierenden Annahmen über Korngestalt und Korngrößenverteilung. Sie führen deshalb im allgemeinen nicht zu übereinstimmenden Werten für die Berechnung des Probenahmefehlers. Es wird daher als zweckmäßig der umgekehrte Weg empfohlen, nämlich die Probenahme aus praktischen Erfahrungen heraus anzusetzen und ihr Funktionieren statistisch zu kontrollieren. Dazu berechnet man mit Hilfe der einfachen Varianzanalyse (vgl. Abschn. 8.2.) aus geeignet angelegten Versuchen den Probenahmefehler σ_P [3]. Nach einem Vorschlag von TOMLINSON [14] darf die Probenahme dann als einwandfrei angesehen werden, wenn der Probenahmefehler etwa vier Fünftel des gesamten Fehlers ausmacht.

Die genommene Probe muß im Zuge der Probenvorbereitung auf die Erfordernisse der Analyse zugeschnitten werden. Hierbei verringert man Körnung und Probenumfang durch Zerkleinern und nachfolgende Probenteilung. Dabei sollen sich die Massen der Teilproben in den einzelnen Stufen wie die Kuben der Korngrößen (Siebweiten) verhalten. Je geringer der Probenumfang ausfällt, desto feiner muß die Substanz aufgerieben werden.

Von der Endprobe wägt man schließlich einen mehr oder weniger großen Anteil für die Analyse ein. Hierbei treten die gleichen Probleme auf wie bei der Probenahme aus dem ursprünglich angefallenen Material. Die Körnung der Analysenprobe muß deshalb genügend fein sein, um die Probenrepräsentanz zu gewährleisten. Diese Forderung ist besonders kritisch bei allen Verfahren, die mit geringen Einwaagen der festen Probe arbeiten (z. B. Mikroanalyse, Spektralanalyse usw.). Ungünstig wirkt sich ferner aus, wenn die beiden Komponenten sehr unterschiedliche Dichte besitzen und wenn die eine Komponente stark überwiegt.

[4.10] Das Altenberger Zinnerz kann man als Gemenge aus der Gangart und dem Erz in Form von Cassiterit ansehen. Die Diskussion von Gl. (4.42) zeigt, daß dieses Erz zur spektrochemischen Analyse mit ihrer geringen Einwaage nicht besonders gut geeignet ist. Der Dichteunterschied zwischen Erz ($d_1 = 6{,}9$ g/cm^3) und Gangart ($d_2 = 2{,}7$ g/cm^3) ist verhältnismäßig groß, und der mittlere Erzgehalt ($\bar{x} = 0{,}4\,\%$) und die benutzte Substanzmasse ($e \approx 0{,}005$ g) liegen ausgesprochen niedrig. Damit läßt sich der Probenahmefehler nach Gl. (4.42) nur dann in den erforderlichen Grenzen halten, wenn

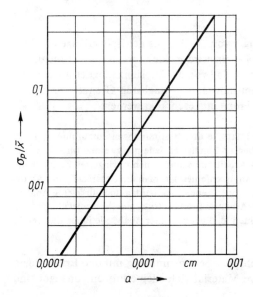

Bild 4.5. Probenahmefehler bei der spektrochemischen Analyse des Altenberger Zinnerzes in Abhängigkeit von der Kantenlänge der Teilchen

man die Probe fein aufmahlt. Wie Bild 4.5 zeigt, muß die durchschnittliche Kantenlänge der Körner etwa 0,000 5 cm betragen, wenn der Probenahmefehler in der Größenordnung 0,01 ≙ 1 % liegen soll. Diese Forderung ist im vorliegenden Fall nicht einfach zu erfüllen, da der Cassiterit hart und im Vergleich zur Gangart wenig spröde ist.

Derartige Fragen der Probenrepräsentanz spielen bei allen Analysenverfahren eine mehr oder weniger große Rolle, bei denen feste Proben unmittelbar zur Untersuchung gelangen. Stark inhomogene Proben (z. B. Lagermetalle) können deshalb nur zuverlässig analysiert werden, wenn man eine genügend große Einwaage im ganzen löst und dann diese homogene Lösung untersucht (vgl. Beispiel [8.1]).

Für jedes Analysenverfahren ist es wichtig, den aus Probenahme- und Analysenfehler resultierenden Gesamtfehler zu kennen. Insbesondere ist zu untersuchen, wie man ein Analysenverfahren anzulegen hat, damit dieser Gesamtfehler σ möglichst klein wird. Wenn man von der gleichen Substanz m Proben nimmt und jede dieser Proben n_j-mal analysiert, so wird die Varianz für den erhaltenen Mittelwert

$$\sigma^2 = \frac{\sigma_P^2}{m} + \frac{\sigma_A^2}{mn_j}. \tag{4.43}$$

σ_P Probenahmefehler
σ_A Analysenfehler

Man kann den Probenahmefehler als Vielfaches des Analysenfehlers ausdrücken, es gilt dann

$$\sigma_P^2 = \xi \sigma_A^2.$$

Damit erhält man

$$\sigma^2 = \frac{\cdot \sigma_A^2}{m} \xi + \frac{\sigma_A^2}{mn_j} = A\xi + B. \tag{4.44}$$

Die Gesamtvarianz σ^2 ist also linear abhängig vom Verhältnis der Teilvarianzen σ_P^2/σ_A^2. Bei einer gegebenen Anzahl von Analysen $n = mn_j$ wird σ^2 klein, wenn man m möglichst groß macht. Mit anderen Worten bedeutet dies, daß von der Substanz möglichst viele Proben zu nehmen sind. Um hierbei den Arbeitsaufwand in tragbaren Grenzen zu halten, darf die Zahl der Parallelbestimmungen je Probe eingeschränkt werden.

[4.11] Statt z. B. an drei Proben der gleichen Substanz je drei Bestimmungen auszuführen ($m = 3$; $n_j = 3$; $n = 9$), zieht man zweckmäßiger vier Proben und analysiert jede nur zweimal ($m = 4$; $n_j = 2$; $n = 8$). Aus Bild 4.6 ist ersichtlich, daß man trotz Arbeitseinsparung einen verringerten Zufallsfehler erhält. Bei etwa gleichgroßem Probenahme- und Analysenfehler darf man die Gesamtzahl der Analysen auf insgesamt $n = 5$ vermindern, wobei $m = 5$ Proben genommen werden und nur je eine Analyse ausgeführt wird. Trotz des wesentlich geringeren Arbeitsaufwandes tritt keine Verschlechterung der Reproduzierbarkeit ein. Es ist allerdings zu beachten, daß bei nur einer Analyse je Probe die Gefahr eines nicht erkannten »Ausreißers« steigt.

Die aus Gl. (4.44) abgeleitete Folgerung steht in Übereinstimmung mit den Erfahrungen der Probenehmer, wonach bei inhomogenem Material viele kleine Proben günstiger sind

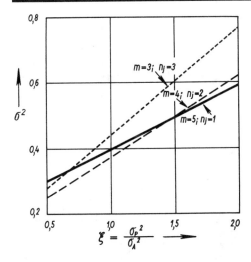

Bild 4.6. Auswirkung von Probenahme- und Analysenfehler auf den Gesamtfehler [3]

als wenige große. Dabei sollen die einzelnen Proben gleichen Umfang besitzen.
Alle hier gezeigten allgemeinen Gesetzmäßigkeiten werden für jeden speziellen Einzelfall durch weitere Richtlinien ergänzt. Diese hängen ab von der speziellen Natur des untersuchten Stoffes und von der geforderten Information. Es ist beispielsweise zu unterscheiden, ob man mit einer Analyse die Atmosphäre am Arbeitsplatz überprüfen will oder ob zum Zwecke der Qualitätskontrolle aus einem Gasstrom laufend Proben gezogen werden. Nur die Berücksichtigung der allgemeinen und speziellen Gesetzmäßigkeiten sichert, daß das mit Mühe erarbeitete Analysenergebnis den untersuchten Stoff auch wirklich vollgültig repräsentiert.

Quellenverzeichnis zum Abschnitt 4.

[1] BAULE, B.; BENEDETTI-PICHLER, A.: Zur Probenahme aus körnigen Materialien. Z. anal. Chem. 74 (1928) 442
[2] BIRKS, L. S.; BROWN, D. M.: Precision in X-Ray Spectrochemical Analysis. – Fixed Time vs. Fixed Count. Anal. Chem. 34 (1962) 240
[3] DOERFFEL, K.: Beurteilung von Analysenverfahren und -ergebnissen. Z. anal. Chem. 185 (1962) 1/98
[4] FUCHS, P.: Einheitliche Gestaltung indirekter Analysen nach typischen Grundformen. Angew. Chem. 54 (1941) 512
[5] GÖRLICH, P.: Die richtige Fehlerberechnung und die Vertrauensgrenze indirekter Analysen. Z. anal. Chem. 179 (1961) 266
[6] GY, P.: Probenahmediagramm. Erzmetall 9 (1956) 237
[7] JANDER, G.; JAHR, W.: Maßanalyse. 15. Aufl. Berlin/New York: Verlag Walter de Gruyter & Co 1989
[8] JOHNSON, R. A.; GRAHAM, C. B. (jr.): Reproduzierbarkeit analytischer Waagen. Anal. Chim. Acta [Amsterdam] 12 (1955) 408
[9] KOLTHOFF, J. H.; STENGER, V. A.: Maßanalyse. New York: Intersci. Publ. Com. 1942
[10] LINDER, L.; HASLWANTER, F.: Der Nachlauffehler von Büretten. Angew. Chem. 42 (1949) 821
[11] LIPATOW, S. M.: Physikalische Chemie der Kolloide. Berlin: Akademie-Verlag 1953

[12] Malissa, H.: Z. anal. Chem. 273 (1973) 449
[13] Medicus, M.; Poethge, W.: Maßanalyse. Dresden: Verlag Th. Steinkopff 1952
[14] Tomlinson, R. C.: Sampling. In: Wilson, C. L.; Wilson, D. W.: Comprehensive Analytical Chemistry. Elsevier Publishing Comp. 1960
[15] Doerffel, K.; Eckschlager, K.; Henrion, G.: Chemometrische Strategien in der Analytik. Leipzig: Deutscher Verlag für Grundstoffindustrie 1990
[16] Zöllner, H.: Die Genauigkeit gemessener Werte und die Gaußsche Fehlerberechnung. Ber. dtsch. keram. Ges. 28 (1951) 492

Weiterführende Literatur zum Abschnitt 4.

Bartscher, W.: Numerische Endpunktbestimmung bei unsymmetrischen potentiometrischen Titrationskurven. Z. anal. Chem. 297 (1979) 132/137

Donn, J. J.; Wolke, R. L.: The practical design and statistical interpretation of background-dominating counting experiments. Radiochem., Radioanal. Lett. 25 (1976) 57/66

Jochum, C.; Jochum, P.; Kowalski, B. J.: Error propagation and optimal performance in multicomponent analysis. Anal. Chem. 53 (1981) 85/92

Jönsson, J. A.; Vejrosta, J.; Novak, J.: Systematic Errors occuring with the use of gassampling loop injectors in GLC. J. Chromatogr. 236 (1982) 307/312

Lam, R. B.; Isenhour, T. L.: Minimizing relative error in the preparation of standard solutions by judicious choice of volumetric glass-ware. Anal. Chem. 52 (1980) 1158/1161

Liteanu, C.; Rica, I.; Liteanu, V.: On the confidence interval on the equivalence point in linear titrations. Talanta 25 (1978) 593/596

Molch, D.; König, H.; Than, E.: Auswertung photometrischer Simultanbestimmungen von Zweikomponentensystemen. Z. Chem. 16 (1976) 109/111

Mosescu, N.; Kalmutchi, G.: Graphische Methode zur Bestimmung der Konzentration zweier Komponenten. Rev. Chim. [Bukarest] 27 (1976) 789/890

Olin, Å.; Wallen, B.: On the accuracy of acid-base-determinations from potentiometric titrations, using only few points from the titration curve. Talanta 24 (1977) 303/308

Puxbaum, H.: Probenahme von atembaren und lungengängigen Staubimmissionen zur integrierten Staubanalyse. Z. anal. Chem. 298 (1979) 110/122

Schwarz, L. M.: Statistical uncertainties of analysis by calibration of counting measurements. Anal. Chem. 50 (1978) 980/985

Schwarz, L. M.; Gelb, R. I.: Statistical analysis of titration data. Anal. Chem. 50 (1978) 1571/1576

Still, E. R.: Statistical adjustment of parameters for potentiometric titration data. Talanta 27 (1981) 573/582

Tomingas, R.: Remarks on the sampling procedures for polycyclic aromatic hydrocarbons from the atmosphere. Z. anal. Chem. 297 (1979) 97/101

Youmans, M. L.; Brown, V. H.: Selection of optimum ranges for photometric analysis. Anal. Chem. 48 (1976) 1152/1155

Gernand, W.; Steckenreuther, K.; Wieland, G.: Greater Analytical Accuracy throug gravimetric determination of Quantity. Z. anal. Chem. 334 (1989) 534/539

Brown, C. W.: Multicomponent Quantitative Analysis. Appl. Spectrosc. Rev. 20 (1984) 373/418

5 Zufallsfehler von Analysenverfahren

Für ein spezielles Problem hat der Analytiker häufig ein geeignetes Analysenverfahren auszuwählen. Neben Gesichtspunkten wie Zeitaufwand, erforderliche instrumentelle Ausrüstung, Kosten usw. spielt die Frage nach dem Zufallsfehler des Verfahrens vielfach die entscheidende Rolle. Aus der Erfahrung heraus vermag der Analytiker oft die Leistungsfähigkeit der zur Wahl stehenden Methoden qualitativ zu charakterisieren. Er weiß z. B., daß bei der maßanalytischen Zinkbestimmung ein sehr viel größerer Fehler auftritt, wenn man den Endpunkt durch Tüpfeln bestimmt, als wenn die Endpunktindizierung potentiometrisch erfolgt. Jedoch kann die noch so gediegene Erfahrung weder eine präzise Angabe des Zufallsfehlers liefern, noch vermag sie die Grundlage für eine allgemein gültige Verfahrensbewertung abzugeben.

Die gesuchte eindeutige Charakterisierung des Zufallsfehlers von Analysenverfahren erlauben die früher beschriebenen Streuungsmaße, insbesondere die Standardabweichung (vgl. Abschn. 2.2.2.). Es soll deshalb untersucht werden, wie man diese Größe unter den speziellen Bedingungen der analytischen Chemie – wenige Parallelbestimmungen an Proben unterschiedlichen Gehaltes – berechnen kann. Weiterhin interessieren ihre Tragfähigkeit, die Verallgemeinerungsmöglichkeit ihrer Aussage sowie die Voraussetzungen, die für ihre Bestimmung erfüllt sein müssen.

5.1. Berechnung der Standardabweichung

Zum Berechnen der Standardabweichung benötigt man eine Anzahl von experimentell erhaltenen Werten. Es muß vorausgesetzt werden, daß diese lediglich durch den Zufallsfehler des Analysenverfahrens beeinflußt sind, daß also Probeninhomogenitäten, personen- und laboratoriumsbedingte Zufallseinflüsse nicht im Spiele waren. Dann wird die Streuung der Werte innerhalb der Häufigkeitsverteilung allein durch den Zufallsfehler der Analysenverfahren bestimmt, man kann diesen charakterisieren durch Angabe des Parameters σ – also der Standardabweichung. Die Berücksichtigung von Probeninhomogenitäten ist möglich mit Hilfe der einfachen Varianzanalyse (vgl. Abschn. 8.). Der Einfluß personen- oder laboratoriumsbedingter Faktoren läßt sich mit einem von MORAN [1] angegebenen, sehr detaillierten Versuchsschema überprüfen, vgl. hierzu auch [2].

In der Praxis hat der Analytiker niemals die hierfür erforderlichen, unendlich vielen Meßwerte zur Verfügung. Er erhält deshalb statt der Standardabweichung σ nur ihren Schätzwert s. Die Berechnung der Standardabweichung nach Gl. (2.5) stößt bei dem Analytiker meist auf Schwierigkeiten, da an einer Probe selten mehr als drei Parallelbestimmungen üblich sind. Es besteht jedoch die Möglichkeit, die an Proben verschiedenen Gehaltes ausgeführten Mehrfachbestimmungen zu verwenden. Man berechnet aus ihnen Teilstandardabweichungen s_j und aus diesen durch Summenbildung die Gesamtstandardabweichung s. Wenn insgesamt m Proben vorliegen und wenn bei jeder Probe n_j Parallelbestimmungen durchgeführt werden, so erhält man folgendes Schema:

Proben- nummer	Meßwertnummer				
	1	2	...	i	... n_j
1	x_{11}	x_{12}	...	x_{1i} ...	
2	x_{21}	x_{22}	...	x_{2i} ...	
⋮	⋮	⋮		⋮	
j	x_{j1}	x_{j2}	...	x_{ji} ...	
⋮	⋮	⋮		⋮	
m					

Die Standardabweichung s (bzw. die Varianz s^2) ergibt sich dann nach

$$s^2 = \frac{s_1^2(n_1 - 1) + s_2^2(n_2 - 1) + \ldots + s_m^2(n_m - 1)}{(n_1 - 1) + (n_2 - 1) + \ldots + (n_m - 1)} \left[= \frac{\sum (n_i - 1) s_j^2}{n - m} \right]$$

$$= \frac{\sum (x_{1i} - \bar{x}_1)^2 + \sum (x_{2i} - \bar{x}_2)^2 + \ldots + \sum (x_{ji} - \bar{x}_j)^2}{n - m}$$

$$s = \sqrt{\frac{\sum_{j=1}^{m} \sum_{i=1}^{n_j} (x_{ji} - \bar{x}_j)^2}{n - m}} \tag{5.1}$$

mit $f = n - m$ Freiheitsgraden.

n Gesamtzahl aller Analysen
m Zahl der Proben

Die in den eckigen Klammern angeführte Form der Gl. (5.1) läßt sich bei einem Taschenrechner mit Statistikteil bequem auswerten. Insgesamt ist Gl. (5.1) nur dann anwendbar, wenn die Standardabweichung nicht (oder nur unwesentlich) vom Gehalt abhängt. Das kann man überschlägig aus der Spannweite [Gl. (2.9)] abschätzen. Eine exakte Prüfmöglichkeit bietet der χ^2-Test (Abschn. 7.3.). – In manchen Fällen ist die Relativstandardabweichung im Arbeitsbereich konstant. Dann berechnet man diese Größe nach logarithmischer Transformation der Werte (vgl. Beispiel [5.4]). Bei kleinem Zufallsfehler $[s_{\text{rel}} \leq 0{,}10 \triangleq 10\,\%\ (\text{rel.})]$ kann man Gl. (5.1) auch mit relativen Abweichungen $(x_{ij} - \bar{x}_j)/\bar{x}_j$ benutzen.

5.1. Berechnung der Standardabweichung

[5.1] Der Mangangehalt fünf verschiedener Stahlproben wurde nach dem Verfahren von PROCTER und SMITH bestimmt. Aus den Resultaten soll die Standardabweichung des Verfahrens ermittelt werden. Zur Rechnung transformiert man die Ergebnisse in der früher (vgl. Beispiel [2.6]) beschriebenen Weise. Da es in dem vorliegenden speziellen Fall nur auf den bei jeder einzelnen Probe aufgetretenen Zufallsfehler ankommt, darf man für die einzelnen Proben unterschiedliche Transformationen benutzen. Lediglich ist zu beachten, daß die transformierten Zahlen vergleichbare Dekadenwerte besitzen.

Analysenwerte in % Mn				Spannweite R_j
0,31	0,30	0,29	0,32	0,03
0,59	0,57	0,58	0,57	0,02
0,71	0,69	0,71	0,71	0,02
0,92	0,92	0,95	0,95	0,03
1,18	1,17	1,21	1,19	0,04

Die Spannweiten R_j zeigen nur geringe Abhängigkeit vom Gehalt. Die Voraussetzungen, Gl. (5.1) anzuwenden, sind somit erfüllt.

Transformation	Transformierte Werte			
$X_{1i} = 100 x_{1i} - 30$	+1	0	−1	+2
$X_{2i} = 100 x_{2i} - 58$	+1	−1	0	−1
$X_{3i} = 100 x_{3i} - 70$	+1	−1	+1	+1
$X_{4i} = 100 x_{4i} - 93$	−1	−1	+2	+2
$X_{5i} = 100 x_{5i} - 119$	−1	−2	+2	0

Bei Berechnen der einzelnen Quadratsummen nach Gl. (2.6a) ergibt sich

$\sum (X_{1i} - \bar{X}_1)^2 = 1^2 + 0^2 + 1^2 + 2^2 - 2^2/4 = 5$
$\sum (X_{2i} - \bar{X}_2)^2 = 1^2 + 1^2 + 0^2 + 1^2 - 1^2/4 = 3$
$\sum (X_{3i} - \bar{X}_3)^2 = 1^2 + 1^2 + 1^2 + 1^2 - 2^2/4 = 3$
$\sum (X_{4i} - \bar{X}_4)^2 = 1^2 + 1^2 + 2^2 + 2^2 - 2^2/4 = 9$
$\sum (X_{5i} - \bar{X}_5)^2 = 1^2 + 2^2 + 2^2 + 0^2 - 1^2/4 = 9$

$\sum \sum (X_{ij} - \bar{X}_j)^2 = 29$

Mit $n = 20$ (Gesamtzahl aller Bestimmungen) und $m = 5$ (Anzahl der Proben) wird

$$S = \sqrt{\frac{29}{20 - 5}} = 1,4.$$

Nach Aufhebung der Transformation – wobei die additiven Konstanten wegen der Differenzbildung $X_{ji} - \bar{X}_j$ unberücksichtigt bleiben – erhält man

$s = 0,014 \approx 0,01 \%$ Mn (abs.)

mit $f = 15$ Freiheitsgraden.

Häufig ist die Zahl der Parallelbestimmungen bei allen m Proben gleich groß. Dann werden $n_1 = n_2 = \ldots = n_j$ und $f_1 = f_2 = \ldots = f$. Man kann dann Gl. (5.1) umformen nach

$$s = \sqrt{\frac{\sum\limits_{j=1}^{m} s_j^2}{m}}. \tag{5.1a}$$

Diese Form ist vorteilhaft bei der Anwendung eines Taschenrechners mit Statistikteil.

[5.2] Beim Auswerten der Resultate von Beispiel [5.1] nach Gl. (5.1a) erhält man

$s_1^2 = 0{,}000\,166\,7$
$s_2^2 = 0{,}000\,091\,7$
$s_3^2 = 0{,}000\,100\,0$ $\qquad s = \sqrt{\dfrac{0{,}000\,950\,1}{5}} = 0{,}014\,\%$
$s_4^2 = 0{,}000\,300\,0$
$s_5^2 = 0{,}000\,291\,7$

Vielfach ist es üblich, für jede Probe zwei Parallelbestimmungen (Doppelbestimmungen) durchzuführen, d. h., man erhält für jede Probe insgesamt zwei Werte. Sind x_j' und x_j'' die beiden zu einer Probe gehörigen Resultate, so wird die Quadratsumme

$$QS = \left[x_j' - \frac{(x_j' + x_j'')}{2}\right]^2 + \left[x_j'' - \frac{(x_j' + x_j'')}{2}\right]^2 = \frac{1}{2}(x_j' - x_j'')^2.$$

Wenn man von Gl. (5.1) ausgeht, so ergibt sich bei m Proben und $n = 2m$ Analysen je Probe die Standardabweichung zu

$$s = \sqrt{\frac{\frac{1}{2}\sum(x_j' - x_j'')^2}{n - m}} = \sqrt{\frac{\sum(x_j' - x_j'')^2}{2m}}. \tag{5.2}$$

mit $f = m$ Freiheitsgraden.

Auch hier darf zwischen den einzelnen Proben kein unterschiedlich großer Zufallsfehler nachweisbar sein.

[5.3] Bei photometrischen Chrombestimmungen in Stählen wurden Doppelbestimmungen an zehn Proben verschiedenen Gehaltes ausgeführt. Aus den gefundenen Werten x_j' und x_j'' (in % Cr angegeben) berechnet man die Standardabweichung nach folgendem Schema:

Probe	x_j'	x_j''	$x_j' - x_j''$	$(x_j' - x_j'')^2$
1	3,77	3,75	0,02	0,000 4
2	2,52	2,55	0,03	0,000 9
3	2,46	2,48	0,02	0,000 4
4	3,25	3,20	0,05	0,002 5
5	1,82	1,85	0,03	0,000 9
6	2,05	2,10	0,05	0,002 5
7	0,88	0,90	0,02	0,000 4
8	1,04	1,02	0,02	0,000 4
9	1,10	1,13	0,03	0,000 9
10	1,52	1,48	0,04	0,001 6

$$\sum(x_j' - x_j'')^2 = 0{,}010\,9$$

Daraus findet man nach Gl. (5.2) die Standardabweichung zu

$$s = \sqrt{\frac{0{,}0109}{20}} = 0{,}023 \approx 0{,}02\,\%\,\text{Cr (abs.)}$$

mit $f = 10$ Freiheitsgraden.

Bei Vorliegen einer logarithmischen Normalverteilung wird die Standardabweichung aus den Logarithmen der Meßwerte berechnet. Oftmals sind die Analysenverfahren derart eingerichtet, daß die Entlogarithmierung automatisch erfolgt (z. B. durch logarithmische Teilung der Konzentrationsachse beim Kalibrieren). In diesen Fällen müssen zur statistischen Auswertung die Resultate in Logarithmen zurücktransformiert werden. Dabei reichen die vier- oder evtl. auch nur dreistelligen Logarithmen zumeist aus. Mit diesen Logarithmen berechnet man die Standardabweichung in der beschriebenen Weise. Diese logarithmische Standardabweichung s_{lg} stellt den Schätzwert des Parameters σ_{lg} in der logarithmisch normalverteilten Grundgesamtheit dar. Für den praktischen Gebrauch läßt sich diese Standardabweichung nicht verwenden. Bei Übergang auf die Numeri erhält man eine schiefe Häufigkeitsverteilung (vgl. Bild 2.4), deren Parameter σ sich nicht durch Angabe des zu s_{lg} gehörigen Numerus schätzen läßt. Deshalb gibt man die Standardabweichung in Richtung der steigenden und in Richtung der fallenden Werte getrennt an. Dabei sind $+s_{lg} = \lg(1 + s/x)$ und $-s_{lg} = \lg[1/(1 + s/x)]$. Der Fehler in Richtung der hohen Gehalte ist stets größer als in Richtung der niedrigen Werte, für praktische Zwecke macht sich dies jedoch erst bei Fehlerangaben über 10 % (rel.) bemerkbar (vgl. S. 22). Die Fehlerangabe erfolgt in Form des Relativfehlers.

[5.4] Bei der spektrochemischen Analyse armer Zinnerze ergaben sich an vier verschiedenen Proben folgende Resultate (in %) Sn):

Probe 1	Probe 2	Probe 3	Probe 4
0,095	0,14	0,38	0,80
0,120	0,18	0,44	0,70
0,080	0,16	0,31	0,84
0,107	0,21	0,36	0,95

Wegen Vorliegens einer logarithmischen Normalverteilung (vgl. Beispiel [2.3]) wandelt man diese Meßwerte in Logarithmen um. Mit diesen berechnet man die Standardabweichung aus Gl. (5.1 a) gemäß Beispiel [5.2]. Man erhält folgendes Schema:

Probe 1	Probe 2	Probe 3	Probe 4
−1,0222	−0,8539	−0,4202	−0,0969
−0,9208	−0,7447	−0,3565	−0,1549
−1,0969	−0,7959	−0,5086	−0,0757
−0,9706	−0,6778	−0,4437	−0,0223
Logarithmische Einzelstandardabweichungen			
0,07526	0,07491	0,06283	0,05485

Zwischen den logarithmischen Einzelstandardabweichungen ist nahezu keine Gehaltsabhängigkeit festzustellen. Nach Gl. (5.1 a) wird

$$S = \sqrt{0{,}018\,23/4} = 0{,}067\,5.$$

Entlogarithmieren führt zu $+0{,}067\,5 = \lg 1{,}168$ und $-0{,}067\,5 = \lg 0{,}856$. Die relative Standardabweichung beträgt also $0{,}86 \ldots 1{,}17$ ($\triangleq -14\% \ldots +17\%$) mit $f = 12$ Freiheitsgraden.

Eine überschlägige Abschätzung der Standardabweichung s ist möglich mit Hilfe der Spannweite R. Nach Gl. (2.9) ist

$$R = x_{max} - x_{min}.$$

Hat man an m verschiedenen Proben jeweils die gleiche Anzahl von n_j Mehrfachbestimmungen durchgeführt, so darf man die hieraus erhaltenen Spannweiten mitteln:

$$\bar{R} = \sum R_j / m. \qquad (5.3)$$

(falls n_j = const.)

Wenn man für die Meßwerte die Gültigkeit der Gaußverteilung voraussetzen darf, so besteht zwischen der mittleren Spannweite $\bar{R}$ und der Standardabweichung s näherungsweise die Beziehung

$$s = \frac{\bar{R}}{d(n_j)}. \qquad (5.4)$$

Zahlenwerte für $d(n_j)$ sind Tabelle 5.1 (S. 83) zu entnehmen. Die Zahl der Freiheitsgrade f für diese näherungsweise berechnete Standardabweichung hängt ab von der Zahl der Parallelbestimmungen n_j und der Zahl der untersuchten Proben m. Tabelle 5.1 zeigt, daß f hier stets geringer ist als bei Berechnen der Standardabweichung nach Gl. (5.1) [empirische Näherung: $f \approx 0{,}9\,m\,(n_j - 1)$]. Diese Verminderung ist besonders auffällig für $n_j > 6$ Parallelbestimmungen (vgl. Abschn. 2.2.2., S. 28).

[5.5] Aus den Werten des Beispiels [5.1] soll die Standardabweichung näherungsweise über die Spannweiten abgeschätzt werden. Man erhält

Analysenwerte in % Mn				Spannweiten R_j
0,31	0,30	0,29	0,32	0,03
0,59	0,57	0,58	0,57	0,02
0,71	0,69	0,71	0,71	0,02
0,92	0,92	0,95	0,95	0,03
1,18	1,17	1,21	1,19	0,04
mittlere Spannweite				$\bar{R} = 0{,}03$

Den Faktor $d(n_j)$ in Gl. (5.4) erhält man aus Tabelle 5.1 für $n_j = 4$ und $m = 5$ zu $d(n_j) = 2{,}10$. Damit wird

$$s \approx \frac{0{,}03}{2{,}10} = 0{,}014 \approx 0{,}01\,\% \text{ Mn (abs.)}.$$

Die zugehörige Zahl der Freiheitsgrade findet man aus Tabelle 5.1 zu $f = 13{,}9$; sie ist also geringer als beim Berechnen der Standardabweichung aus den Quadratsummen ($f = 15$ in Beispiel [5.1]).

(Die Ermittlung der Standardabweichung aus Spannweiten wird für analytisch-chemische Anwendungen nach IUPAC-Regeln als nicht zulässig erklärt.)

Tabelle 5.1. $d(n_j)$ in Abhängigkeit von der Zahl der Parallelbestimmungen und der Zahl der Proben mit der zugehörigen Zahl von Freiheitsgraden f (DAVID [3])

n_j	2		3		4		5	
m	$d(n_j)$	f	$d(n_j)$	f	$d(n_j)$	f	$d(n_j)$	f
1	1,41	1,0	1,91	2,0	2,24	2,9	2,48	3,8
2	1,28	1,9	1,81	3,8	2,15	5,7	2,40	7,5
3	1,23	2,8	1,77	5,7	2,12	8,4	2,38	11,1
4	1,21	3,7	1,75	7,5	2,11	11,2	2,37	14,7
5	1,19	4,6	1,74	9,3	2,10	13,9	2,36	18,4
6	1,18	5,5	1,73	11,1	2,09	16,6	2,36	22,0
7	1,17	6,4	1,72	12,9	2,08	19,4	2,35	25,6
8	1,16	7,2	1,71	14,8	2,08	22,1	2,35	29,3
9	1,15	8,1	1,70	16,6	2,07	24,9	2,34	32,9
10	1,14	9,0	1,69	18,4	2,07	27,6	2,34	36,5
$m_j > 10$	1,13	$0{,}88 \cdot n_j$	1,69	$1{,}82 \cdot n_j$	2,06	$2{,}74 \cdot n_j$	2,33	$3{,}62 \cdot n_j$

n_j	6		7		8		9		10	
m	$d(n_j)$	f	$d(n_j)$	f	$(d)n_j$	f	$d(n_j)$	f	$d(n_j)$	f
1	2,67	4,7	2,83	5,5	2,96	6,3	3,08	7,0	3,18	7,7
2	2,60	9,2	2,77	10,8	2,91	12,3	3,02	13,8	3,13	15,1
3	2,58	13,6	2,75	16,0	2,89	18,3	3,01	20,5	3,11	22,6
4	2,57	18,1	2,74	21,2	2,88	24,4	3,00	27,3	3,10	30,1
5	2,56	22,6	2,73	26,6	2,87	30,4	2,99	34,0	3,10	37,5
6	2,56	27,1	2,73	31,9	2,87	36,4	2,99	40,8	3,10	45,0
7	2,56	31,5	2,73	37,1	2,87	42,5	2,98	47,6	3,09	52,4
8	2,55	36,0	2,72	42,4	2,86	48,5	2,98	54,3	3,09	59,8
9	2,55	40,5	2,72	47,7	2,86	54,5	2,98	61,1	3,09	67,3
10	2,55	44,9	2,72	52,9	2,86	60,6	2,98	67,8	3,09	74,8
$m_j > 10$	2,53	$4{,}47 \cdot n_j$	2,70	$5{,}27 \cdot n_j$	2,85	$6{,}03 \cdot n_j$	2,97	$6{,}76 \cdot n_j$	3,08	$7{,}45 \cdot n_j$

5.2. Aussage

Die Standardabweichung charakterisiert unter definierten experimentellen Bedingungen den Zufallsfehler eines Analysenverfahrens in allgemeingültiger und eindeutiger Weise. Deshalb benutzt man sie zur Bewertung eines Analysenverfahrens. Verschwommene Angaben (z. B. »Fehler des Analysenverfahrens« oder gar »Genauigkeit des Analysenverfahrens«, aber auch »mittlerer Fehler« usw.) müssen aus der Literatur verschwinden, da sie den Anforderungen einer objektiven Gültigkeit nicht genügen und damit leicht zu Fehldeutungen führen.

Jede Standardabweichung ist als eine Zufallsgröße anzusehen, d. h., bei Wiederholung des Versuches wird man stets unterschiedliche Zahlenwerte für s erhalten. Es erhebt sich deshalb die Frage nach dem mit $\bar{P}$ zu erwartenden maximalen Wert. Das ist gleichbedeutend damit, daß für den Schätzwert s ein Vertrauensintervall anzugeben ist analog dem einseitig begrenzten Vertrauensintervall für den Mittelwert $\bar{x}$. Bezeichnet man die obere Grenze eines solchen Intervalls mit s_0, so liefert die F-Verteilung (vgl. Abschn. 3.3.2) folgende Beziehung:

$$(s_0/s)^2 = F(\bar{P}, f_1 = \infty, f_2 = f).$$

Dabei ist f die zum Schätzwert s gehörige Zahl von Freiheitsgraden. Setzt man

$$\sqrt{F(\bar{P}, f_1 = \infty, f_2 = f)} = \varkappa_0,$$

so erhält man

$$s_0 = \varkappa_0 s. \tag{5.5}$$

[Zahlenwerte für $\varkappa_0$ ($\bar{P} = 0,95$ und $\bar{P} = 0,99$) siehe Tab. 5.2]

Tabelle 5.2. Werte für $\varkappa_0$ zum Berechnen des Vertrauensintervalls der Standardabweichung

f	$\varkappa_0$	
	$\bar{P} = 0,95$	$\bar{P} = 0,99$
1	15,9	80
2	4,42	10
3	2,92	5,11
4	2,37	3,67
5	2,09	3,00
6	1,92	2,62
8	1,71	2,20
10	1,59	1,98
15	1,44	1,69
20	1,36	1,56
30	1,27	1,42
40	1,23	1,34
60	1,18	1,27
120	1,12	1,17

Als empirische Näherung für Gl. (5.5) im Bereich $4 < f < 15$ kann man benutzen

$$s_0 \approx 5s/\sqrt{f}, \quad (\bar{P} = 0{,}95)$$
$$s_0 \approx 6{,}5s/\sqrt{f}. \quad (\bar{P} = 0{,}99)$$
(5.5a)

[5.6] Als Zufallsfehler für die Manganbestimmung nach PROCTER und SMITH war im Beispiel [5.1] die Standardabweichung berechnet worden zu $s = 0{,}014\,\%$ Mn mit $f = 15$ Freiheitsgraden. Aus Gl. (5.5) und mit Tabelle 5.2 erhält man bei $\bar{P} = 0{,}95$ das zugehörige Vertrauensintervall zu $s_0 = 1{,}44s = 0{,}020\,\%$ Mn.
Bei der Wiederholung der Bestimmung von s darf erwartet werden, daß bei 95 % aller Stichproben der Wert σ unterhalb $0{,}020\,\%$ Mn liegt.

Es ist anzustreben, daß die Standardabweichung eine große Zahl von Freiheitsgraden besitzt. Das erreicht man durch Zusammenfassen von Messungen gleicher Präzision (vgl. Abschn. 5.1.), die an Proben der gleichen Zusammensetzung (der gleichen »Probenfamilie«) und mit derselben Analysenmethode gewonnen wurden. Die Berechtigung, Messungen zusammenzufassen, ist also allein aus sachlogischen Gründen (Eigenschaften der untersuchten Proben, Eigenschaften der angewandten Analysenmethode...) abzuleiten.

[5.7] Bei der gaschromatographischen Analyse eines technischen Rohaminproduktes (stationäre Phase Polyalkohole) wurden folgende Werte gemessen (jeweils in %):

	MEA	DEA	TEA	NH$_3$	EtOH	Et$_2$O	AcN	H$_2$O
x'	15,59	11,17	10,65	6,29	23,95	1,50	2,39	28,46
x''	15,58	11,19	10,67	6,30	23,90	1,65	2,10	28,69
d_i	0,01	0,02	0,02	0,01	0,05	0,15	0,29	0,25
Flächenfaktor	1,42	1,21	1,26	0,90	1,03	0,59	0,76	0,80

(MEA, DEA, TEA Mono-, Di- bzw. Triethylamin, EtOH Ethylalkohol, Et$_2$O Diethylether, AcN Acrylnitril)

Es fällt auf, daß die Komponenten MEA...EtOH einen ähnlich kleinen Zufallsfehler besitzen im Gegensatz zu den restlichen drei Komponenten Et$_2$O, AcN und H$_2$O. Diese bilden mit der stationären Phase Wasserstoffbrücken aus und folgen deshalb einem anderen Elutionsmechanismus. Die im gaschromatographischen Verhalten ähnlichen Komponenten MEA...EtOH liegen in Gehalten der gleichen Größenordnung vor, sie zeigen ähnlich große Flächenfaktoren. Deshalb darf man diese Meßwerte zusammenfassen, und man berechnet die Standardabweichung nach Gl. (5.2) zu $s = 0{,}02\,\%$ (MEA, DEA, TEA, NH$_3$, EtOH) mit $f = 5$ Freiheitsgraden.

Damit die gefundene Standardabweichung den Zufallsfehler des Analysenverfahrens vollgültig charakterisiert, müssen eine Reihe von Voraussetzungen erfüllt sein. Es wurde bereits zu Beginn dieses Kapitels betont, daß Probeninhomogenitäten, personen- und laboratoriumsbedingte Einflüsse unbedingt auszuschalten sind. Jede einzelne Analyse, die als Grundlage zur Berechnung von s dienen soll, muß den gesamten Analysengang einschließlich des Aufschlusses und einschließlich aller Trennoperationen durchlaufen.

Die Bedingungen, unter denen die Analyse ausgeführt wird, sind sorgfältig zu definieren [4]. Wird die Analyse von einem einzelnen Beobachter in einem Laboratorium mit ein- und demselben Gerät und mit den gleichen Hilfsmitteln wiederholt, so bezeichnet man dies als »Wiederholbedingungen«. »Vergleichsbedingungen« liegen vor, wenn verschiedene Beobachter in verschiedenen Laboratorien mit verschiedenen Geräten und Hilfsmitteln jeweils ein Ergebnis nach demselben Prüfverfahren an einer einheitlichen Probe ermitteln. Zum Berechnen der Standardabweichung verwendet man stets die ungerundeten Analysenergebnisse mit unsicherer letzter Dezimalstelle. Vorzeitiges Auf- oder Abrunden kann den Wert des Verfahrensfehlers verfälschen.

Bei der Bestimmung der Standardabweichung muß man anstreben, daß durch geeignete Anlage des Versuches der ermittelte Schätzwert s dem Wert σ der Grundgesamtheit möglichst nahe kommt. Besonderen Einfluß hierauf besitzt die Zahl der Freiheitsgrade, die zur Standardabweichung gehört. Oberhalb von $f = 30$ Freiheitsgraden darf man annehmen, daß die Forderung $s \approx \sigma$ für praktische Zwecke erfüllt ist (vgl. Tab. 5.2). Auf jeden Fall sollte – besonders bei kleinen Meßserien – zur Standardabweichung auch die zugehörige Zahl von Freiheitsgraden angegeben werden. Nur mit dieser Ergänzung ist die Standardabweichung für weitere Aussagen verwertbar.

Die Standardabweichung ist oft abhängig von der Meßwertgröße und der Probenzusammensetzung (vgl. Tab. 5.3, S. 87). Eine für einen speziellen Gehalt und eine spezielle Probenzusammensetzung ermittelte Standardabweichung läßt sich nicht vorbehaltlos verallgemeinern. Durch entsprechende Messungen und anschließenden Einsatz statistischer Prüfverfahren (vgl. Abschn. 7.) muß die Berechtigung zur Übertragbarkeit in jedem Falle unter Beweis gestellt werden.

Als Schätzwert für einen Parameter der Häufigkeitsverteilung wird die Standardabweichung stets nur dem Betrage nach angegeben, meist in Form des Absolutfehlers. Zeigt jedoch der Relativfehler eine geringere Abhängigkeit von der Meßwertgröße, so wird man diese Art der Angabe benutzen. (Man verwendet hierbei oft den Variationskoeffizienten $V = s/\bar{x}$.) Zum Vermeiden von Irrtümern sollte man die benutzte Fehlerart kennzeichnen durch den Zusatz der Abkürzungen »abs.« für den Absolutfehler und »rel.« bzw. »proz.« für eine relative Fehlerangabe.

[5.8] Für methodische Untersuchungen wurden die Standardabweichungen für die Kaliumbestimmung nach der Perchloratmethode und bei Einsatz des Flammenphotometers ermittelt [5]. Die Untersuchung von Kalisalzen verschiedenen Gehaltes ergab folgendes Bild:

K_2O-Gehalt	Standardabweichung			
	Perchloratmethode		Flammenphotometer	
in %	abs.	proz.	abs.	proz.
1,5	0,10	6,8	0,02	1,3
15	0,18	1,2	0,15	1,0
40	0,18	0,45	0,45	1,1
50	0,19	0,38	0,57	1,1
90	0,20	0,22	–	–

Bei der Perchloratmethode bleibt der Absolutfehler konstant, bei der flammenphotometrischen Methode (wie bei vielen physikalischen Verfahren) der Relativfehler. Man wird deshalb im ersten Fall den Absolutfehler, im zweiten den Relativfehler benutzen. Die Übersicht zeigt weiterhin, daß die Stärke der Perchloratmethode bei der präzisen Bestimmung hoher Gehalte liegt, wogegen die Flammenphotometrie optimal arbeitet bei der Analyse von niederen und mittleren Gehalten.

In vielen Fällen ergibt sich kein so eindeutiges Bild wie im Beispiel [5.8]. Man muß deshalb die Abhängigkeit der Standardabweichung von der Meßwertgröße angeben. Hierzu werden verschiedene Darstellungsformen angewandt. Benutzt man die tabellarische Zusammenstellung, so ist auf die Möglichkeit der linearen Interpolation zu achten. Vielfach findet man auch funktionelle Abhängigkeiten vom Gehalt oder von der Meßwertgröße angegeben. Diese Art der Darstellung erlaubt natürlich besonders leicht die Möglichkeit der Interpolation von Zwischenwerten. Man muß jedoch beachten, daß derartige funktionelle Abhängigkeiten lediglich als empirische Funktionen aufzufassen sind und nicht z. B. als irgendwelche Naturgesetze.

Eine Zusammenstellung von Standardabweichungen bei der Analyse von Stählen gibt Tabelle 5.3. Die hierin niedergelegten Zahlen entstammen langjährigen und sehr sorgfältig durchgeführten Untersuchungen. Sie wurden erhalten durch die statistische Auswertung einer Vielzahl von Analysen, die von Analytikern in den verschiedensten Betrieben über mehrere Jahre hinweg ausgeführt wurden. Diese Werte gelten nur für die jeweils vermerkten Gehalte und Legierungstypen. Jedoch geben sie auch bei der Untersuchung andersartiger Proben gewisse orientierende Hinweise über den zu erwartenden Zufallsfehler.

Tabelle 5.3. Wiederholstandardabweichungen ($f > 50$) für Verfahren der Stahlanalyse (u = unlegierter Stahl, enthält nur C, Mn, Si, P, S; s = schwach legierter Stahl mit Cr 2 % und Ni 2 %; h = hoch legierter Stahl [6])

Element	Analysenverfahren	Probenart	Gehalt x in %	Wiederholstandardabweichung
C	vol.	Armco	0,015... 0,04	0,08
		u, s, h	0,1 ... 1,1	$(2x + 3,8) \cdot 10^{-3}$
		Roheisen	1,5 ... 3,0	0,011
Si	grav.	u, s	0,2 ... 1,3	$(3,6x + 5,3) \cdot 10^{-3}$
Mn	titr.	u, s	0,2 ... 1,5	$(2x + 5,6) \cdot 10^{-3}$
S	Entw.	u	0,006... 0,05	0,000 6
	Verbrenn.	u	0,007... 0,02	0,000 5
P	grav.	u	0,01 ... 0,06	$(120x + 3,8) \cdot 10^{-4}$
Cr	phot.	s	0,03 ... 0,1	0,003
	pot.	s	0,1 ... 1,0	0,006
		m, h	1,0 ... 3,0	0,5 % (rel.)
			3,0 ...10,0	0,4 % (rel.)
			10,0 ...30,0	0,3 % (rel.)
Ni	grav.	s, h	0,1 ... 2,0	$(7,5x + 5,5) \cdot 10^{-3}$
			2,0 ...10,0	0,5 % (rel.)
Cu	phot.	u, s, h	0,1 ... 0,3	0,005

Tabelle 5.4. Standardabweichungen (abs.) bei der Analyse von Magnesiumlegierungen
(Werte sind entnommen aus Chemical and Spectrochemical Analysis of Magnesium and its Alloys.
Magnesium Electron Ltd., Manchester [7])

Element	Verfahren	Gehalt in %	Standardabweichung in %
Al	gravimetrisch als Oxychinolat	0,5	0,005
		8	0,025
	Titration des Oxychinolates	8	0,035
As	iodometrische Titration	0,01	0,000 15
Cu	elektrolytisch	0,05	0,002 5
		0,2	0,005
Cu	iodometrische Titration	0,17	0,001 5
	photometrisch mit Diethyldithiocarbamat	0,02	0,000 5
Fe	photometrisch mit Thioglykolsäure	0,005	0,000 1
K	flammenphotometrisch	0,005	0,000 15
Mn	Titration des Permanganats mit Mohrschem Salz	1	0,01
	photometrisch als Permanganat	0,005	0,000 5
		0,25	0,004
		1,3	0,01
Na	flammenphotometrisch	0,05	0,002 5
Ni	photometrisch als Nickeldiacetyldioxim	0,005	0,000 1
P	photometrisch als Phosphormolybdänblau	0,01	0,000 5
Si	gravimetrisch	0,2	0,006 5
	photometrisch durch Molybdänblau	0,15	0,000 2
		0,5	0,007
Th	photometrisch mit Thorin	2	0,09
Zn	potentiometrisch	5	0,022
	titrimetrisch (Indikator Diphenylbenzidin)	2	0,01
	photometrisch (Dithizon)	0,02	0,001
		1	0,01
Zr	gravimetrisch als Zirkoniumdioxid	0,5	0,01
		40	0,1
	photometrisch mit Alizarin S	0,5	0,008

Eine weitere Zusammenstellung von Standardabweichungen bei der Analyse von Magnesiumlegierungen gibt Tabelle 5.4. Diese Werte sind einer Sammlung von Analysenvorschriften der Magnesium Electron Ltd. in Manchester entnommen.

Quellenverzeichnis zum Abschnitt 5.

[1] MORAN, R. F.: Reproduzierbarkeits- und Richtigkeitskontrolle industrieller Proben und Analysen. Anal. Chem. **19** (1947) 961
[2] DOERFFEL, K.: Beurteilung von Analysenverfahren und -ergebnissen. Z. anal. Chem. **185** (1962) 1/98

[3] DAVID, H. A.: Further Applications of Range to Analysis of Variance. Biometrika **38** (1951) 393
[4] DIN 51848, Prüfung von Mineralölen (vgl. Verzeichnis allgemeiner Vorschriften, S. 248).
[5] KNOPF, A.: Bewertung und Vergleich zweier K_2O-Bestimmungsverfahren. Mitt. Kaliind. **4** (1961)
[6] DOERFFEL, K.; SCHULZE, M.: Standardabweichungen von Verfahren der Stahlanalyse. Neue Hütte **9** (1964) 690
[7] Magnesium Electron Ltd., Manchester, Chemical and Spectrochemical Analysis of Magnesium and its Alloys

Weiterführende Literatur zum Abschnitt 5.

BOWER, N. W.; INGLE, J. D.: Precision of Flame-AAS. Anal. Chem. **51** (1979) 72/76
DRESCHER, A.; KUCHARSKI, R.: Zur Genauigkeit der Vanadiumbestimmung durch volumetrische und coulometrische Titration. Z. anal. Chem. **298** (1979) 144/149
PRUDNIKOW, E. D.; BRADACZEK, H.; LABSCHINSKY, H.: Die Berechnung der Standardabweichung in der AAS. Z. anal. Chem. **308** (1981) 342/346
DIN 55350, Teil 13: Begriffe der Qualitätssicherung und Statistik

6 Beurteilung von Analysenwerten

Das Ziel einer quantitativen Analyse ist es, Informationen zu liefern über die mengenmäßige Zusammensetzung des untersuchten Materials. Um das erhaltene Analysenresultat vor einer Über- oder Unterbewertung zu schützen, muß der zugehörige Fehler angegeben werden (vgl. Abschn. 2.2.). Dieser bei physikalischen Messungen seit langem übliche Brauch läßt sich auf Verfahren der analytischen Chemie nicht ohne weiteres übertragen, da in der analytischen Chemie die Meßfehler meist eine nur untergeordnete Rolle gegenüber allen Unregelmäßigkeiten beim Ablauf der chemischen Reaktionen spielen. Zur Charakterisierung des aufgetretenen Fehlers kann man sich jedoch des im Abschnitt 3.1. besprochenen Vertrauensintervalles [Gl. (3.11)] bedienen. Die Berechnung dieser Größe unter den speziellen Bedingungen der Analytik, ihre Aussage und ihre Anwendung zur Qualitätsbeschreibung der analysierten Produkte soll im folgenden Abschnitt behandelt werden.

6.1. Berechnung und Aussage des Vertrauensintervalls

Der Analytiker kann seine Aussagen im allgemeinen nur auf einer sehr begrenzten Anzahl von Resultaten aufbauen. Zur Berechnung des Vertrauensintervalles greift er deshalb anstelle der Gaußverteilung auf die allgemeiner anwendbare t-Verteilung zurück. In der Analogie zu Gl. (3.11) läßt sich hieraus das Vertrauensintervall $\Delta\bar{x}$ des Mittelwertes $\bar{x}$ berechnen. Man gibt den Mittelwert dann in der Form an:

$$\bar{x} \pm \frac{t(P,f)\,s}{\sqrt{n_j}} = \bar{x} \pm \Delta\bar{x}. \tag{6.1}$$

f Zahl der Freiheitsgrade zu s
n_j Zahl der Parallelbestimmungen zu $\bar{x}$

Dabei ist die zugrunde gelegte Wahrscheinlichkeit P ausdrücklich zu benennen. Die benötigten Werte $t(P,f)$ können Tabelle A.3 entnommen werden. Gl. (6.1) sagt aus, daß bei sehr vielen Wiederholungen der Stichprobe in $100\,P\%$ aller Fälle der wahre Wert der Probe μ innerhalb der angegebenen Grenze $\pm\Delta\bar{x}$ liegt. Deshalb benutzt man das Vertrauensintervall als Fehlerangabe zum Mittelwert $\bar{x}$. Darüber hinaus läßt sich aus Gl. (6.1) ab-

6.1. Berechnung und Aussage des Vertrauensintervalls

leiten, innerhalb welcher Grenzen die wahren Werte μ mit dem gefundenen Stichprobenmittel $\bar{x}$ verträglich sind. Die durch Gl. (6.1) angegebenen Vertrauensgrenzen gelten nur bei Erfüllung der t-Verteilung (bzw. der Gaußverteilung). Bei Nichterfüllung dieser Voraussetzung vermindert sich die Sicherheit der Aussage (vgl. Tab. 3.3).

[6.1] Bei der Analyse eines Eisenerzes wurden folgende Werte gefunden (in % Fe_2O_3):

    38,71 %
    38,90 %
    38,62 %
    38,74 %
Mittel 38,74 %

Nach Gl. (2.5) erhält man die Standardabweichung zu $s = 0{,}12$ % Fe_2O_3 mit $f = 3$ Freiheitsgraden. Daraus ergibt sich für $P = 0{,}95$:

$$\Delta \bar{x} = \frac{3{,}18 \cdot 0{,}12}{\sqrt{4}} = 0{,}19 \text{ \% } Fe_2O_3 .$$

Damit erhält man als Analysenwert mit zugehörigen Vertrauensgrenzen $(38{,}74 \pm 0{,}19)$ % Fe_2O_3 (für $P = 0{,}95$).

Das nach Gl. (6.1) berechnete Vertrauensintervall ist in starkem Maße abhängig von der Zahl der Parallelbestimmungen. Aus Bild 6.1 erkennt man, daß sich bei Übergang von zwei auf drei oder vier Parallelbestimmungen die Schärfe der Aussagen wesentlich erhöht. Jedoch ist dieser Gewinn mit weiter wachsender Zahl von Parallelbestimmungen nur noch gering im Verhältnis zum Arbeitsaufwand. Erhebliche Vorteile bringt es dagegen, die Zahl der Freiheitsgrade zu vergrößern, indem man Messungen aus der gleichen Probenfamilie (vgl. S. 85) zusammenfaßt. Bei einer Standardabweichung aus n_j Parallelbestimmungen an m Proben erhält man $m(n_j - 1)$ Freiheitsgrade. Bereits bei Zusammenfassen der Messungen an nur $m = 5$ Proben erhält man einen erheblichen

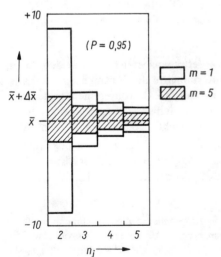

Bild 6.1. Vertrauensintervall ($P = 0{,}95$) für $s = 1$ bei $m = 1$ bzw. $m = 5$ Proben

Informationsgewinn (vgl. Bild 6.1). Ist der Schätzwert s der Standardabweichung aus früheren Untersuchungen bekannt, so läßt er sich ebenfalls zum Berechnen des Vertrauensintervalls verwenden. Meist besitzen derartige von früher her bekannte Standardabweichungen eine hohe Zahl von Freiheitsgraden. Dadurch vermindert sich die Größe $t(P,f)$, und man erhält eine wesentlich sicherere Aussage.

[6.2] Bei der gravimetrischen Nickelbestimmung in Stahl wurden die Werte 4,64; 4,67 und 4,65 % Ni gefunden. Die Standardabweichung findet man in Tabelle 5.3 zu $s = 0,5$ % Ni (rel.) $\widehat{=} 0,023$ % Ni (abs.) mit $f > 50$ Freiheitsgraden. Aus Tabelle A.3 erhält man $t(P = 0,95; f > 50) \approx 2,0$, damit ergibt sich

$$\Delta \bar{x} = \frac{2,0 \cdot 0,023}{\sqrt{3}} = 0,027 \text{ \% Ni (abs.)}.$$

Der Gehalt der untersuchten Probe läßt sich angeben zu $(4,65_3 \pm 0,027)$ % Ni bzw. aufgerundet $(4,65 \pm 0,03)$ % Ni für die zugrunde gelegte Wahrscheinlichkeit von $P = 0,95$. Hätte man das Vertrauensintervall lediglich aus den drei Parallelbestimmungen nach Gl. (6.1) berechnet, so ergäbe sich

$$\Delta \bar{x} = \frac{4,30 \cdot 0,023}{\sqrt{3}} = 0,057 \text{ \% Ni}.$$

Der Mittelwert ließe sich in diesem Fall nur mit beträchtlich geringerer Schärfe festlegen.

Bei bekanntem Schätzwert der Standardabweichung s läßt sich auch für den Einzelwert (d. h. $n_j = 1$) ein Intervall schätzen, innerhalb dessen bei 100 P % aller Stichproben der Wert μ zu erwarten ist. Man kann den Einzelwert dann in der Form

$$x \pm t(P,f)\,s = x \pm \Delta x \qquad (6.2)$$

angeben.

[6.3] Für die Manganbestimmung nach PROCTER und SMITH wurde im Beispiel [5.1] die Standardabweichung zu $s = 0,014$ % Mn mit $f = 15$ Freiheitsgraden ermittelt. Hieraus findet man nach Gl. (6.2) $\Delta x = t(P = 0,95; f = 15) \cdot s = 2,13 \cdot 0,014 = 0,030$ % Mn. Damit kann man einen Analysenwert in der Form $(x \pm 0,03)$ % Mn (für $P = 0,95$) angeben.

Bei der logarithmischen Normalverteilung ist der Vertrauensbereich nach beiden Seiten des angegebenen Wertes verschieden groß. Die Asymmetrie des Vertrauensintervalls ist besonders groß bei hohem Zufallsfehler und einer geringen Zahl von Freiheitsgraden (vgl. Bild 6.2). Deshalb muß im Falle logarithmisch normalverteilter Meßwerte einer genügend großen Anzahl von Freiheitsgraden besonderes Gewicht beigemessen werden. Sind $\bar{x}_{lg} = \lg \bar{x}$ und $s_{lg} = \lg s$, so wird $\Delta \bar{x}_{lg} = \pm t(P,f)\,s_{lg}/\sqrt{n_j}$. Will man von den Logarithmen auf die Meßwerte zurückgehen, so erhält man $\bar{x}_{lg} \pm \Delta \bar{x}_{lg} = \lg \bar{x} \pm \lg \Delta \bar{x}$. Das ist gleichbedeutend mit $\bar{x} \Delta \bar{x}$ bzw. $\bar{x}/\Delta \bar{x}$. Zu beachten ist, daß das Vertrauensintervall in diesem Falle einen Relativfehler darstellt.

[6.4] Die logarithmische Standardabweichung für die spektrochemische Zinnbestimmung wurde im Beispiel [5.4] zu $s_{lg} = 0,068$ mit $f = 12$ Freiheitsgraden angegeben. Das Vertrauensintervall eines Mittelwertes aus $n_j = 4$ Parallelbestimmungen ergibt sich für $P = 0,95$ zu $t(P = 0,95; f = 12)s_{lg}/\sqrt{n_j} =$

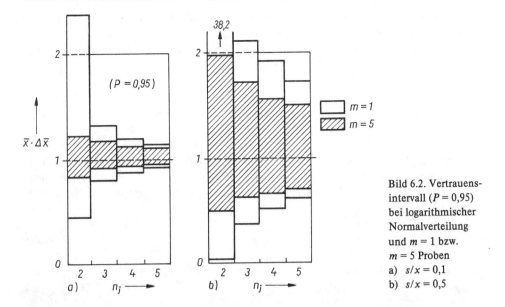

Bild 6.2. Vertrauensintervall ($P = 0{,}95$) bei logarithmischer Normalverteilung und $m = 1$ bzw. $m = 5$ Proben
a) $s/x = 0{,}1$
b) $s/x = 0{,}5$

$= 2{,}18 \cdot 0{,}068/\sqrt{4} = 0{,}074$. Beim Entlogarithmieren erhält man $\Delta \bar{x}_o = 1{,}13$ und $\Delta \bar{x}_u = 0{,}84$. Ein Mittelwert aus vier Parallelbestimmungen ist also im Bereich $0{,}84\bar{x} < \bar{x} < 1{,}13\bar{x}$ unsicher.

Soll durch einen Analysenwert die Einhaltung einer Qualitätsnorm T_o erhärtet werden, so ist das einseitig begrenzte Vertrauensintervall (vgl. S. 47) anzuwenden. Bei der Bestimmung eines geforderten Mindestgehaltes (z. B. einer Wertkomponente) bestätigt der Analysenwert $\bar{x}$ die Qualitätsnorm T_0 so lange, wie

$$\bar{x} - \frac{t(\bar{P}, f) s}{\sqrt{n_A}} \geq T_0. \tag{6.3}$$

Umgekehrt werden Maximalforderungen (z. B. Gehalte an Verunreinigungen) mit Sicherheit $\bar{P}$ erfüllt für

$$\bar{x} + \frac{t(\bar{P}, f) s}{\sqrt{n_A}} \leq T_0. \tag{6.4}$$

[6.5] Für eine bestimmte Polystyrensorte darf der Monomergehalt eine obere Grenze von $T_0 = 0{,}6\%$ mit $\bar{P} = 0{,}99$ nicht überschreiten. Bei einer Standardabweichung von $s = 0{,}028\%$ ($f = 25$ FG) für die Monomerbestimmung und $n_j = 2$ Parallelbestimmungen liegt μ mit $\bar{P} = 0{,}99$ unterhalb $T_0 = 0{,}60\%$ Monostyren, solange

$$\bar{x} \leq 0{,}60 - \frac{2{,}49 \cdot 0{,}028}{\sqrt{2}} = 0{,}55\%.$$

Analysenwerte, die oberhalb dieser Grenze liegen, sind mit der Forderung von $T_0 = 0{,}60\%$ Monostyren nicht mehr vereinbar (vgl. Beispiel [6.12]).

Die Fehlerangabe muß in anderer Form erfolgen, wenn die Meßwerte einer Poissonverteilung folgen. Ist der beobachtete Mittelwert genügend groß ($x > 15$), so darf die Poissonverteilung durch eine Gaußverteilung angenähert werden (vgl. Abschn. 3.2). Als Vertrauensintervall für die einzelnen Zählergebnisse erhält man

$$\mu \pm u(P)\,\sigma = \mu \pm u(P)\,\sqrt{\mu}\,. \tag{6.5}$$

Diese Beziehung gilt nur dann, wenn μ bekannt ist oder durch einen Sollwert ersetzt wird.

Entsprechend Abschnitt 3.2. ist die Approximation der Poissonverteilung durch die Gaußverteilung möglich, falls $x > 15$ gilt. Bei kleinen Zählergebnissen darf das Vertrauensintervall nicht mehr in der durch Gl. (6.5) angegebenen Weise bestimmt werden. Obere und untere Grenze des Vertrauensintervalles sind dann getrennt zu berechnen. Man findet sie aus

$$\Delta x_o = x + \frac{\chi^2(\bar{P}, f)}{2} \tag{6.6a}$$

mit $f = 2(x + 1)$ Freiheitsgraden,

$$\Delta x_u = x - \frac{x}{F(\bar{P}; f_1; f_2)} \tag{6.6b}$$

mit $f_1 = \infty$ und $f_2 = 2x$ Freiheitsgraden.

Zahlenwerte für $\chi^2(\bar{P}, f)$ sind Tabelle A.4 (Integralgrenzen der χ^2-Verteilung) zu entnehmen; Werte für $F(\bar{P}; f_1; f_2)$ gibt Tabelle A.5 (Integralgrenzen der F-Verteilung). Zu beachten ist, daß durch Δx_o und Δx_u nach Gl. (6.6) die einseitigen Begrenzungen des Vertrauensintervalles angegeben werden (vgl. Bild 3.11). Für die bei analytischen Aussagen meist interessierenden beiderseitigen Grenzen muß die Umrechnung nach $P = 2\bar{P} - 1$ [Gl. (3.12)] erfolgen.

[6.6] Bei Strukturuntersuchungen an Graphit wurden an einem Flächenelement bestimmter Größe unter dem Mikroskop $x = 11$ Poren ausgezählt. Mit der Wahrscheinlichkeit $P = 0{,}90$ ergeben sich nach Gl. (6.6) und Tabelle A.4 bzw. A.5 die Vertrauensintervalle Δx_o und Δx_u zu

$$\Delta x_o = 11 + \frac{\chi^2(\bar{P} = 0{,}95;\; f = 24)}{2} = 11 + \frac{36{,}42}{2} \approx 29,$$

$$\Delta x_u = 11 - \frac{11}{F(\bar{P} = 0{,}95;\; f_1 = \infty,\; f_2 = 22)} = 11 - \frac{11}{1{,}78} \approx 5.$$

In 90 % aller Fälle muß mit Porenzahlen zwischen 5 und 29 auf dem gleichen untersuchten Flächenelement gerechnet werden.

Wie Beispiel [6.6] zeigt, ist die Aussageschärfe von niedrigen Zählresultaten gering. Man wird deshalb in diesen Fällen keine zu weit gehende Aussagesicherheit verlangen, also Werte von $P = 0{,}90$ oder höchstens $P = 0{,}95$ vorsehen. Bei höheren Werten von P wird das Vertrauensintervall zu weit gespannt und liefert für praktische Zwecke keine verwertbare Information.

Bei der Untersuchung einer Probe pflegt der Analytiker zwei, drei oder auch zuweilen vier

6.1. Berechnung und Aussage des Vertrauensintervalls

Parallelbestimmungen auszuführen. Die erhaltenen Werte differieren im allgemeinen. Für die Beurteilung der Werte ist es zweckmäßig, ein Kriterium für die zulässige Differenz $x_{max} - x_{min}$ zwischen Parallelbestimmungen zur Verfügung zu haben. Bei bekannter Standardabweichung σ gilt, daß

$$|x_{max} - x_{min}| < D(P; n_j)\, \sigma \approx u(P)\, \sigma \sqrt{n_j}\,. \tag{6.7}$$

Der Faktor $D(P, n_j)$ ist von PEARSON abgeleitet, für $P = 0{,}95$ ist er in Tabelle 6.1 angeführt für die gängigen Zahlen $n_j = 2 \dots n_j = 4$.

Tabelle 6.1. PEARSONsche Faktoren für $P = 0{,}95$

n_j	$D(P = 0{,}95; n_j)$
2	2,77
3	3,31
4	3,65

Für $P = 0{,}95$ und $n_j = 2$ liefert Gl. (6.7) unter Verwendung von σ_w (vgl. Abschn. 5.2., S. 86) die »Wiederholbarkeit« w, unter Verwendung der Vergleichsstandardabweichung die »Vergleichbarkeit« v. Die durch Gl. (6.7) beschriebene maximal zulässige Differenz zwischen zwei Werten wird in Standards oft als der Prüffehler bezeichnet.

[6.7] Bei der gravimetrischen Nickelbestimmung wurden die Werte 4,64; 4,65 und 4,67 % Ni gefunden. Es soll geprüft werden, ob die beobachtete Differenz von 0,03 % Ni mit dem Zufallsfehler vereinbar ist. Die zugehörige Standardabweichung findet man in Tabelle 5.3 zu $s = 0{,}5\,\%\,\text{Ni (rel.)} \,\hat{=}$
$\hat{=}\, 0{,}023\,\%\,\text{Ni (abs.)}$ mit $f > 50$ Freiheitsgraden. Wegen dieser hohen Zahl von Freiheitsgraden darf man $s \approx \sigma$ setzen und erhält aus Gl. (6.7) mit $D(P = 0{,}95; n_j = 3) = 3{,}31$

$x_{max} - x_{min} = 3{,}31 \cdot 0{,}023 = 0{,}076$.

Die Differenz zwischen den drei Werten ist mit einer Wahrscheinlichkeit von $P = 0{,}95$ mit dem Zufallsfehler vereinbar, die Werte dürfen zusammengefaßt und gemittelt werden.

Im Falle logarithmisch normalverteilter Meßwerte gilt

$$|X_k - X_l| = |\lg x_k - \lg x_l| = u(P)\, \sigma_{\lg} \sqrt{n_j}\,. \tag{6.8}$$

Für $P = 0{,}95$ und $n_j = 2$ erhält man

$$\lg \frac{x_k}{x_l} = 1{,}96\, \sigma_{\lg} \sqrt{2}\,. \tag{6.9}$$

Entlogarithmieren führt zu

$$x_k/x_l = (1 + s_x/x)^{1{,}96\sqrt{2}} \approx (1 + s_x/x)^3\,. \tag{6.10}$$

Wiederholbarkeit und Vergleichbarkeit werden hier durch den Quotienten x_k/x_l [anstelle der Differenz der Werte, Gl. (6.7)] beschrieben.
Unter einer sehr großen Anzahl von Messungen kann in Einzelfällen die durch die Wiederholbarkeit w oder die Vergleichbarkeit v [Gl. (6.7)] gezogene Grenze überschritten werden. Treten größere Differenzen als die angegebenen jedoch öfter auf, so dürfte die

Überprüfung der Versuchsbedingungen (Meßgeräte, Analysenverfahren, aber auch Personal) zweckmäßig sein.
Das Vertrauensintervall mit zugehöriger Wahrscheinlichkeit P stellt eine allgemeingültige und eindeutige Fehlerangabe zum Analysenwert dar. Es soll deshalb stets anstelle der oft verschwommenen Fehlerangaben (z. B. »Fehlergrenze«, »Fehler des Analysenwertes« usw.) benutzt werden. Das Vertrauensintervall gibt an, mit welcher Wahrscheinlichkeit Fehler der Größe $\pm\Delta\bar{x}$ zu erwarten sind. Es stellt jedoch nicht die zum speziellen Analysenwert gehörige spezielle Fehlerangabe dar. Die Möglichkeit, daß ein einzelner Wert mit einem höheren Fehler als $\Delta\bar{x}$ behaftet ist, bleibt mit dem Risiko $\alpha = 1 - P$ durchaus offen. Deshalb muß die zahlenmäßige Angabe des Vertrauensintervalls stets ergänzt werden durch die benutzte Wahrscheinlichkeit P. Deren Wahl ist eine Angelegenheit der gegenseitigen Übereinkunft. Im allgemeinen benutzt man zum Berechnen des Vertrauensintervalls $P = 0,95$. Für manche innerbetrieblichen Aussagen wird zuweilen $P = 0,90$ als ausreichend angesehen. Schwerwiegende Entscheidungen erfordern höhere Sicherheiten (z. B. $P = 0,99$). In der Pharmakologie und in verwandten Gebieten werden die besonders hohen Sicherheiten von $P = 0,99$ oder gar $P = 0,999$ für zweckmäßig gehalten, da sie einen Irrtum praktisch völlig ausschließen. In der Physik rechnet man noch oft mit dem einfachen Betrag der Standardabweichung und nimmt das hohe Irrtumsrisiko von $\alpha = 1 - 0,683 = 0,317$ in Kauf. Dies gilt allerdings nur für eine genügend große Zahl von Freiheitsgraden ($f > 10$); bei Vorliegen weniger Messungen erhöht sich das Irrtumsrisiko merklich. Zu beachten ist, daß diese Fehlerangabe mit $u(P) = 1$ bzw. $t(P,f) = 1$ ein Vertrauensintervall darstellt und nicht mehr die Standardabweichung selbst.
Das Vertrauensintervall kann als Absolutfehler in der Maßeinheit des Ergebnisses oder als Relativfehler in Prozenten des Ergebnisses angegeben werden. Bei Analysenverfahren mit einem über den Konzentrationsbereich konstant bleibenden Analysenfehler wird man die erste Art der Fehlerangabe bevorzugen, bei Analysenverfahren mit konstant bleibendem Relativfehler die zweite. Da Analysenergebnisse meist in Prozent ausgedrückt werden, soll bei dem Fehler klar ersichtlich sein, ob es sich um eine absolute oder eine relative Fehlerangabe handelt. Das geschieht am besten durch Zusatz der Abkürzung (abs.) oder (rel.) bzw. (proz.). Durch die Angabe des Fehlers ist die gültige Stellenzahl des Einzel- bzw. Mittelwertes festgelegt. Meßwert und Fehler sollen die gleiche Anzahl von Dezimalstellen besitzen. Sie werden deshalb im Endergebnis (bzw. so spät wie möglich) auf gleiche Stellenzahl gerundet. Muß man Analysenergebnisse auf große Zahlen (z. B. Monatsproduktion) umrechnen, so benutzt man Vielfache von Zehnerpotenzen. Dabei soll die unsichere Zahl erst in der zweiten Stelle nach dem Komma (oder später) erscheinen.
Bei bekannter Standardabweichung σ (bzw. s) rundet man zweckmäßig in der folgenden Weise [6]:

– Aus der Standardabweichung bestimmt man die Grenze g des Rundeintervalls nach $g = \sigma/2$.
– In der Reihe
  100...50...10...5...1...0,5...0,1...0,05...
  sucht man die auf g folgende nächstkleinere Zahl a. Diese entspricht dem Rundeintervall.

- In der gleichen Reihe sucht man die auf g folgende zweitkleinere Zahl b. Diese entspricht der Rundestelle.
- In der Rundestelle werden Ziffern $<a/2$ abgerundet, Ziffern $>a/2$ aufgerundet.
- Überzählige Ziffern werden abgestoßen.

Beispiele:

Gemessen: 1 062,85; Standardabweichung $\sigma = 13,6$.
- Grenze des Rundeintervalls $g = 13,6/2 = 6,8$.
- Die in der Zahlenreihe auf 6,8 folgende nächstkleinere Zahl ist $a = 5$. Damit erhält man als Rundeintervall 1 060...1 065...1 070.
- Die auf 6,8 folgende zweitkleinere Zahl ist $b = 1$. Damit erfolgt die Rundung in der ersten Stelle vor dem Komma.
- In der Rundestelle des Meßwertes ist $2,85 > a/2 = 2,5$. Deshalb wird aufgerundet (1 062,85 nach <u>1 065</u>).

Gemessen: 1 065,85; Standardabweichung 5,1
$g = 5,1/2 = 2,55$; $a = 1$ ($\rightarrow$ Rundeintervall 1 061, 1 065, 1 066 ...);
$b = 0,5$ ($\rightarrow$ Rundung in der ersten Dezimale)
$0,85 > a/2 = 0,5$
Gerundetes Resultat: <u>1 066</u>

Gemessen: 22,24; Standardabweichung 1,45
$g = 1,45/2 = 0,725$; $a = 0,5$ ($\rightarrow$ Rundeintervall 22,0, 22,5, 23,0 ...);
$b = 0,1$ ($\rightarrow$ Rundung in der ersten Dezimale)
$0,24 < a/2 = 0,25$
Gerundetes Resultat: <u>22,0</u>

Allgemeine Rundungsregeln ohne Berücksichtigung der Standardabweichungen sind in [7] festgelegt. Wenn man sich über die Größe des aufgetretenen Zufallsfehlers nicht ganz sicher ist, soll lieber eine Dezimalstelle zuviel stehen bleiben.

6.2. Prinzipielle Grenzen von Analysenverfahren

Bei der Analyse sind Gehalte im Bereich von hundert bis nahe null Prozent zu bestimmen. Bei Annäherung an diese Werte gelten prinzipielle, durch die Zufallsstreuung bedingte Grenzen.
Bei der Analyse sehr hoher Gehalte (z. B. Gehaltsbestimmung eines pharmazeutischen

---

7 Doerffel, Statistik

6. Beurteilung von Analysenwerten

Präparates) muß der Analysenwert $\bar{x} = \sum x_i/n_j$ signifikant von der Grenze 100,0 % unterscheidbar sein. Anderenfalls liefert die Analyse nur die Aussage, daß statt des gefundenen Wertes $\bar{x}$ ebensogut die theoretische Grenze von 100 % geschrieben werden kann, d. h., die Präzision des Analysenverfahrens ist für die geforderte Reinheitsangabe nicht ausreichend. Der gesuchte signifikante Unterschied gegen 100,0 % ist mit $\bar{P} = 0,998$ gegeben, wenn

$$\bar{x} \leq 100,0 - \frac{3\sigma_x}{\sqrt{n_j}} = 100,0 \left(1 - \frac{3\frac{\sigma_x}{x}}{\sqrt{n_j}}\right). \tag{6.11}$$

Um dem Wert 100,0 % möglichst nahe zu kommen, müssen Analysenverfahren mit minimalem Zufallsfehler ausgewählt werden.

[6.8] Der Silbergehalt von Feinsilber wird elektrolytisch bestimmt. Bei einer Standardabweichung von nur $\sigma = 0,35$ % Ag (das entspricht bei einem Gehalt von 100 % dem geringen Relativfehler von $\sigma_x/x = 0,003\,5$!) ergibt sich bei $n_j = 3$ Parallelbestimmung als Grenze gegenüber 100 %:

$\bar{x} = 100,00 - 3 \cdot 0,35/\sqrt{3} = 99,39\,\%\,\text{Ag}$.

Trotz der außerordentlich hohen Präzision können höhere Gehalte vom Wert 100,00 nicht signifikant unterschieden werden.

Durch Gl. (6.11) ist die prinzipielle Grenze einer direkten Gehaltsbestimmung gegeben. Höhere Reinheitsgrade müssen indirekt aus der Summe der Verunreinigungen bestimmt werden. Hierfür gibt es hinsichtlich der zu analysierenden Gehalte keine prinzipielle Einschränkung. An die zur Analyse benutzten Methoden sind keine besonders hohen Präzisionsforderungen zu stellen, oft reichen bereits halbquantitative Methoden aus (vgl. [8]). Wenn die Gehalte der Verunreinigungen über mehrere Zehnerpotenzen streuen, genügt für die Reinheitsangabe die Bestimmung der dominierenden Komponenten. Es müssen jedoch immer diejenigen Komponenten bestimmt werden – auch bei untergeordnetem Gehalt –, die toxische Wirkungen zeigen oder die die Eigenschaften des untersuchten Materials deutlich beeinflussen.

Bei der Bestimmung sehr geringer Gehalte machen sich Verunreinigungen der benutzten Reagenzien störend bemerkbar. Trotz vorgelegter Konzentration $x = 0$ erhält man einen von Null unterschiedlichen Meßwert y_B, den Blindwert (z. B. die Blindextinktion in der Photometrie). Untersucht man eine größere Anzahl von Proben mit $x = 0$, so erhält man zahlenmäßig unterschiedliche Blindwerte, die mit der Blindwertstandardabweichung σ_B um das Blindwertmittel $\bar{y}_B$ streuen. Ein beliebiger Meßwert $\bar{y}$ (Mittelwert aus n_j Parallelbestimmungen) ist nur dann vom Blindwert zu unterscheiden, falls

$$\bar{y} = \bar{y}_{\min} > \bar{y}_B + u(\bar{P})\sigma_B/\sqrt{n_j}. \tag{6.12}$$

Bei einem fehlerlosen Leerwert $y_0 = 0$ geht Gl. (6.12) über in

$$\bar{y} = \bar{y}_{\min} > u(\bar{P})\sigma_y/\sqrt{n_j}. \tag{6.12 a}$$

Zur Angabe des Resultates muß der Meßwert $\bar{y}_{\min}$ in den Analysenwert $\bar{x}_{\min}$ umgerechnet werden. Man nimmt eine lineare Kalibrierfunktion $y = a + bx$ an mit $a = \bar{y}_B$ und b als Empfindlichkeit [vgl. Gl. (4.7) sowie Abschn. 9.2.3.]. Dann erhält man

$$\bar{x}_{min} = \frac{\bar{y}_{min} - \bar{y}_B}{b} = \frac{u(\bar{P})\sigma_B}{b\sqrt{n_j}}. \tag{6.13}$$

Diese kleinste Konzentration, die ein vom Blindwert (oder auch vom Leerwert Null) mit Sicherheit $\bar{P}$ unterscheidbares Signal ergibt, hat H. KAISER [3] als »Nachweisgrenze« bezeichnet. Mit seinem Vorschlag, $u = 3{,}00$ zu benutzen, sollte eine genügend hohe Sicherheit gewährleistet sein, selbst wenn bei Gehalten in der Nähe der Nachweisgrenze die Gültigkeit der Gaußverteilung nicht mehr gegeben sein sollte. Diese Regelung bedeutet eine hohe Sicherheit für den gerechtfertigten Signalnachweis und den daraus folgenden »Positivbefund«. Damit verbunden ist jedoch gleichzeitig ein hohes Risiko für die ungerechtfertigte Ablehnung des Signalnachweises und den daraus folgenden »Negativbefund«. Deshalb werden für die Nachweisgrenze auch geringere Sicherheiten empfohlen. Besonders in der englischsprachigen Literatur wird $u = 1{,}65$ benutzt ($\bar{P} = 0{,}95$ bei Erfüllung der Gaußverteilung, jedoch nur $\bar{P} = 0{,}68$ bei Nichterfüllung.) Die damit verbundene Grenze wird als »decision limit« bezeichnet.

Die durch Gl. (6.13) beschriebene Nachweisgrenze (im Gehalts- oder Konzentrationsmaß) ist eine wichtige Kenngröße für ein Analysenverfahren [siehe jedoch Gl. (6.21)!]. Man kann sie senken

- durch eine geringe Blindwertstandardabweichung σ_B,
- durch hohe Empfindlichkeit b,
- durch eine genügend große Zahl von Parallelbestimmungen (»Meßwertakkumulation«).

Ohne Einfluß auf die Nachweisgrenze bleibt die absolute Größe des Blindwertes $\bar{y}_B$. Alle experimentellen Maßnahmen, die eine »Verstärkung« des Meßwertes y zum Ziel haben (dazu gehört z. B. auch das Vergrößern der Schichtdicke in der Photometrie), verstärken neben y auch σ_y. Sie bringen also keinen Gewinn an Nachweisvermögen (vgl. Bild 4.1).

[6.9] Zur Bestimmung von Eisenspuren in Reinstaluminium wird die photometrische Analyse mit Sulfosalicylsäure ($\varepsilon = 5{,}6 \cdot 10^2 \, \text{m}^2 \, \text{mol}^{-1}$) benutzt. Mit einer Küvette von $d = 0{,}01$ m wird bei einer Blindextinktion von $E_B \triangleq \bar{y}_B = 0{,}08$ und einer Blindwertstandardabweichung $\sigma_B = 0{,}02$ ($n_B = 20$) bei $n_j = 2$ Parallelbestimmungen

$$E_{min} = 0{,}08 + \frac{3 \cdot 0{,}02}{\sqrt{2}} = 0{,}122.$$

Daraus folgt [Gl. (6.13)]

$$c_{min} = \frac{0{,}122 - 0{,}080}{0{,}01 \cdot 5{,}6 \cdot 10^2} = 7{,}5 \cdot 10^{-3} \, \text{mol}\,\text{m}^{-3} = 7{,}5 \cdot 10^{-6} \, \text{mol}\,\text{l}^{-1}.$$

Bei Verwendung von Triazin ($\varepsilon = 2{,}25 \cdot 10^3 \, \text{m}^2 \, \text{mol}^{-1}$) erhält man dagegen $c_{min} = 1{,}87 \cdot 10^{-6} \, \text{mol}\,\text{l}^{-1}$. Benutzt man eine Küvette höherer Schichtdicke (z. B. $d = 0{,}05$ m), so werden die Extinktion und gleichzeitig die Standardabweichung in demselben Maße verstärkt. Für den Fall des Triazins ergibt sich mit $E_B = 0{,}40$ und $\sigma_B = 0{,}10$

$$E_{min} = 0{,}40 + \frac{3 \cdot 0{,}10}{\sqrt{2}} = 0{,}612,$$

$$c_{min} = \frac{0{,}612 - 0{,}400}{0{,}05 \cdot 2{,}25 \cdot 10^3} = 1{,}87 \cdot 10^{-3} \, \text{mol m}^3 = 1{,}87 \cdot 10^{-6} \, \text{mol l}^{-1}.$$

Die vergrößerte Schichtdicke bringt also keinen Gewinn an Nachweisvermögen. (Durch Erhöhung der Schichtdicke werden lediglich die meßtechnisch ungünstigen kleinen Konzentrationen in einen meßtechnisch günstigeren Extinktionsbereich verschoben, vgl. Bild 4.1.)

Zum experimentellen Bestimmen von y_{min} werden aus einer Reihe verschiedener Möglichkeiten [1] meist zwei Varianten diskutiert [2]:

1. Den mittleren Blindwert $\bar{y}_B$ bestimmt man aus n_B Blindanalysen. Dabei ist n_B sehr groß gegenüber der Zahl der Parallelbestimmungen n_A bei der nachfolgenden Analyse. Man erhält dann $\bar{y}_{min}$ entsprechend Gl. (6.12).
2. Parallel zu jeder Analyse mit n_A Parallelbestimmungen führt man bei jeder Probe n_B Blindbestimmungen durch (meist $n_B = n_A$). Bei jeder Probe wird der Blindwert $\bar{y}_B$ vom Mittelwert $\bar{y}_A$ abgezogen. Dann ergibt sich

$$y_{min} = \bar{y}_B + t(\bar{P}, f) s_B \sqrt{\frac{2}{n_A}}, \tag{6.14}$$

$f = n_A + n_B - 2$ Freiheitsgrade.

Bei dem zuerst genannten Verfahren muß der Blindwert von Probe zu Probe ähnliche Größe besitzen. Die Blindwertstreuung des Verfahrens muß dem Zufallsfehler des Analysenverfahrens in der Nähe der Nachweisgrenze entsprechen. Bei Erfüllung dieser Bedingungen läßt sich der Blindwert nach dieser Methode besonders präzise bestimmen, da man ihm eine sehr große Zahl von Analysenwerten zugrunde legen kann. (Für praktische Zwecke benutzt man meistens $n_B \geq 20$ Analysen.) Das zweite Verfahren ist stets anwendbar, da jeder Analysenwert mit »seinem« Blindwert kombiniert wird. Nachteilig ist, daß der meßtechnisch oft nur unsicher erfaßbare Blindwert aus verhältnismäßig wenigen Bestimmungen erhalten wird. Deshalb wird man diese Methode nur dann einsetzen, wenn die Blindwerte von Probe zu Probe stark streuen, so daß sich kein allgemeiner Blindwert und keine allgemein gültige Blindwertstandardabweichung wie bei Variante 1 angeben lassen. Unter bestimmten Voraussetzungen lassen sich Blindwert und Nachweisgrenze auch aus der Kalibrierfunktion ableiten (vgl. Abschn. 9.2.3.). Registrierende Analysenverfahren liefern den Untergrund y_0 mit einem »Rauschband« der Breite R. Ein Analysensignal gilt dann als nachgewiesen, wenn es aus diesem Rauschband um den Betrag R herausragt. Mit der häufig benutzten Näherung $R \approx 5\,\sigma$ erhält man als Kriterium für den Signalnachweis

$$y_{min} - y_0 = R = 5\,\sigma = 3{,}54\,\sigma\sqrt{2}. \tag{6.15}$$

Dies entspricht [vgl. Tab. A.2 sowie Gl. (6.14)] einer Sicherheit von $\bar{P} = 0{,}9998$.

6.3. Statistische Qualitätsbeurteilung

Die Gütekennzahl vieler Produkte wird durch analytische Untersuchungen ermittelt. Sofern man das geprüfte Material als homogen ansehen darf, streuen die erhaltenen Resultate im Rahmen des Analysenfehlers. Dieser muß bei allen Qualitätsangaben bekannt sein und entsprechend berücksichtigt werden.

Für die Beschaffenheit eines Produktes treffen Lieferer und Abnehmer meist bestimmte Qualitätsvereinbarungen. Das Produkt wird vom Käufer nur dann als einwandfrei anerkannt, wenn die analytisch festgestellte Qualität T besser liegt als die vertraglich festgelegte Norm T_0. Ergibt die Analyse eine schlechtere Qualität, so wird die Annahme verweigert. Infolge des Zufallsfehlers, der bei dem Analysenverfahren auftritt, gehen bei dieser Vereinbarung sowohl Erzeuger als auch Käufer ein gewisses Risiko ein (vgl. Bild 6.3). Der Erzeuger muß damit rechnen, daß die Analyse sein Produkt zu schlecht bewertet. Obwohl die Qualität T des Erzeugnisses besser ist als die vereinbarte Norm T_0, liegt der Analysenwert zufällig unterhalb T_0. Das Produkt wird deshalb zu Unrecht zurückgewiesen *(Erzeugerrisiko)*. Der Käufer muß einkalkulieren, daß die Analyse die gehandelte Ware zu gut beurteilt. Obwohl die Qualität T schlechter ist als die vereinbarte Norm T_0, liegt infolge zufälliger Streuungen der Analysenwert oberhalb T_0. Das Produkt wird deshalb zu Unrecht angenommen *(Abnehmerrisiko)*. Bei bekanntem Zufallsfehler σ des Analysenverfahrens und bei vereinbartem Erzeuger- und Abnehmerrisiko lassen sich die Grenzen angeben, innerhalb deren die Qualität des gehandelten Produktes schwanken kann. Sind $\bar{\alpha}_E = 1 - \bar{P}_E$ das Erzeugerrisiko und $\bar{\alpha}_K = 1 - \bar{P}_K$ das Abnehmerrisiko, so ergeben sich die gesuchten Grenzpunkte für die Qualität zu

$$G_E = T_0 + \frac{u(\bar{P}_E)\sigma}{\sqrt{n_j}}, \qquad G_K = T_0 - \frac{u(\bar{P}_K)\sigma}{\sqrt{n_j}}. \tag{6.16}$$

n_j Zahl der Parallelbestimmungen

Für den Fall, daß T_0 eine vereinbarte Mindestgrenze darstellt (z. B. Gehalt eines Düngesalzes), hat der Erzeuger damit zu rechnen, daß die Analyse in $100\,(1 - \bar{P}_E)\,\%$ aller Fälle einen zu niedrigen Wert angibt. Das Produkt wird dann fälschlicherweise abgelehnt, obwohl seine Qualität bis zu $T_0 + \dfrac{u(\bar{P}_E)\sigma}{\sqrt{n_j}}$ über der vereinbarten Grenze liegen kann. Gleichermaßen besteht für den Käufer das Risiko, daß in $100\,(1 - \bar{P}_K)\,\%$ aller Fälle der Analysenwert zu hoch ausfällt. Das Erzeugnis wird dann zu Unrecht angenommen, obwohl seine Qualität nur zwischen T_0 und $T_0 - \dfrac{u(\bar{P}_K)\sigma}{\sqrt{n_j}}$ liegt, also unterhalb der festgelegten Norm.

[6.10] Bei einem 38er Kalidüngesalz wird gefordert, daß das Mittel aus $n_j = 2$ Parallelbestimmungen mindestens bei $T_0 = 38{,}0\,\%$ K$_2$O liegen muß. Erzeugnisse, die bei der Analyse einen niedrigeren Gehalt ergeben, dürfen vom Käufer zurückgewiesen werden. Legt man ein beiderseitiges Risiko von $\bar{\alpha} = 1 - \bar{P} = 0{,}05$ zugrunde, so findet man die beiden Grenzpunkte G_E und G_K mit $u(\bar{P} = 0{,}95) = 1{,}65$ und $\sigma = 0{,}18\,\%$ K$_2$O (vgl. Beispiel [5.8]) zu

6. Beurteilung von Analysenwerten

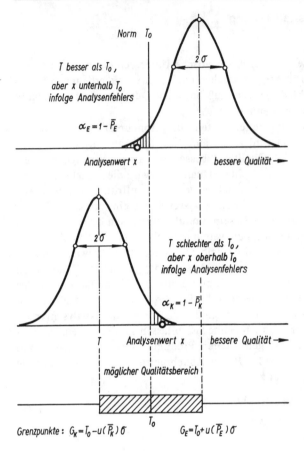

Bild 6.3. Analysenwert und Qualitätsbeschaffenheit

$$G_E = 38{,}0 + \frac{1{,}65 \cdot 0{,}18}{\sqrt{2}} = 38{,}2\,\% \text{ K}_2\text{O},$$

$$G_K = 38{,}0 - \frac{1{,}65 \cdot 0{,}18}{\sqrt{2}} = 37{,}8\,\% \text{ K}_2\text{O}.$$

In 5% aller Fälle besteht die Möglichkeit, daß die Analyse aus zwei Parallelbestimmungen einen Wert ergibt, der unterhalb 38,0% K$_2$O liegt, obwohl die Probe bis zu 38,2% K$_2$O enthält, und daß auf Grund dieses Befundes die Annahme verweigert wird. Gleichermaßen geht der Abnehmer dasselbe Risiko ein, die Lieferung auf Grund eines gefundenen Gehaltes von 38,0% K$_2$O anzunehmen, obwohl ihr Gehalt nur zwischen 38,0 und 37,8% K$_2$O liegt.

Entsprechend dem Analysenwert entscheidet der Abnehmer über die Annahme oder die Rückweisung des Produktes. Die Wahrscheinlichkeit $\bar{P}_R$, daß das Produkt zurückgewiesen wird, läßt sich in Abhängigkeit von $T - T_0 = u(\bar{P})\,\sigma/\sqrt{n_j}$ als Operationscharakteristik (vgl. Bild 6.4) darstellen (Analoges gilt für die Wahrscheinlichkeit der ungerechtfertigten Annahme). Für den Fall $T = T_0$ – die produzierte Qualität entspricht genau der Norm – wird

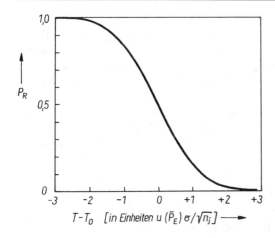

Bild 6.4. Rückweisewahrscheinlichkeit $\bar{P}_E$ in Abhängigkeit vom Qualitätswert T

der Abnehmer in 50% aller Fälle dahingehend entscheiden, daß das Produkt zurückzuweisen ist. Eine solche ungerechtfertigte Entscheidung der Ablehnung wird um so seltener erfolgen, je mehr T oberhalb von T_0 liegt, d. h., je höher auf seiten des Erzeugers der Aufwand getrieben wird, eine (unökonomisch) »zu gute« Qualität zu produzieren.

In manchen Fällen hat der Erzeuger für die Qualität seines Produktes zu garantieren. Es wird dann vertraglich festzulegen sein, daß das Gütemerkmal T nur in $\bar{\alpha} = 100(1 - \bar{P})$% aller Fälle schlechtere als die zu garantierende Qualität T_g anzeigt. Bei der Gewährung einer derartigen Garantie hat der Erzeuger wiederum den Zufallsfehler des angewandten Analysenverfahrens zu berücksichtigen. Er darf nur solche Produkte abgeben, deren Qualität um das aus dem Analysenfehler σ abgeleitete Vertrauensintervall besser ist als die geforderte Norm. Es gilt also

Käufer fordert:	garantierte Qualität T_g	(6.17)
Erzeuger liefert mindestens:	Qualität $T_g + u(\bar{P})\sigma$	

Bei n_j Parallelbestimmungen ist das Vertrauensintervall noch durch $\sqrt{n_j}$ zu dividieren. Diese Qualitätsgrenze wird in 100 $\bar{P}$% aller Fälle zutreffend sein. Jedoch muß der Abnehmer bei $100\bar{\alpha} = 100(1 - \bar{P})$% aller Lieferungen damit rechnen, daß die Ware nicht der garantierten Qualität entspricht. In jedem Falle muß die Sicherheit der gewährten Garantie ausdrücklich angegeben sein.

[6.11] Mit einer Wahrscheinlichkeit von $\bar{P} = 0{,}95$ soll der Gehalt eines gehandelten Eisenerzes mit $T_g = 22{,}00$% Fe_2O_3 garantiert werden. Die Standardabweichung der Eisenbestimmung für diese Gehalte ist angegeben zu $\sigma = 0{,}05$% Fe_2O_3 (Handbuch für das Eisenhüttenlaboratorium). Werden an jeder Probe $n_j = 3$ Parallelbestimmungen durchgeführt, so darf der Lieferer nur solche Erze versenden, deren Gehalt mindestens mit

$$T = 22{,}00 + \frac{1{,}65 \cdot 0{,}05}{\sqrt{3}} = 22{,}05 \text{\% } Fe_2O_3$$

analytisch festgestellt wurde.

6. Beurteilung von Analysenwerten

Qualitätsgarantien stellen für den Erzeuger stets eine ökonomische Belastung dar. Denn um die Garantie wirklich einhalten zu können, muß er Produkte liefern, deren Qualität um das Vertrauensintervall $\Delta \bar{x}$ oberhalb der geforderten Qualität liegt. Durch den Einsatz präziser Analysenverfahren bei einer genügend großen Zahl von Parallelbestimmungen kann die für die Garantie notwendige Spanne klein gehalten werden. Eine Senkung des analytischen Aufwandes durch Verringerung von n_j vergrößert automatisch das Vertrauensintervall und zwingt den Betrieb zu unökonomisch »zu guter« Produktion. Die ausreichende personelle und gerätemäßige Ausrüstung eines analytischen Laboratoriums ist eine unabdingbare Voraussetzung, um Qualitätsgarantien mit vertretbarem technisch-ökonomischem Aufwand erfüllen zu können.

Durch Gewährung von Qualitätsgarantien mit unterschiedlicher Sicherheit ist eine Qualitätsstaffelung des gehandelten Produktes möglich. Die Garantie kann z. B. mit $\bar{P} = 0{,}99$ eingehalten werden, wenn der festgestellte Qualitätswert T besser liegt als $T_g + 2{,}33\sigma/\sqrt{n_j}$. Erhält man bei der Qualitätsprüfung einen Kennwert T

$$T_g + 1{,}65\sigma/\sqrt{n_j} < T < T_g + 2{,}33\sigma/\sqrt{n_j}, \tag{6.18}$$

so ist die Garantie noch mit $\bar{P} = 0{,}95$ möglich. In entsprechender Weise lassen sich Bereiche für andere Wahrscheinlichkeiten angeben (z. B. $\bar{P} = 0{,}90$ oder $\bar{P} = 0{,}80$). Die Qualität des Produktes ist um so höher zu bewerten, je höher die Sicherheit für die gegebene Garantie liegt. Damit kann zwischen Erzeuger und Abnehmer eine Differenzierung der Preise vereinbart werden. Eine derartige Qualitätsstaffelung bringt dem Erzeuger für Produkte besonders hoher Qualität einen zusätzlichen Gewinn, sie erlaubt ihm aber andererseits auch, Posten minderer Qualität zu berücksichtigen. Für den Abnehmer bedeutet diese verschiedene Qualitätseinstufung den Vorteil, daß er die benötigten Produkte je nach Verwendungszweck qualitätsentsprechend und damit ökonomisch aussuchen und einsetzen kann.

Bei dem Abschluß von Vereinbarungen zwischen Erzeuger und Abnehmer ist ausdrücklich zu formulieren, ob der Analysenwert $\bar{x} = T_0$ noch anerkannt wird, vgl. Gl. (6.16), oder ob es sich um eine Grenze T_g handelt, die mit Sicherheit $\bar{P}$ zu garantieren ist, vgl. Gl. (6.17). Oft ist die Qualitätsgrenze durch allgemeine Normen festgelegt, die für den speziellen Fall durch weitere Vereinbarungen (»lex specialis«) ergänzt werden. Fehlen derartige gesetzliche Regelungen, so ist der Grenzwert in zweiseitiger verantwortungsbewußter Arbeit festzulegen. In den verwandten Normvorschriften ist statt der für Gl. (6.16) bzw. Gl. (6.17) benötigten Standardabweichungen nur die Wiederholbarkeit w, vgl. Gl. (6.7), angegeben. Dann gilt für die Qualitätsgarantie z. B., daß $\bar{x} = T_g + u(\bar{P})\sigma_w/n_j \approx T_g + 0{,}4w$ eingehalten wird (falls $n_j = 2$). Analog ist bei Auswertung von Gl. (6.16) zu verfahren.

Ähnliche Verhältnisse wie bei Qualitätsgarantien liegen bei der Ermittlung hygienischer arbeitsschutztechnischer Kenndaten vor. Eine durch Norm vorgeschriebene Höchstgrenze G_H wird mit Sicherheit $\bar{P}$ nur so lange unterboten, wie der Analysenwert niedriger liegt als die um das Vertrauensintervall verminderte Norm. Bei Überschreiten dieser Grenze muß gleichzeitig mit einem Überschreiten der Norm gerechnet werden, auch wenn der Analysenwert noch unterhalb G_H liegt.

In manchen Fällen werden die zufälligen Fluktuationen der Qualitätsmerkmale nicht allein durch den Zufallsfehler des Meß- oder Analysenverfahrens bedingt sein. Beispiels-

6.3. Statistische Qualitätsbeurteilung

weise können sich Probeninhomogenitäten oder Probenahmefehler oft recht stark bemerkbar machen. Die möglichen Qualitätsgrenzen des betrachteten Produktes lassen sich dann nur richtig beurteilen, wenn die Standardabweichung σ alle diese Fehlerursachen erfaßt. Sie muß deshalb aus den über einen genügend langen Beobachtungszeitraum gesammelten Qualitätskenndaten berechnet werden. Die Standardabweichung vermittelt in diesem Falle ein zuverlässiges Bild über die Qualitätsschwankungen des Produktes, sie ist nicht mehr als Kennziffer des Analysen- oder Meßverfahrens allein anzusehen.

Bei allen bisherigen Betrachtungen war die zur Qualitätsbeurteilung benutzte Grenze T_0 durch Übereinkunft, durch Gesetz ... festgelegt. Eine entsprechende Grenze kann auch durch die prinzipiellen Meßunsicherheiten des Analysenverfahrens (vgl. Abschn. 6.1.), wie z. B. die Grenze des Vertrauensintervalls, die Nachweisgrenze ... gegeben sein. Die Sicherheit der qualitativen Entscheidung (gut/schlecht, normentsprechend/normwidrig, krank/gesund, schuldig/nichtschuldig, ...) wird wieder durch die Operationscharakteristik (vgl. Bild 6.4) beschrieben.

[6.12] Im Beispiel [6.5] wurde gezeigt, daß die Analyse einen Maximalgehalt von $T_0 = 0{,}60\,\%$ Monostyren gewährleistet, solange der Analysenwert $(n_j = 2)$ bei $\bar{x} \leq T_0 - \Delta\bar{x} = 0{,}55\,\%$ Monostyren liegt $(\bar{P} = 0{,}99)$. Bei einem Produkt mit diesem Gehalt liefert die Analyse gleichhäufig das Resultat $\bar{x} < 0{,}55\,\%$ und $\bar{x} > 0{,}55\,\%$. Das Produkt wird somit in der Hälfte aller Fälle als unbrauchbar deklariert. Mit der geringen Fehlerquote von 1 % ist eine Entscheidung möglich für $\bar{x} < T_0 - 2 \cdot 2{,}49\,s/\sqrt{2} =$
$= 0{,}60 - 2 \cdot 2{,}49 \cdot 0{,}028/\sqrt{2} = 0{,}50\,\%$ Monostyren.

Analoge Gesetzmäßigkeiten gelten für die aus der Spurenanalyse abgeleiteten Entscheidungen. Ein Analysenwert x an der Nachweisgrenze $x_{\min}$ $[x = x_{\min};\ Gl.\ (6.13)]$ wird in 50 % aller Fälle als »Blindwert« $(x < x_{\min})$ und in 50 % aller Fälle als »Analysenwert« $(x > x_{\min})$ interpretiert. Wegen der gleichgroßen Wahrscheinlichkeit einer negativen und einer positiven Entscheidung $(P^- = P^+ = 0{,}5)$ bleibt ein Spurengehalt in der Größe der Nachweisgrenze in 50 % aller Fälle unerkannt. Dies ist ein untragbar hohes Risiko. Die Sicherheit des zutreffenden Erkennens eines Spurengehaltes steigt mit zunehmendem Abstand des Gehaltes x von der Nachweisgrenze $x_{\min}$. Dann nimmt für die Meßwerte y der Flächenanteil der Gaußkurve unterhalb der Schranke $\bar{y}_{\min} = \bar{y}_B + 3\sigma_B \sqrt{\dfrac{2}{n_j}}$ ab (vgl. Bild 6.5). Entsprechend sinkt die Wahrscheinlichkeit, einen Gehalt $x > x_{\min}$ als Blindwert und somit als »nicht vorhanden« zu interpretieren. Im Falle

$$\bar{y}_E = \bar{y}_{\min} + \frac{3\sigma_B}{\sqrt{n_j}} = \bar{y}_B + \frac{6\sigma_B}{\sqrt{n_j}} \qquad (6.19)$$

werden die Wahrscheinlichkeiten für den Positiv- und Negativnachweis

$$P^+ = \bar{P}(x > x_{\min}) = \frac{0{,}997}{2} + 0{,}5 = 0{,}9985\,,$$
$$P^- = \bar{P}(x < x_{\min}) = 1 - 0{,}9985 = 0{,}0015\,. \qquad (6.20)$$

Dies darf man als genügend hohe Sicherheit für das Erkennen von Spurengehalten ansehen. Zur Angabe des Resultates ist $\bar{y}_E$ in den Analysenwert $\bar{x}_E$ umzuformen. Mit einer li-

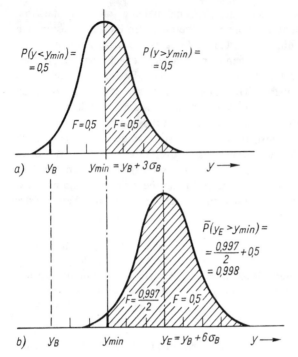

Bild 6.5. Wahrscheinlichkeit des Positivnachweises
a) $y_{min} = y_B + 3\sigma_B$ (Nachweisgrenze)
b) $y_E = y_B + 6\sigma_B$ (Erfassungsgrenze)

nearen Kalibrierfunktion $y = a + bx$ mit $a = \bar{y}_B$ und b als Empfindlichkeit erhält man

$$\bar{x}_E = \frac{\bar{y}_E - \bar{y}_B}{b} = \frac{2u(\bar{P})\sigma_B}{b\sqrt{n_j}}. \tag{6.21}$$

Dieser kleinste, mit hoher Sicherheit auffindbare Gehalt wurde von EHRLICH [3] in Anlehnung an die von EMICH gewählte Nomenklatur als *Erfassungsgrenze* bezeichnet. Analysenwerte oberhalb dieser Grenze beschreibt man wie üblich durch Mittelwert und Vertrauensintervall (evtl. unter Berücksichtigung der logarithmischen Verteilung). Die in Gl. (6.21) gegebene Grenze mit $u(\bar{P}) = 3{,}00$ schafft genügend Sicherheit auch für den Fall, daß die Gaußverteilung bei den vorliegenden niedrigen Gehalten nicht mehr erfüllt ist. Dieser hohen Sicherheit für das gerechtfertigte Erkennen (»gerechtfertigter Positivnachweis«, z. B. für die Sicherung eines kriminalistischen Befundes) steht wieder das hohe Risiko für das Übersehen eines echten Gehaltes gegenüber (»ungerechtfertigter Negativnachweis«, z. B. zur Nicht- oder Späterkennen von Umweltschadstoffen), siehe auch dazu S. 109. Man findet deshalb auch andere Werte für $\bar{P}$ vorgeschlagen, insbesondere in der englischsprachigen Literatur eine Grenze mit $2 \cdot 1{,}65\sigma = 3{,}30\sigma$, die als »detection limit« bezeichnet wird. Hierbei gelten analog Gl. (6.20) $P^+ = 0{,}95$ und $P^- = 0{,}05$. Dadurch vermindert man das Risiko eines ungerechtfertigten Negativnachweises und nimmt dafür das Risiko eines ungerechtfertigten Positivnachweises (»blinder Alarm«) in Kauf. Die zuweilen empfohlene Grenze von $10\sigma = 2 \cdot 5\sigma$ bedeutet $P^+ = 0{,}999\,999\,9$ und $P^- = 10^{-7}$. Diese extrem hohe Sicherheit engt den Arbeitsbereich unnötig ein, sie bedeutet deshalb

Informationsverlust, sie ist außerdem verbunden mit einem extrem hohen Risiko für den ungerechtfertigten Negativnachweis.

Zur Interpretation von Ergebnissen aus Spurenbestimmungen ist in den vergangenen Jahren eine Reihe von Veröffentlichungen erschienen, wobei auch neue Begriffe vorgeschlagen wurden. Wegen dieser Vielfalt soll bei der Bewertung von Spurengehalten in jedem Falle die Sicherheit für den Signalnachweis [Gl. (6.12)] und die für P^+ gewählte Sicherheit [Gl. (6.20)] angegeben werden. Mit diesen beiden Größen sowie mit detailliert beschriebener Behandlung der Blindwerte ist das Nachweisvermögen eines Analysenverfahrens objektivierbar beschrieben. Es ist wichtig, das Nachweisvermögen und alle damit im Zusammenhang stehenden Begriffe von der Empfindlichkeit des Analysenverfahrens zu unterscheiden. Die Empfindlichkeit [Gl. (4.6) sowie Abschn. 9.2.3.] entspricht dem Anstieg der Kalibrierfunktion. Die Größe der Empfindlichkeit ist ein wichtiger Faktor für das Nachweisvermögen [Gl. (6.13)].

Quellenverzeichnis zum Abschnitt 6.

[1] AGTERDENBOS, J.: Über die genaue Berücksichtigung des Blindwertes bei kolorimetrischen Messungen. Z. anal. Chem. **157** (1957) 161

[2] DOERFFEL, K.: Notiz zum Umgang mit Blindwerten. Z. Chem. **8** (1968) 236/237

[3] KAISER, H.; SPECKER, H.: Bewertung und Vergleich von Analysenverfahren. Z. anal. Chem. **149** (1956) 46/56

[4] KAISER, H.: Zum Problem der Nachweisgrenze. Z. anal. Chem. **209** (1965) 1/10

[5] EHRLICH, G., in: Spurenanalyse in hochschmelzenden Metallen. Leipzig: Deutscher Verlag für Grundstoffindustrie 1970

[6] Niederländische Norm NEN 1047 Blatt 2.1 (Dez. 1967)

[7] DIN 1333, Zahlenangaben – Teil 2: Runden (vgl. Verzeichnis allgemeiner Vorschriften)

[8] DOERFFEL, K.; ECKSCHLAGER, K.; HENRION, G.: Chemometrische Strategien in der Analytik. Leipzig: Deutscher Verlag für Grundstoffindustrie 1990

Weiterführende Literatur zum Abschnitt 6.

AFONIN, U. P.; LOŽKIN, V. J.: Abhängigkeit der Nachweisgrenze der RFA von den Ordnungszahlen des Elementes. Zavod. Lab. **44** (1978) 1086/1088

BERNER, A. I.; HIMELFARB, F. A.; UKORSKAJA, T. A.: Vorhersage der Nachweisgrenze der Elemente in der RFA. Ž. anal. Chim. **34** (1979) 10/19

BLYUM, I. A.: Verallgemeinerte Interpretation der Genauigkeit und der unteren Grenze der Bestimmung der Methoden der chemischen Analyse. Zavod. Lab. **43** (1977) 1441/1444

BLYUM, I. A.: Reproduzierbarkeit und Nachweisgrenzen bei der photometrischen Analyse. Zavod. Lab. **44** (1978) 660/666

DAVIES, O. L.; GOLDSMITH, P.: Statistical Methods in Research and Production. 4th Ed. Edinborough: Oliver & Boyd 1972

DIN 32645: Nachweis- und Bestimmungsgrenze

7 Statistische Prüfverfahren

Alle Analysenwerte sowie alle daraus abgeleiteten Kenngrößen sind mit dem unvermeidlichen Zufallsfehler belastet. Dieser muß bei Vergleich von Meßwerten aller Art berücksichtigt werden. Mit Hilfe statistischer Tests ist eine solche Aussage möglich. Bei vorgegebener statistischer Sicherheit (und zugehörigem Risiko) gestatten diese Prüfverfahren die objektive und allgemeingültige Interpretation von Analysenergebnissen.

7.1. Arbeitsweise

Zur Durchführung des Prüfverfahrens stellt man über die zu den Meßwerten gehörigen Grundgesamtheiten eine *statistische Hypothese* auf. Aus den zu prüfenden Ergebnissen der Stichproben berechnet man den speziellen Wert einer Prüfgröße λ und bestimmt den Bereich Λ der zugehörigen Prüfverteilung, innerhalb dessen λ mit bestimmter Wahrscheinlichkeit P zu erwarten ist. Liegt die Testgröße λ außerhalb dieses Bereiches Λ, so wird die aufgestellte Hypothese verworfen. Der Unterschied zwischen den beobachteten Größen wird als *signifikant* oder *statistisch gesichert* bezeichnet. Dieser Unterschied stellt jedoch nicht das gesicherte Maß für den Abstand der zu den Meßwerten gehörigen Grundgesamtheiten dar. Aus einem signifikanten Unterschied z. B. zweier Mittelwerte $\bar{x}_1 - \bar{x}_2 = \Delta\bar{x}_{12}$ darf man nicht folgern, daß die zugehörigen Grundgesamtheiten um den gleichen Betrag $\Delta\bar{x}_{12}$ differieren. Es ist deshalb in keinem Falle gerechtfertigt, aus Prüfbedingungen in irgendeiner Form irgendeinen zahlenmäßigen Unterschied ableiten zu wollen. Befindet sich die Testgröße λ innerhalb des Bereiches Λ, so wird die geprüfte Hypothese angenommen. Daraus ist jedoch nicht abzuleiten, daß sich diese Hypothese bestätigt habe. Man kann lediglich aussagen, daß die Meßwerte der aufgestellten Hypothese nicht widersprechen. Deshalb bezeichnet man einen solchen Unterschied als *nicht beweiskräftig* oder als *nicht signifikant*. Aus einem als nicht beweiskräftig festgestellten Unterschied zweier Größen darf man nicht automatisch auf deren Gleichheit schließen. Die Frage, ob ein solcher »nicht beweiskräftiger« Unterschied auch gleichzeitig als »bloß zufälliger« Unterschied angesehen werden soll, muß mit vollem Bewußtsein nach Abschluß des Prüfverfahrens geklärt werden (vgl. [1], [2], [7]).

Die Entscheidung über die Ablehnung bzw. Annahme einer statistischen Hypothese wird auf Grund von Messungen an Stichproben gefällt. Es ist deshalb die Möglichkeit des Irrtums einzuschließen. Lehnt man z. B. die Hypothese, daß zwei Mittelwerte $\bar{x}_1$ und $\bar{x}_2$ aus der gleichen Grundgesamtheit stammen, mit der *vor* Durchführung des Testes festgelegten Wahrscheinlichkeit P ab, so folgert man daraus einen Unterschied der beiden Mittelwerte. Die Wahrscheinlichkeit, daß beide Mittelwerte dennoch der gleichen Grundgesamtheit angehören, ist $\alpha = 1 - P$. Man geht also das Risiko α ein, daß wegen $\lambda > \Lambda$ die Hypothese abgelehnt wird, obwohl sie in Wirklichkeit gültig ist. Dieser in $100\alpha\%$ aller Fälle mögliche Fehlschluß wird als *Fehler erster Art* bezeichnet. Umgekehrt kann es vorkommen, daß man wegen $\lambda < \Lambda$ die geprüfte Hypothese annimmt, obwohl sie nicht zutrifft. Diesen Fehlschluß bezeichnet man als *Fehler zweiter Art* mit Risiko β.

Der zulässige Prozentsatz der möglichen Fehler erster Art ist eine Sache der gegenseitigen Übereinkunft, er wird sich u. a. nach den Folgen eines evtl. Fehlurteils richten. Falsche Entscheidungen, z. B. bei einem Gutachten, können sich schwerwiegender auswirken als der fehlerhaft deklarierte Reinheitsgrad einer Laboratoriumschemikalie. Deshalb muß man im ersten Falle eine höhere Sicherheit und damit eine geringere Zahl möglicher Fehler erster Art vorsehen als im zweiten. Für den allgemeinen Gebrauch hält man sich oft an folgende drei Regeln:

1. Die geprüfte Hypothese wird abgelehnt, wenn Fehler erster Art in weniger als $100\alpha = 1\%$ aller Fälle auftreten können (d. h., $P \geq 0{,}99$). Der betrachtete Unterschied gilt dann als *signifikant*.
2. Die geprüfte Hypothese wird angenommen, wenn Fehler erster Art in mehr als $100\alpha = 5\%$ aller Fälle möglich sind (d. h., $P \leq 0{,}95$). Der betrachtete Unterschied wird dann als *nicht beweiskräftig* angesehen.
3. Die Ablehnung der Hypothese ist in Erwägung zu ziehen, wenn die Zahl der möglichen Fehler erster Art zwischen 5 % und 1 % liegt ($0{,}95 < P < 0{,}99$). Man sieht den betrachteten Unterschied als *fraglich* an. Eine Klärung der Situation ist oft durch Hinzunahme weiterer Werte möglich. Sind aus irgendeinem Grund keine zusätzlichen Resultate verfügbar, so müssen die vorliegenden Meßwerte in der ungünstigeren Weise interpretiert werden.

Diese drei Regeln werden im folgenden benutzt. Es sei jedoch nochmals darauf hingewiesen, daß die Wahl von α eine Angelegenheit der gegenseitigen Vereinbarung darstellt und daß auch andere als die angegebenen Werte ihre Berechtigung besitzen. Beispielsweise wird für manche innerbetriebliche Fragen eine Zahl von $100\alpha = 10\%$ möglichen Fehlern erster Art als ausreichend angesehen, um die geprüfte Hypothese abzulehnen. Dagegen muß in speziellen Fällen die Möglichkeit einer Fehlentscheidung praktisch ausgeschlossen sein (z. B. Beurteilung der toxischen Nebenwirkung eines pharmazeutischen Präparates). Eine geprüfte Hypothese wird man dann erst ablehnen, wenn die Zahl der möglichen Fehler erster Art vernachlässigbar klein ist, also z. B. $100\alpha = 0{,}1\%$.

Die Risiken für den Fehler erster Art α und den Fehler zweiter Art β sind unter sonst gleichbleibenden Bedingungen voneinander abhängig. Je kleiner man $\alpha = 1 - P$ wählt, desto größer wird β (und umgekehrt). Deshalb hat es keinen Sinn, für den Signifikanztest ein besonders hohes P (und damit ein besonders kleines α) zu wählen, da dadurch das unbekannte β sehr groß wird. Das hat praktisch zur Folge, daß man tatsächlich bestehende Unterschiede zur Nullhypothese nicht erkennt (vgl. auch S. 106).

Bei der Interpretation von Tests findet man zuweilen die Angabe von »Signifikanzstufen«, z. B.

$P = 0,90$ symptomatische Abweichung,
$P = 0,95$ signifikante Abweichung,
$P = 0,99$ sehr signifikante Abweichung,
$P = 0,999$ hochsignifikante Abweichung.

Solche Bezeichnungen sind irreführend, weil sie keinen Bezug auf die Irrtumswahrscheinlichkeit β nehmen. Sie weisen aber vor allem auf eine fehlerhafte Testdurchführung hin, die darin besteht, daß das Signifikanzniveau für den Test nicht *vor*, sondern erst *nach* dem Test festgelegt wird. [Die Festlegung von P und damit von α gehört (s. o.) in die Phase der Versuchsplanung!]

Die für einen statistischen Test formulierte Hypothese kann sich auf die Parameter einer vorausgesetzten Verteilung für die Grundgesamtheit beziehen (z. B. Mittelwert μ oder Varianz σ^2 der Gaußverteilung). Ein Test zur Prüfung einer solchen Parameterhypothese wird Parametertest genannt. Die Erfüllung einer bestimmten Verteilungsfunktion ist jedoch nicht immer vorauszusetzen. Daher wurden Prüfverfahren aufgestellt, mit denen sich Verteilungen vergleichen lassen, ohne daß ihre Parameter oder ihre Form bekannt sein müssen. Diese auf den Vergleich von Verteilungsfunktionen (und nicht von Parametern) basierenden Tests werden als parameterfreie oder nichtparametrische Tests bezeichnet. Gegenüber den parametrischen Tests bieten sie Vorteile durch ihre geringeren Voraussetzungen, durch ihre größere Anwendungsbreite und die oft einfachere Durchführung des Tests [12]. Demgegenüber ist die oft geringere Testschärfe im Vergleich zu den parametrischen Verfahren in Kauf zu nehmen.

Die Aussagen statistischer Prüfverfahren sind für den Analytiker oft unbequem. Vielfach werden sie einen nicht beweiskräftigen ($P < 0,95$) oder einen fraglichen ($0,95 < P < 0,99$) Unterschied angeben, obwohl man auf Grund subjektiver Erfahrung einen echten Unterschied angenommen hätte. In solchen Fällen hilft oft die Hinzunahme weiterer Werte. Je mehr Resultate verfügbar sind, desto kleinere Unterschiede lassen sich gesichert nachweisen. Keinesfalls darf man sich verleiten lassen, im Zweifelsfalle die gefühlsmäßige Abschätzung anstelle der exakten Aussage zu setzen.

7.2. Vergleich zweier Standardabweichungen (*F*-Test)

Zu vergleichen sind zwei unterschiedlich große Schätzwerte von Standardabweichungen s_1 und s_2 mit f_1 bzw. f_2 Freiheitsgraden. Es ist zu entscheiden, ob der Unterschied zwischen s_1 und s_2 im Rahmen der möglichen Zufallsschwankungen liegt (vgl. Abschn. 5.2.), d. h., ob sich die beiden Schätzwerte s_1 und s_2 auf die gleiche Varianz σ^2 der normalverteilten Grundgesamtheit zurückführen lassen. Prüfhypothese (Parameterhypothese) ist also $\sigma_1^2 = \sigma_2^2 = \sigma^2$. Ist diese Annahme erfüllt, so folgt der Quotient s_1^2/s_2^2 einer *F*-Verteilung (vgl. Abschn. 3.3.2.) mit f_1 und f_2 Freiheitsgraden. Man bildet deshalb

$$F = \frac{s_1^2}{s_2^2}. \tag{7.1}$$

7.2. Vergleich zweier Standardabweichungen

Der Wert dieses Quotienten muß größer als Eins sein, d. h., die größere der beiden Standardabweichungen steht im Zähler des Bruches (sachlogisch begründete Ausnahmen s. z. B. Abschn. 8.1. oder 9.2.2.). Bei Vorliegen logarithmischer Normalverteilungen sind in Gl. (7.1) die logarithmischen Standardabweichungen s_{lg} einzusetzen. Die geprüfte Hypothese $\sigma_1^2 = \sigma_2^2 = \sigma^2$ ist zu verwerfen, wenn $F > F(\bar{P}; f_1; f_2)$. Zwischen den Schätzwerten s_1 und s_2 besteht dann ein signifikanter Unterschied derart, daß $\sigma_1^2 > \sigma_2^2$ und damit auch $s_1^2 > s_2^2$ ist. Nicht im Widerspruch zu der aufgestellten Hypothese stehen die beobachteten Standardabweichungen, falls $F < F(\bar{P}; f_1; f_2)$; der beobachtete Unterschied wird dann als nicht beweiskräftig angesehen. Zahlenwerte für $F(\bar{P}; f_1; f_2)$ gibt Tabelle A.5 (S. 242) Zwischenwerte interpoliert man in der auf Seite 52 beschriebenen Weise.

[7.1] Für methodische Untersuchungen war die Reproduzierbarkeit der flammenphotometrischen Natriumbestimmung bei Anwendung des Ausschlag- und des Leitlinienverfahrens zu vergleichen. Die gefundenen Standardabweichungen (in Relativprozenten) zeigt die folgende Übersicht:

Methode	Standardabweichung	Freiheitsgrade
Ausschlagverfahren	$s_1 = 4,3\%$	$f_1 = 11$
Leitlinienverfahren	$s_2 = 2,1\%$	$f_2 = 11$

Aus Gl. (7.1) erhält man $F = 4,3^2/2,1^2 = 4,19$. Für $f_1 = 11$ Freiheitsgrade ist in Tabelle A.5 kein Zahlenwert enthalten. Zur Interpolation trägt man die für $F(\bar{P}; f_1; f_2 = 11)$ tabellierten Werte in Abhängigkeit von $1/f_1$ graphisch auf und findet $F(P = 0,95; f_1 = f_2 = 11) = 2,82$ bzw. $F(\bar{P} = 0,99; f_1 = f_2 = 11) = 4,46$ (Bild 7.1). Nach den gegebenen Regeln (vgl. S. 109) ist eine Entscheidung nicht zu treffen, da $F(\bar{P} = 0,95; f_1 = f_2 = 11) < F < F(\bar{P} = 0,99; f_1 = f_2 = 11)$. Deshalb wurden für die Methode mit dem geringeren Zufallsfehler – dem Leitlinienverfahren – weitere Untersuchungen durchgeführt; es ergab sich hieraus eine Standardabweichung von $s_2' = 2,4\%$ mit $f_2' = 24$ Freiheitsgraden. Aus Gl. (7.1) erhält man $F = 4,3^2/2,4^2 = 3,21$; durch Interpolation analog Bild 7.1 findet man $F(\bar{P} = 0,99; f_1 = 11; f_2 = 24) = 3,09$. Da $F > F(\bar{P} = 0,99; f_1 = 11; f_2 = 24)$, ist mit weniger als $100\,\bar{\alpha} = 1\%$ möglicher Fehler erster Art ein Reproduzierbarkeitsunterschied zwischen beiden Meßmethoden nachgewiesen, die Leitlinienmethode besitzt somit den geringeren Zufallsfehler.

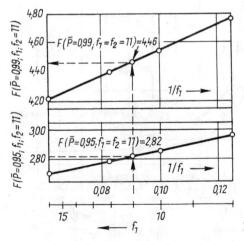

Bild 7.1. Graphische Interpolation von $F(\bar{P}; f_1; f_2)$

7. Statistische Prüfverfahren

Der zwischen beiden Analysenverfahren effektiv vorhandene Reproduzierbarkeitsunterschied war zunächst nicht nachweisbar wegen einer zu geringen Anzahl von Meßwerten. Erst bei einer erhöhten Anzahl von Freiheitsgraden für die kleinere Standardabweichung konnte er festgestellt werden, weil dann das Prüfverfahren mit größerer Schärfe arbeitet. Dies ist um so mehr bemerkenswert, als das Verhältnis der beiden Standardabweichungen s_1/s_2' ungünstiger war als bei der ersten Versuchsserie.

Mit der in Tabelle A.5a für $\bar{P}=0{,}95$ und $f_1=f_2=f$ angegebenen Näherung $F(\bar{P}= 0{,}95;\ f)=[115/(f+1)^2]+2$ erhält man mit Gl. (7.1):

$$C_F = \frac{(s_1/s_2)^2}{\dfrac{115}{(f+1)^2}+2}. \tag{7.2}$$

Dabei bedeutet $C_F > 1(\pm 0{,}05)$, daß zwischen s_1 und s_2 ein Unterschied zu vermuten ist. Diese Abschätzung ist im Bereich $3 < f < 20$ ohne Zuhilfenahme der Tabellenwerte möglich. Für praktische Zwecke läßt sich diese Prüfung auch auf graphischem Wege durchführen, falls den beiden Standardabweichungen die gleiche Zahl von Freiheitsgraden zugrunde liegt, d. h., $f_1=f_2=f$. Das entsprechende Nomogramm zeigt Bild 7.2. Auf der N-förmigen Leiter bildet man das Verhältnis $s_1/s_2 = \sqrt{F}$ und sucht in der Netztafel den Punkt mit den Koordinaten $\Pi(f, \sqrt{F})$ auf. Je nach der Lage dieses Punktes zu den beiden Kurven ist der geprüfte Unterschied zu beurteilen. Im Bild 7.2 ist diese graphische Prüfung mit den Werten s_1 und s_2 aus Beispiel [7.1] durchgeführt.

Aus Bild 7.2 ist ferner ersichtlich, welch hohen Wert der Quotient s_1/s_2 aufweisen muß, ehe man einen Unterschied der beiden Standardabweichungen überhaupt nur erwägen

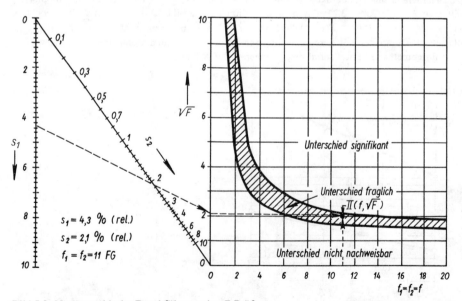

Bild 7.2. Nomographische Durchführung der F-Prüfung

7.2. Vergleich zweier Standardabweichungen

darf (1 % < 100 $\bar{\alpha}$ < 5 %). Bei zwei Serien mit $f_1 = f_2 = 3$ Freiheitsgraden ist diese Möglichkeit erst gegeben, wenn die eine Standardabweichung dreimal so groß ist wie die andere, und selbst bei $f_1 = f_2 = 12$ Freiheitsgraden wird für das Prüfverfahren noch ein Verhältnis von $s_1/s_2 \approx \sqrt{3/1}$ gefordert. Für einen im Sinne der drei Regeln signifikanten Unterschied (100 $\bar{\alpha}$ < 1 %) muß im ersten Falle ($f_1 = f_2 = 3$ FG) die eine Standardabweichung reichlich die fünffache, im zweiten Fall ($f_1 = f_2 = 12$ FG) etwa die doppelte Größe der anderen besitzen. Zufallsfehler von Analysenverfahren lassen sich also mit genügender Schärfe nur aus umfangreichen Meßserien beurteilen. Die Nachweisbarkeit eines Unterschiedes wird in besonders starkem Maße beeinflußt durch f_2. Deshalb muß man bei derartigen Vergleichen für die kleinere Standardabweichung möglichst viele Freiheitsgrade vorsehen (vgl. Beispiel [7.1]).

Aus umfangreichen früheren Untersuchungen oder aus Tabellenwerken kann die Standardabweichung σ_0 bekannt sein. Es interessiert, ob der bei gerade laufenden Untersuchungen gefundene größere Schätzwert s mit f Freiheitsgraden mit σ_0 noch vereinbar ist. Man hat also zu prüfen, ob sich zwischen σ_0 und der zu s gehörigen Standardabweichung σ der Grundgesamtheit ein Unterschied nachweisen läßt, somit ergibt sich die Prüfhypothese zu $\sigma^2 = \sigma_0^2$. Diese Hypothese ist abzulehnen, wenn

$$\frac{s^2}{\sigma_0^2} > \frac{\chi^2(\bar{P},f)}{f}. \tag{7.3a}$$

Die Ablehnung der Hypothese $\sigma^2 = \sigma_0^2$ bedeutet, daß die zum Schätzwert s gehörige Standardabweichung der Grundgesamtheit σ größer ist als die Standardabweichung σ_0. Besteht umgekehrt die Vermutung, daß der Schätzwert s einer Standardabweichung σ zugehört, die kleiner ist als σ_0, so gilt ebenfalls als Prüfhypothese $\sigma^2 = \sigma_0^2$. Diese Hypothese trifft nicht zu, wenn

$$\frac{s_0^2}{\sigma_0^2} < \frac{\chi^2(1-\bar{P};f)}{f}. \tag{7.3b}$$

Falls die Ungleichung (7.3b) erfüllt ist, gehört s einer Grundgesamtheit an, deren Standardabweichung σ signifikant kleiner ist als die Standardabweichung σ_0. Die zur Auswertung von Gl. (7.3) benötigten Größen $\chi^2(\bar{P},f)$ ($\bar{P} = 0{,}95$ bzw. 0,99) sowie $\chi^2(1-P;f)$ ($1 - \bar{P} = 0{,}005$ bzw. 0,01) sind Tabelle A.4 (S. 241) zu entnehmen.

[7.2] Nach dem Handbuch für das Eisenhüttenlaboratorium [5] beträgt die Standardabweichung der potentiometrischen Chrombestimmung $\sigma_0 = 0{,}17 \%$ für Gehalte um 3 % Cr. Bei Untersuchungen ergab sich ein etwas höherer Wert $s = 0{,}024 \%$ Cr mit $f = 6$ Freiheitsgraden. Es soll geprüft werden, ob sich hieraus eine gesicherte Erhöhung des Zufallsfehlers ableiten läßt. Nach Gl. (7.3a) wird mit $\chi^2(\bar{P} = 0{,}95; f = 6) = 12{,}6$

$$\frac{0{,}024^2}{0{,}017^2} = 1{,}99 < \frac{12{,}6}{6} = 2{,}10.$$

Es besteht also kein Grund, die Hypothese $\sigma^2 = \sigma_0^2$ abzulehnen. Damit kann man keine gesicherte Erhöhung des Zufallsfehlers nachweisen.

7.3. Vergleich mehrerer Standardabweichungen (BARTLETT-Test)

Es liegen m verschieden große, voneinander unabhängig gewonnene Schätzwerte von Standardabweichungen $s_1, s_2 \ldots s_m$ vor mit jeweils $f_1, f_2 \ldots f_m$ Freiheitsgraden. Dabei wird vorausgesetzt, daß die Zahl der Freiheitsgrade in jeder Serie größer als zwei ist. Zu untersuchen ist, ob die Unterschiede zwischen den m einzelnen Standardabweichungen nur als zufallsbedingt anzusehen sind, d. h., ob sie sich auf normalverteilte Grundgesamtheiten mit gleicher Standardabweichung σ zurückführen lassen. Prüfhypothese (Parameterhypothese) ist also

$$\sigma_1^2 = \sigma_2^2 = \ldots = \sigma_m^2 = \sigma^2.$$

Nach BARTLETT [6] bildet man zur Prüfung den annähernd nach χ^2 verteilten Ausdruck

$$\chi^2 = 2{,}303 \left(f_g \lg s^2 - \sum f_j \lg s_j^2 \right). \tag{7.4}$$

f_g Zahl aller Freiheitsgrade
s Standardabweichung gemäß Gl. (5.1)
f_j Zahl der Freiheitsgrade der j-ten Gruppe ($f_j > 2$)
s_j Standardabweichung der j-ten Gruppe.

Diese berechnete Größe wird der Integralgrenze der χ^2-Verteilung $\chi^2(\bar{P}, f)$ (Tab. A.4) gegenübergestellt. Liegen m Meßserien vor, so ergibt sich die zu $\chi^2(\bar{P}, f)$ gehörige Zahl von Freiheitsgraden zu $f = m - 1$. Die geprüfte Hypothese wird verworfen mit $100\,\alpha\,\% = 100\,(1 - \bar{P})\,\%$ Fehlern erster Art, falls $\chi^2 > \chi^2(\bar{P}, f)$. Das bedeutet, daß einige der vorliegenden Schätzwerte s_j^2 zu Grundgesamtheiten gehören, deren Varianzen σ_j^2 größer sind als σ^2.

Der nach Gl. (7.4) berechnete Wert fällt stets etwas zu hoch aus. Wenn er den Wert $\chi^2(\bar{P}, f)$ nur um einen geringen Betrag überschreitet, korrigiert man χ^2 nach

$$\chi^{*2} = \frac{\chi^2}{C} \tag{7.4a}$$

und führt den Vergleich erneut durch. Die Konstante C erhält man aus

$$C = \frac{\left(\sum \dfrac{1}{f_j} \right) - \dfrac{1}{f_g}}{3(m-1)} + 1. \tag{7.5}$$

Erst wenn $\chi^{*2} > \chi^2(\bar{P}, f)$, sind die Unterschiede zwischen den einzelnen Standardabweichungen als erwiesen anzusehen.

[7.3] Die Standardabweichung der gasvolumetrischen Kohlenstoffbestimmung wurde an vier Proben ähnlichen Gehaltes, jedoch unterschiedlicher Zusammensetzung ermittelt. Es soll geprüft werden, ob sich zwischen den Standardabweichungen ein Unterschied feststellen läßt.

7.3. Vergleich mehrerer Standardabweichungen

Probe	Gehalt	Standardabweichung	Freiheitsgrade	Legierungstyp
1	1,03	0,005 % C	24	Cr 1,4 %
2	1,23	0,007 % C	32	Si 1,2 %, Cr 1,2 %
3	1,30	0,010 % C	28	Ferromangan
4	1,38	0,008 % C	32	unlegiert

Man transformiert die Standardabweichung nach $S_j = 1\,000\, s_j$ und bildet entsprechend Gl. (7.4) folgendes Schema:

S_j	S_j^2	f_j	$f_j S_j^2$	$\lg S_j^2$	$f_j \lg S_j^2$
5	25	24	600	1,397 9	33,549 6
7	49	32	1 568	1,690 2	54,086 4
10	100	28	2 800	2,000 0	56,000 0
8	64	32	2 048	1,806 2	57,798 4
		116	7 016		201,434 4

$$S^2 = \frac{7\,016}{116} = 60,48$$

$\lg S^2 = 1,781\,6$

$116 \lg S^2 = 206,665\,6$

$\chi^2 = 2,303\,(206,665\,6 - 201,434\,4) = 12,047\,5$.

Nach Tabelle A.4 wird mit $f = m - 1 = 3$ Freiheitsgraden $\chi^2(\bar{P} = 0,99; f = 3) = 11,3$. Da die berechnete Größe χ^2 den tabellierten Wert nur wenig überschreitet, wird die Prüfung mit χ^{*2} wiederholt. Die Konstante C erhält man aus Gl. (7.5) zu

$$C = \frac{\frac{1}{24} + \frac{1}{32} + \frac{1}{28} + \frac{1}{32} - \frac{1}{116}}{3(4-1)} + 1$$
$$= 1,014\,6.$$

Somit ergibt sich nach Gl. (7.4a)

$$\chi^{*2} = \frac{12,047\,5}{1,014\,6} = 11,874\,0 \approx 11,87.$$

Die Prüfung mit χ^{*2} ändert nichts am ursprünglichen Ergebnis; zwischen den vier Standardabweichungen besteht ein signifikanter Unterschied. Der Verdacht liegt nahe, daß dieser Unterschied durch die im Legierungstyp völlig abweichende Ferromanganprobe (Probe 3) mit der hohen Standardabweichung $s_3 = 0,010\,\%$ C verursacht ist. Man wiederholt deshalb die Prüfung ohne die Standardabweichung s_3. Dabei ergibt sich $\chi^2 = 5,63$ gegenüber $\chi^2(\bar{P} = 0,95; f = 2) = 5,99$. Zwischen den drei Standardabweichungen $s_1; s_2$ und s_4 läßt sich nunmehr kein Unterschied nachweisen.

7.4. Vergleich zweier Mittelwerte (t-Test)

Gegeben sind zwei Mittelwerte $\bar{x}_1$ und $\bar{x}_2$, die aus zwei voneinander unabhängigen Meßserien mit n_1 bzw. n_2 Messungen entstanden sind. Die beiden Mittelwerte differieren um einen kleinen Betrag. Es soll geprüft werden, ob dieser Unterschied allein auf den Zufallsfehler zurückzuführen ist, d. h., ob beide Mittelwerte aus normalverteilten Grundgesamtheiten mit gleichem Mittelwert μ stammen. Prüfhypothese für diesen Parametertest ist also $\mu_1 = \mu_2 = \mu$. Vor der Durchführung des Prüfverfahrens hat man zu untersuchen, ob zwischen den Standardabweichungen s_1 und s_2 der beiden Serien ein Unterschied nachweisbar ist (F-Prüfung, vgl. Abschn. 7.2.). Bei nicht nachweisbarem Unterschied zwischen s_1 und s_2 berechnet man zunächst nach dem Fehlerfortpflanzungsgesetz die Standardabweichung für die Differenz zweier Mittelwerte aus n_1 bzw. n_2 Messungen. Aus Gl. (4.3a) und Gl. (3.4) folgt

$$s_{\bar{x}_1 - \bar{x}_2} = \sqrt{\frac{s_1^2}{n_1} + \frac{s_2^2}{n_2}}$$

$$= \sqrt{\frac{\sum(x_{1i} - \bar{x}_1)^2 + \sum(x_{2i} - \bar{x}_2)^2}{n_1 + n_2 - 2}} \sqrt{\frac{n_1 + n_2}{n_1 n_2}}$$

$$= \sqrt{\frac{s_1^2 f_1 + s_2^2 f_2}{f_1 + f_2}} \sqrt{\frac{n_1 + n_2}{n_1 n_2}}.$$

Nach Gl. (5.1) kann man hierfür auch schreiben:

$$s_{\bar{x}_1 - \bar{x}_2} = s \sqrt{\frac{n_1 + n_2}{n_1 n_2}} \tag{7.6}$$

mit $f = n_1 + n_2 - 2$ Freiheitsgraden.
Die Differenzen $|\bar{x}_1 - \bar{x}_2|$ sind Zufallsgrößen, bei der meist vorliegenden kleinen Zahl von Meßwerten folgen sie einer t-Verteilung (vgl. Abschn. 3.3.1.). Um die Wahrscheinlichkeit für das Auftreten eines speziellen Wertes von $|\bar{x}_1 - \bar{x}_2|$ zu bestimmen, normiert man durch Division durch $s_{\bar{x}_1 - \bar{x}_2}$ und erhält

$$t = \frac{|\bar{x}_1 - \bar{x}_2|}{s} \sqrt{\frac{n_1 n_2}{n_1 + n_2}}. \tag{7.7}$$

Die nach Gl. (7.7) berechnete Größe vergleicht man mit den Integralgrenzen der t-Verteilung $t(P, f)$ (Tab. A.3 S. 240). Die geprüfte Hypothese $\mu_1 = \mu_2 = \mu$ ist mit $100\alpha = 100(1 - P)\%$ möglichen Fehlern erster Art zu verwerfen, wenn $t > t(P, f)$. Zwischen den beiden Mittelwerten $\bar{x}_1$ und $\bar{x}_2$ besteht dann ein signifikanter Unterschied. Die Differenz zwischen den beiden Mittelwerten gilt als nicht beweiskräftig, falls $t < t(P, f)$ ausfällt.
Der t-Test läßt sich schärfen, wenn für den Zufallsfehler ein aus früheren Messungen gewonnener Wert s^* mit einer größeren Zahl von Freiheitsgraden f^* verfügbar ist. Natürlich muß dieser Wert s^* echt äquivalent sein, d. h., er muß an der gleichen Probenfamilie mit derselben analytischen Methode und unter gleichen experimentellen Bedingungen ge-

wonnen sein. Gl. (7.7) geht dann über in

$$t = \frac{|\bar{x}_1 - \bar{x}_2|}{s^*} \sqrt{\frac{n_1 n_2}{n_1 + n_2}}. \tag{7.8}$$

Der Vergleich erfolgt gegenüber $t(P, f^*)$.

[7.4] Der Vergleich der beiden Analysenserien zur Monostyrenbestimmung

(1) 0,49/0,45/0,45 %
$\bar{x}_1 = 0,463\%$; $\quad s_1 = 0,023\%$
(2) 0,52/0,55/0,50/0,52 %
$\bar{x}_2 = 0,523\%$; $\quad s_2 = 0,021\%$

führt zu

$$F = (0,023/0,021)^2 = 1,20 < F(\bar{P} = 0,95; f_1 = 2; f_2 = 3) = 9,55.$$

Man berechnet deshalb

$$s = \sqrt{\frac{0,023^2 \cdot 2 + 0,021^2 \cdot 3}{5}} = 0,022,$$

$f = 5$ Freiheitsgrade

und

$$t = \frac{|0,463 - 0,523|}{0,022} \sqrt{\frac{3 \cdot 4}{3 + 4}} = 3,57.$$

Wegen $t(P = 0,99; f = 5) = 4,03$ kann im Sinne der gegebenen Regeln kein Unterschied nachgewiesen werden. Benutzt man den aus früheren Messungen ermittelten Wert von $s^* = 0,0292\%$ Monostyren mit $f^* = 10$ Freiheitsgraden, so wird $t = 3,92$ gegenüber $t(P = 0,99; f^* = 10) = 3,17$. Allein durch Nutzung der bereits vorliegenden Informationen liefert der Test nunmehr einen signifikanten Unterschied. (Der Test ließe sich weiter schärfen durch Zusammenfassen von s und s^* nach $s_{ges}^2 = f^* s^{*2} + fs^2$.)

Die Entscheidung, ob Messungen aus früheren Experimenten benutzt werden dürfen, ist allein aus sachlogischen Erwägungen abzuleiten. Bei gründlicher Diskussion aller stofflichen und methodischen Randbedingungen lassen sich oft auch bei sehr kleinen Meßserien noch gute Lösungen zur Entscheidungsfindung gewinnen.
Für den Fall $n_1 = n_2 = n$ vereinfacht sich Gl. (7.7) nach

$$t = \frac{|\bar{x}_1 - \bar{x}_2|}{s} \sqrt{\frac{n}{2}}, \tag{7.9}$$

$f = 2(n - 1)$ Freiheitsgrade.

Hat bei dem Vergleich von s_1 und s_2 der F-Test einen signifikanten Unterschied ergeben, so läßt sich die von WELCH [3], [13] angegebene Näherungslösung verwenden, Gl. (7.7) wird dann umgeformt nach

$$t = \frac{|\bar{x}_1 - \bar{x}_2|}{(s_1^2/n_1) + (s_2^2/n_2)}. \tag{7.10}$$

Die Zahl der Freiheitsgrade erhält man aus

$$f = \frac{\left[(s_1^2/n_1) + (s_2^2/n_2)\right]^2}{\dfrac{(s_1^2/n_1)^2}{n_1 - 1} + \dfrac{(s_2^2/n_2)^2}{n_2 - 1}}. \qquad (7.11)$$

Dabei wird f ganzzahlig gerundet. Die Nullhypothese wird wiederum abgelehnt für $t > t(P,f)$. Die nach Gl. (7.11) berechnete Zahl von Freiheitsgraden ist stets kleiner als beim t-Test mit $s_1 = s_2$. Die Anzahl der Freiheitsgrade vermindert sich um so mehr, je unterschiedlicher s_1 und s_2 sind und je verschiedener n_1 und n_2 ausfallen. Damit verliert der Test zum Vergleich von zwei Mittelwerten an Schärfe. Für einen solchen Mittelwertsvergleich ist im Falle $s_1 \neq s_2$ auf Meßserien von genügendem Umfange zu achten. (Zur Durchführung des Tests vgl. Beispiel [8.6].)

Es kann vorkommen, daß die Abweichung eines Mittelwertes $\bar{x}$ von einer fehlerlosen Zahl μ_0 (z. B. einer theoretisch abgeleiteten Größe oder einem theoretisch berechneten Gehalt) geprüft werden soll. Prüfhypothese ist dann $\mu = \mu_0$; Gl. (7.7) geht in diesem Falle über in

$$t = \frac{|\bar{x} - \mu_0|}{s} \sqrt{n_j} \qquad (7.12)$$

μ_0 theoretisch abgeleiteter Wert
n_j Zahl der Parallelbestimmungen
s Standardabweichung gemäß Gl. (2.5) mit $f = n_j - 1$ Freiheitsgraden.

Die Prüfung erfolgt auch hier durch Gegenüberstellung des nach Gl. (7.12) berechneten t mit den tabellierten Integralgrenzen $t(P,f)$.

[7.5] Zwei Arbeitsgruppen hatten in einer organischen Substanz (Cinchonin) mittels Mikroanalyse Stickstoff zu bestimmen. Es ergaben sich die folgenden Werte (in % N)

Gruppe 1: 9,29   9,38   9,35   9,43
$\bar{x}_1 = 9{,}36_3$; $s_1 = 0{,}05_8$
Gruppe 2: 9,53   9,48   9,61   9,68
$\bar{x}_2 = 9{,}57_5$; $s_2 = 0{,}08_8$

Der t-Test [Gl. (7.7)] führte zu $t = 4{,}03$ gegenüber $t(P = 0{,}99; f = 6) = 3{,}71$. Bei mindestens einer Gruppe müßte ein systematischer Fehler aufgetreten sein.
Bei der untersuchten Verbindung liegt der theoretische Stickstoffgehalt bei $\mu_0 = 9{,}51_7 \%$.
Man berechnet nach Gl. (7.12)

$$t_1 = \frac{|9{,}36_3 - 9{,}51_7|}{0{,}05_8} \sqrt{4} = 5{,}31, \qquad t_2 = \frac{|9{,}57_5 - 9{,}51_7|}{0{,}08_8} \sqrt{4} = 1{,}32,$$

$t(P = 0{,}95; f = 3) = 3{,}18$; $t(P = 0{,}99; f = 3) = 5{,}84$.

Da $t_1 > t(P = 0{,}95, f)$, ist anzunehmen, daß bei der ersten Gruppe ein fehlerhaftes Ergebnis vorlag. Bei der zweiten Gruppe dürfte die Abweichung vom theoretischen Wert zufälliger Art sein, da $t_2 < t(P = 0{,}95, f)$.

Beispiel [7.5] stellt für die Aufdeckung einer fehlerhaften Analysenserie einen besonders günstigen Fall dar, da der theoretische Gehalt der untersuchten Verbindung bekannt war.

Wenn die Prüfung auf diesem Wege nicht möglich ist, muß die Entscheidung an Hand einer dritten, unabhängig gewonnenen Analysenserie gefällt werden (vgl. Abschn. 8.3.). Das besprochene Verfahren zum Prüfen der Differenz zwischen zwei Mittelwerten gilt zunächst nur, wenn man die Gültigkeit der Gauß- bzw. der t-Verteilung voraussetzen darf. Es wurde jedoch früher festgestellt (vgl. Abschn. 3.1, S. 40), daß Mittelwerte aus $n_j > 5$ Parallelbestimmungen auch dann noch oft näherungsweise einer Gaußverteilung folgen, wenn für die zugrunde liegenden Einzelwerte diese Forderung nicht erfüllt ist. Falls die zu prüfenden Mittelwerte $\bar{x}_1$ und $\bar{x}_2$ aus einer genügend großen Zahl von Einzelmessungen entstanden sind, läßt sich deshalb der t-Test auch dann anwenden, wenn über die Verteilungsfunktion der Einzelwerte nichts Näheres bekannt ist.

Vereinfachend kann man die Differenz zwischen zwei Mittelwerten auch anhand der Spannweite [Gl. (2.9) und Gl. (5.4)] prüfen [4]. Mit Gl. (5.4) und für $R_1 \approx R_2$ und $n_1 = n_2$ geht Gl. (7.9) über in

$$t = \frac{(|\bar{x}_1 - \bar{x}_2|) \, 2 d(n_j)}{R_1 + R_2} \sqrt{\frac{n}{2}}. \tag{7.13}$$

$d(n_j)$ siehe Tabelle 5.1.

Durch Umstellen erhält man die Form von LORDS Test

$$L = \frac{|\bar{x}_1 - \bar{x}_2|}{R_1 + R_2} \quad \text{im Vergleich zu} \quad \frac{t(P; f)}{2 d(n_j)} \sqrt{\frac{2}{n}} = L(P; n) \text{ (Tab. 7.1)}. \tag{7.14}$$

Analog führt die Prüfung von $\bar{x}$ gegen μ_0 [Gl. (7.12)] zu

$$T = \frac{|\bar{x} - \mu_0|}{R} \quad \text{im Vergleich zu} \quad \frac{t(P; f)}{d(n_j) \sqrt{n}} = T(P; n) \text{ (Tab. 7.1)}. \tag{7.15}$$

Tabelle 7.1. Werte für $L(P; n)$ und $T(P; n)$

n	$L(P; n)$		$T(P; n)$	
	$P = 0{,}95$	$P = 0{,}99$	$P = 0{,}95$	$P = 0{,}99$
2	1,71	4,30	3,18	31,9
3	0,64	1,09	0,89	3,00
4	0,41	0,63	0,53	1,37
5	0,31	0,45	0,39	0,87
6	0,25	0,36	0,31	0,64
7	0,21	0,30	0,26	0,52
8	0,19	0,26	0,23	0,44
9	0,17	0,23	0,21	0,38
10	0,15	0,21	0,19	0,34

Näherungen im Bereich $4 < n < 10$

$L(P = 0{,}95; n) \approx 1{,}3/(n - 1)$; $L(P = 0{,}99; n) \approx 1{,}85/(n - 1)$
$T(P = 0{,}95; n) \approx 1{,}6/(n - 1)$; $T(P = 0{,}99; n) \approx 3{,}20/(n - 1)$

Mit den in Tabelle 7.1 für $P = 0{,}95$ angegebenen Näherungen erhält man aus Gl. (7.14) bzw. Gl. (7.15) für $P = 0{,}95$

$$C_L = \frac{(|\bar{x}_1 - \bar{x}_2|)(n-1)}{1{,}3(R_1 + R_2)}, \qquad (7.16)$$

$$C_T = \frac{(|\bar{x} - \mu_0|)(n-1)}{1{,}6\,R}. \qquad (7.17)$$

Aus C_L bzw. $C_T > 1$ ($\pm 0{,}1$) kann man überschlägig mit $P = 0{,}95$ einen Unterschied zwischen den geprüften Größen annehmen. (Diese Prüfung ist wiederum ohne Zuhilfenahme von Tabellen möglich.) Allgemein muß man bei Benutzen der Spannweite im Prüfverfahren mit einer verminderten Schärfe des Tests rechnen. Liegt die Prüfgröße L bzw. T nur knapp unterhalb der kritischen Grenze, so soll der t-Test nach Gl. (7.7) bzw. Gl. (7.12) angewandt werden.

7.5. Vergleich zweier Analysenserien

Gegeben sind zwei Analysenserien $x_1 \ldots x_m$ und $y_1 \ldots y_m$, die unabhängig voneinander gewonnen wurden. Jeder j-te Analysenwert (x_j bzw. y_j) entstammt der gleichen Probe. Es ist festzustellen, ob zwischen den beiden Serien ein Unterschied nachweisbar ist.
Bei Äquivalenz der beiden Serien streuen die Differenzen $d_j = y_j - x_j$ regellos um den Wert Null. Es soll geprüft werden, ob die mittlere Differenz $\bar{d} = \sum_{j=1}^{m} d_j/m$ einer Grundgesamtheit mit dem Parameter $\mu_D = 0$ angehört. Es ergibt sich folgendes Rechenschema (»erweiterter t-Test«):

$$
\begin{array}{lll}
x_1 & y_1 & d_1 = y_1 - x_1 \\
\vdots & \vdots & \vdots \\
x_m & y_m & d_m = y_m - x_m \\
& & \bar{d} = \sum_{j=1}^{m} d_j/m
\end{array}
$$

Die Differenzen müssen unabhängig sein von der Meßwertgröße x bzw. y. Das prüft man durch graphisches Auftragen. Die Abweichung des Mittelwertes $\bar{d}$ vom Erwartungswert Null wird entsprechend Gl. (7.12) geprüft nach

$$t = \frac{|\bar{d}|}{s_d} \sqrt{m}, \qquad (7.18)$$

$$s_d = \sqrt{\frac{\sum (d_j - \bar{d})^2}{m - 1}}, \qquad (7.19)$$

$f = m - 1$ Freiheitsgrade.

Man vergleicht in üblicher Weise mit den Integralgrenzen der t-Verteilung (vgl. Tab. A. 3). Für $t > t(P, f)$ ist zwischen den beiden Serien ein Unterschied nachgewiesen. Es ist aus diesem Experiment jedoch nicht möglich, ohne zusätzliche Informationen einen systematischen Fehler bei der einen oder der anderen Analysenserie zu erkennen.

[7.6] Die Stabilität einer Chloralkalielektrolyse wurde geprüft durch Bestimmung der Gehalte an NaOH vor (x) und hinter (y) einem Filter. Es soll festgestellt werden, ob zwischen den beiden Analysenserien Gleichheit anzunehmen ist.

x	y	$d = y - x$
(mg NaOH/l Lauge)		
100,1	96,6	−3,5
115,1	115,6	+0,5
130,0	125,5	−4,5
93,6	94,0	+0,4
108,3	103,3	−5,0
137,2	134,4	−2,8
104,4	100,2	−4,2
97,3	97,3	±0
	$\sum d_j = -19,1$;	$\bar{d} = -2,40$

$s_d = 2,32$ ($f = 7$ Freiheitsgrade),

$$t = \frac{|2,40|}{2,32} \sqrt{8} = 2,93,$$

$t(P = 0,95; f = 7) = 2,36$,
$t(P = 0,99; f = 7) = 3,50$.

Wegen $t(P = 0,95; f) < t < t(P = 0,99; f)$ muß zwischen beiden Serien ein Unterschied angenommen werden derart, daß die Werte hinter dem Filter durchschnittlich tiefer liegen.

Sollen in entsprechender Weise mehr als zwei Analysenverfahren verglichen werden, dann ist die zweifache Varianzanalyse [1], [7], [11] anzuwenden.
Für den Vergleich zweier umfangreicher Meßserien wertet man im nichtparametrischen »Vorzeichentest« das Vorzeichen der Differenzen d_j aus. Unter den insgesamt m Differenzen findet man

k^+ Werte mit $d > 0$,
k^- Werte mit $d < 0$.

Im Falle der Äquivalenz der beiden Serien dürfen sich k^+ und k^- nur im Rahmen des Zufallsfehlers unterscheiden, es ist also die Nullhypothese $P(d > 0) = P(d < 0) = 0,5$ zu prüfen. Diese Prüfung wird bei einseitiger Fragestellung durchgeführt. Zur Beantwortung der Frage, ob die eine Meßserie signifikant größer ist als die andere, zählt man die Anzahl k^+ der Differenzen mit $d > 0$ aus. Die Nullhypothese ist zu verwerfen für

$$\frac{k^+}{k^-+1} \geq F(\bar{P}; f_1; f_2). \tag{7.20}$$

$f_1 = 2(k^-+1)$ Freiheitsgrade
$f_2 = 2k^+$ Freiheitsgrade

Bei der umgekehrten Frage (d. h., ob die eine Meßserie signifikant kleiner ist als die andere) prüft man nach

$$\frac{k^-}{k^++1} \geq F(\bar{P}; f_1; f_2). \tag{7.21}$$

$f_1 = 2(k^++1)$ Freiheitsgrade
$f_2 = 2k^-$ Freiheitsgrade

[7.7] Mit den Resultaten von Beispiel [7.6] soll mittels Vorzeichentests geprüft werden, ob die hinter dem Filter erhaltenen Analysenwerte signifikant durchschnittlich tiefer liegen als die Werte vor dem Filter. Für die Rechnung bleibt $d_8 = 0$ unberücksichtigt. Gemäß Gl. (7.21) erhält man mit $k^- = 5$ und $k^+ = 2$

$$\frac{5}{2+1} = 1{,}67 < F(\bar{P} = 0{,}95; f_1 = 6; f_2 = 10) = 3{,}22.$$

Mit Hilfe des weniger empfindlichen Vorzeichentests ist zwischen beiden Analysenserien kein Unterschied nachweisbar.

Der nichtparametrische Vorzeichentest ist lediglich an die Bedingung einer stetigen Verteilungsfunktion in der Grundgesamtheit geknüpft. Er soll deshalb nicht für zählende

Tabelle 7.2. Mindestanzahl von k^+ (bzw. k^-) zum signifikanten Ausfall des Vorzeichentests [berechnet nach Gl. (7.20)]

m	$k^+ \geq$ (bzw. $k^- \geq$) für	
	$P = 0{,}95$	$P = 0{,}99$
5	5	–
6	6	–
7	7	7
8	7	8
9	8	9
10	9	10
12	10	11
14	11	12
16	12	14
18	13	15
20	15	16
25	18	19
30	21	22
40	26	28
50	32	34
60	38	40
80	49	52

7.5. Vergleich zweier Analysenserien

Analysenverfahren angewandt werden. Wegen seiner Einfachheit und Voraussetzungslosigkeit wird er gern benutzt, um sich schnell einen Überblick zur Signifikanz des Unterschiedes zwischen zwei Meßserien zu verschaffen. Besonders bei umfangreichen Meßserien ist er dem erweiterten t-Test [Gl. (7.18)] vorzuziehen. Bei Meßserien geringen Umfanges bringt der Vorzeichentest jedoch nur wenig Aussage (vgl. Tab. 7.2).

Die bei dem Vergleich zweier Meßserien auftretenden Differenzen d_j sollten regellos positives und negatives Vorzeichen besitzen. Zuweilen beobachtet man jedoch kürzere oder längere Folgen (engl. »runs«) von Differenzen $d_j > 0$ und $d_j < 0$. Es ergibt sich dann die Frage, ob solches gehäuftes Auftreten von Werten eines einheitlichen Vorzeichens noch als zufällig anzusehen ist. Diese Frage ist mit Hilfe des nichtparametrischen WALD-WOLFOWITZ-Runs-Tests einfach zu beantworten. Man bestimmt die Anzahl der Differenzen mit positivem und negativem Vorzeichen (k^+ bzw. k^-). Die Anzahl der Folgen N in den experimentell gefundenen Daten ist mit den Werten der Tabelle 7.3 zu vergleichen. Die Nullhypothese – die Vorzeichen streuen nur zufällig – ist anzunehmen, wenn bei gegebe-

Tabelle 7.3. Grenzwerte ($P = 0{,}95$) zum WALD-WOLFOWITZ-Runs-Test

k^+	k^-	Nullhypothese ist abzulehnen für	
		N kleiner als	N größer als
2	12...20	3	–[1])
3	6...14	3	–
3	15...20	4	–
4	5... 6	3	8
4	7	3	–
4	8...15	4	–
4	16...20	5	–
5	5	3	9
5	6	4	9
5	7... 8	4	10
5	9...10	4	–
5	11...17	5	–
6	6	4	10
6	7... 8	4	11
6	9...12	5	12
6	13...18	6	–
7	7	4	12
7	8	5	12
7	9	5	13
7	10...12	6	13
8	8	5	13
8	9	6	13
8	10...11	6	14
8	12...15	7	15

[1]) bedeutet: Test ist nicht anwendbar

nem k^+ und k^- die Zahl der Folgen N kleiner bzw. größer ist als die angegebenen Grenzen.

[7.8] Bei Vergleich zweier Meßserien ergaben sich Differenzen mit den Vorzeichen ++++----------++. Es ist somit $k^+=6$, $k^-=7$ und $N=3$. Tabelle 7.3 zeigt, daß für $k^+=6$ und $k^-=7$ die Anzahl der Folgen $N<4$ bzw. $N>11$ sein muß, wenn die Nullhypothese mit $P=0{,}95$ abzulehnen ist. Dies ist im vorliegenden Falle mit $N=3$ gegeben, deshalb ist die Nullhypothese zu verwerfen, und man hat eine Periodizität anzunehmen.

7.6. Vergleich von Häufigkeiten

Der Unterschied zwischen zwei Zählresultaten x_1 und x_2, die einer Poissonverteilung folgen, läßt sich in analoger Weise beurteilen wie z. B. die Differenz zwischen zwei Mittelwerten. Unter der Voraussetzung, daß $x_1 > 15$ und $x_2 > 15$ sind, läßt sich die zugrunde liegende Poissonverteilung durch eine Gaußverteilung annähern (vgl. Abschn. 3.2.). Man prüft, ob die beiden ausgezählten Häufigkeiten aus zwei Grundgesamtheiten mit demselben Parameter x stammen, ob also $x_1 = x_2 = x$ gilt. Es wird weiterhin vorausgesetzt, daß x_1 und x_2 zwei im Zählabschnitt T_1 bzw. T_2 erhaltene absolute Zählergebnisse darstellen und nicht etwa auf die Einheit (z. B. Minute) bezogene Werte. Bei Gültigkeit dieser Voraussetzung folgt der Ausdruck

$$u = \frac{|x_1 T_2 - x_2 T_1|}{\sqrt{T_1 T_2 (x_1 + x_2)}} \tag{7.22}$$

einer Normalverteilung. Durch Vergleich mit den tabellierten $u(P)$ kann man die Differenz zwischen den beiden Zählergebnissen in der üblichen Weise beurteilen.

[7.9] Die α-Aktivität zweier Präparate wurde mit $\nu_1 = 17$ und $\nu_2 = 13$ Impulsen pro Minute ermittelt. Das erste Resultat entstammte einer Zähldauer von sechs, das zweite einer Zähldauer von sieben Minuten. Die Versuchsergebnisse lassen sich durch folgendes Schema beschreiben:

Probe	Impulsfrequenz	Zählzeit	Impulszahl
1	$\nu_1 = 17$	$T_1 = 6$	$x_1 = 102$
2	$\nu_2 = 13$	$T_2 = 7$	$x_2 = 91$

Gemäß Gl. (7.22) bildet man

$$u = \frac{102 \cdot 7 - 91 \cdot 6}{\sqrt{6 \cdot 7 \, (102 + 91)}} = 1{,}87 \, .$$

Aus Tabelle A.2 (S. 238) findet man $u(P=0{,}95) = 1{,}96$. Damit ist die Differenz zwischen den beiden Zählergebnissen nicht genügend groß, um daraus einen signifikanten Unterschied annehmen zu dürfen.

Ist bei kleinen Zählergebnissen ($x_1 < 15$; $x_2 < 15$) die Annäherung der Poissonverteilung durch eine Gaußverteilung nicht möglich, so läßt sich die Prüfung durch den nachfolgenden F-Test ausführen. Man bildet, falls T_1 und T_2 die beiden zugrunde liegenden Zählabschnitte sind,

$$F = \frac{T_2 (2x_1 + 1)}{T_1 (2x_2 + 1)}. \tag{7.23}$$

Dabei wird vorausgesetzt, daß $T_2 (2x_1 + 1) > T_1 (2x_2 + 1)$ sein muß, d. h., der Wert des Bruches muß größer als Eins sein. Den berechneten Quotienten vergleicht man mit den Integralgrenzen der F-Verteilung $F(\bar{P}; f_1; f_2)$ bei $f_1 = 2x_1 + 1$ und $F_2 = 2x_2 + 1$ Freiheitsgraden (vgl. Tab. A. 5, S. 242). Der Unterschied gilt als erwiesen, wenn $F > F(\bar{P}; f_1; f_2)$.

[7.10] Die Anreicherung von Zirkon ($ZrSiO_4$) in Schwermineralsanden sollte durch Auszählen der fluoreszierenden Zirkonkörner verfolgt werden. Es wurden jeweils 500 Körnchen gezählt. Bei zwei Proben ergaben sich hierunter $x_1 = 15$ und $x_2 = 9$ fluoreszierende Zirkonkörner. Unter Anwendung von Gl. (7.23) erhält man

$$F = \frac{500 (2 \cdot 15 + 1)}{500 (2 \cdot 9 + 1)} = 1{,}63.$$

Aus Tabelle A.5a findet man durch Interpolation $F(\bar{P} = 0{,}95; f_1 = 31; f_2 = 19) = 2{,}07$. Da $F = 1{,}63 < F(\bar{P} = 0{,}95; f_1; f_2)$, ist zwischen den beiden Zählergebnissen kein Unterschied nachweisbar.

Wie bereits früher (vgl. Beispiel [6.6]) zeigt sich auch hier wieder, daß die Aussageschärfe von niedrigen Zählwerten sehr gering ist. Die Anwendung statistischer Methoden ist deshalb unbedingt erforderlich, wenn man aus den Ergebnissen keine ungerechtfertigten Folgerungen ableiten will.

7.7. Ausreißernachweis

Bei mehrfacher Wiederholung einer Messung weicht manchmal ein Meßwert nach der einen oder anderen Seite besonders stark ab, ohne daß hierfür eine Erklärung gefunden werden kann. Man hat dann zu entscheiden, ob es sich um einen nur zufällig besonders streuenden Meßwert handelt oder um einen echten »Ausreißer«, den man bei der weiteren Verarbeitung des Zahlenmaterials streichen oder – besser – durch einen wiederholten Meßwert ersetzen darf [8]. Da es sich in der analytischen Chemie meist um Serien mit nur wenigen Messungen handelt, führt man den Ausreißernachweis am besten mit Hilfe der Spannweite [Gl. (2.9)]. Den ausreißerverdächtigen Wert bezeichnet man mit x_1 und ordnet die n Resultate der Größe nach. Man berechnet [9]

$$\text{für} \quad n = 3 \ldots 7 \quad Q = \left| \frac{x_1 - x_2}{x_1 - x_n} \right| = \left| \frac{x_1 - x_2}{R} \right|, \tag{7.24 a}$$

$$\text{für} \quad n = 8 \ldots 10 \quad Q = \left| \frac{x_1 - x_2}{x_1 - x_{n-1}} \right|. \tag{7.24 b}$$

Tabelle 7.4. Zahlenwerte für $Q(\bar{P}; n)$ [9]

n	$\bar{P} = 0{,}90$	$\bar{P} = 0{,}95$	$\bar{P} = 0{,}99$
3	0,89	0,94	0,99
4	0,68	0,77	0,89
5	0,56	0,64	0,76
6	0,48	0,56	0,70
7	0,43	0,51	0,64
8	0,48	0,55	0,68
9	0,44	0,51	0,64
10	0,41	0,48	0,60

Als Näherung kann man im Bereich $3 \le n \le 6$ benutzen:

$$Q(\bar{P} = 0{,}95; f) \approx \frac{3{,}84}{(n+1)}.$$

Die berechnete Größe Q stellt man dem Tabellenwert $Q(\bar{P}; n)$ (vgl. Tab. 7.4) gegenüber. Der Wert x_1 darf als Ausreißer angesehen werden, falls $Q > Q\,(\bar{P}; n)$.

[7.11] Bei der Graphitbestimmung in Grauguß ergaben sich folgende Werte (in % Graphit, der Größe nach geordnet)
2,86
2,89
2,90
2,91
2,99

Der Wert $x_5 = 2{,}99\,\%$ ist ausreißerverdächtig. Entsprechend Gl. (7.24 a) bildet man

$$Q = \frac{2{,}99 - 2{,}91}{2{,}99 - 2{,}86} = 0{,}62.$$

Aus Tabelle 7.4 findet man $Q\,(\bar{P} = 0{,}95;\ n_j = 5) = 0{,}64$. Da $Q < Q\,(\bar{P};\ n_j)$, kann man den abseitig liegenden Wert nicht als Ausreißer nachweisen. Er muß bei den nachfolgenden Auswertungen gemeinsam mit den anderen Resultaten Berücksichtigung finden.

Mit der in Tabelle 7.4 für $\bar{P} = 0{,}95$ angegebenen Näherung erhält man aus Gl. (7.24 a)

$$C_Q = \left| \frac{(x_1 - x_2)(n+1)}{3{,}84 R} \right|. \tag{7.25}$$

Aus $C_Q > 0 \ (\pm 0{,}03)$ kann man überschlägig ohne Zuhilfenahme der Tabelle 7.4 eine Abschätzung über x_1 als Ausreißer erhalten.

Läßt sich bei der Prüfung ein deutlich abseits liegender Meßwert nicht signifikant als Ausreißer nachweisen, dann benutzt man zur Charakterisierung der Meßreihe zweckmäßig den Median $\tilde{x}$ [Gl. (2.4)]. Es ist jedoch zu beachten, daß – z. B. bei Vergleich mehrerer Meßserien – Median und Mittelwert nicht nebeneinander benutzt werden sollen.

Die hier beschriebene Art der Ausreißerprüfung wird unscharf, wenn eine größere Anzahl von Messungen vorliegt, da die Aussage dieses Prüfverfahrens nur auf dem ausreißerverdächtigen Wert und zwei weiteren Werten der Meßreihe aufbaut. Wirksamer bei solchen umfangreichen Meßserien ist der von GRAF und HENNING [10] angegebene Ausreißernachweis, der für $4 < n < 1\,000$ Werte anwendbar ist. Zur Ausreißerprüfung berechnet man aus den erhaltenen Messungen ohne den ausreißerverdächtigen Wert das arithmetische Mittel und die Standardabweichung. Liegen mehr als zehn Messungen vor, so gilt überschlägig der Wert als erwiesener Ausreißer, wenn er mehr als $4s$ vom Mittelwert entfernt liegt.

7.8. Prüfen empirischer Verteilungen

Gegeben ist eine Meßreihe aus n Messungen. Über die im Abschnitt 3. besprochene graphische Prüfung hinausgehend soll festgestellt werden, ob die n Meßwerte durch ein angenommenes theoretisches Modell beschrieben werden können. Besonders häufig tritt die Gegenüberstellung zur Gaußverteilung oder zur Poissonverteilung auf. Für eine solche Prüfung nimmt man als Nullhypothese an, daß zwischen der empirischen Verteilung und dem theoretischen Modell kein Unterschied besteht. Aus den n Werten ($n > 50$) berechnet man Mittelwert μ und Standardabweichung σ und teilt dann die n Werte in $m \approx \sqrt{n}$ Klassen ein. Für jede dieser Klassen bestimmt man die absolute Häufigkeit h der in ihr enthaltenen Meßwerte und stellt ihr die nach dem Modell erwartete theoretische Häufigkeit h_t gegenüber. Diese ist für die verschiedenen theoretischen Verteilungen tabelliert für den Fall $\sigma = 1$. Deshalb muß man zur Berechnung der theoretischen Häufigkeiten die Merkmalsteilung zunächst normieren nach $u = \dfrac{x - \mu}{\sigma}$. Zu diesen normierten Werten findet man in entsprechenden Tabellen (vgl. Tab. A.1) die zugehörigen Ordinatenwerte. Unter Berücksichtigung der Zahl der vorliegenden Meßwerte n, der Klassenbreite d und der Standardabweichung σ berechnet man hieraus die theoretisch zu erwartende absolute Häufigkeit h_t für die Besetzung der einzelnen Klassen. Aus den gefundenen und den berechneten Häufigkeiten bildet man den Ausdruck

$$\chi^2 = \sum \frac{(h - h_t)^2}{h_t}. \tag{7.26}$$

Wenn die theoretische Besetzung h_t der einzelnen Klassen genügend groß ist ($h_t > 5$, vgl. jedoch COCHRAN [11]), folgt dieser Ausdruck einer χ^2-Verteilung mit $f = m - k$ Freiheitsgraden. Dabei stellt k die zur Charakterisierung der Stichprobe erforderliche Zahl von Parametern dar. Für die Gaußverteilung ist $k = 3$, nämlich Mittelwert $\bar{x}$, Standardabweichung s und Umfang der Stichprobe n, für die Poissonverteilung wird $k = 2$ (Mittelwert $\bar{x}$ und Stichprobenumfang n). Die für die einzelnen Klassen geforderte Besetzung von $h_t > 5$ kann man realisieren durch Zusammenfassen einzelner unterbesetzter Klassen. Ergibt sich bei dem Prüfverfahren $\chi^2 > \chi^2(\bar{P}, f)$, so ist die geprüfte Hypothese abzulehnen; zwischen empirischer und theoretischer Verteilung besteht ein signifikanter Unterschied. Der Unterschied ist nicht nachweisbar, wenn $\chi^2 < \chi^2(\bar{P}, f)$ ausfällt (χ^2-Test).
Die Berechnung der theoretischen Häufigkeiten und der Größe χ^2 erfolgt nach dem im Beispiel [7.12] angegebenen Rechenschema. Die Ordinatenwerte der Gaußverteilung

7. Statistische Prüfverfahren

$\varphi(u)$ sind Tabelle A.1 zu entnehmen. Entsprechende Werte für die Poissonverteilung können statistischen Tabellenwerten entnommen werden, sofern man nicht das nachfolgend beschriebene Prüfverfahren (S. 131) anwenden will.

[7.12] Bei einem Ringversuch zur Bestimmung von FeO in einer Schlacke ergab sich die im Bild 7.3 dargestellte Häufigkeitsverteilung. Es liegt der Verdacht nahe, daß die abseitigen Werte des Labora-

```
                    H
                    H
              K     H
              K     H
              K     G
              I     G
              I     G       F
              I     G       F       B
              I     G       F       B
       K      I     E       F       B
       K      D     E       E       B
       D      D     E       A       B
       D      C     E       A       F
 L  L  D      C     C       A       A
 L  L  L      C     C       H       A
 5,75   5,99        6,23         6,47 % Fe
```

Bild 7.3. Häufigkeitsverteilung der Analysenwerte bei einem Ringversuch zur Bestimmung von FeO in einer Schlacke

toriums L die angestrebte Gaußverteilung stören (und deshalb zu wiederholen oder zu streichen wären). Dies soll mit Hilfe des χ^2-Tests geprüft werden. Man erhält

Gesamtzahl der Werte	$n = 55$
Mittelwert	$\mu = 6,144 \%$ FeO
Standardabweichung	$\sigma = 0,182 \%$ FeO
Klassenbreite	$d = 0,11 \%$ FeO

Man führt das Prüfverfahren nach dem folgenden Schema durch (x_{ob} = obere Klassengrenze): Nach Zusammenfassen der ersten drei unterbesetzten Klassen beträgt die Klassenzahl nunmehr $m = 5$.

x_{ob}	h	$u = \dfrac{x_{ob} - \mu}{\sigma}$	$\varphi(u)$ (Tab. A.1)	$h_t = \dfrac{nd}{\sigma}\varphi(u)$		$\dfrac{(h - h_t)^2}{h_t}$
5,75	2 ⎫	−2,17	0,0379	1,2599 ⎫		
5,87	2 ⎬ 10	−1,51	0,1276	4,2416 ⎬ 14,7427		1,5257
5,99	6 ⎭	−0,85	0,2780	9,2412 ⎭		
6,11	13	−0,19	0,3918	13,0241		< 0,0001
6,23	15	+0,47	0,3572	11,8740		0,8230
6,35	9	+1,13	0,2107	7,0040		0,5688
6,47	8	+1,79	0,0804	2,6726		10,6193
	$n = 55$					$\chi^2 = 13,5369$ ≈ 13,54

7.8. Prüfen empirischer Verteilungen

Mit $f = 5 - 3 = 2$ Freiheitsgraden findet man (Tab. A. 4) $\chi^2(\bar{P}=0,99; f=2) = 9,21$. Da $\chi^2 > \chi^2(\bar{P}; f)$, wird der Verdacht bestätigt, daß die Meßwerte nicht durch eine Gaußverteilung beschrieben werden können.

Bei Betrachten der letzten Spalte $(h - h_t)^2/h_t$ zeigt sich indessen, daß das »verdächtigte« Laboratorium L mit 1,525 7 (1. Zeile) einen sehr kleinen Beitrag zu χ^2 liefert. Entscheidend wird χ^2 beeinflußt durch den Beitrag der letzten Zeile mit 10,619 3. In der Häufigkeitsverteilung (Bild 7.3) erkennt man am oberen Ende der Verteilung ein gehäuftes Auftreten von Werten des Laboratoriums B. Diese Werte liegen auffällig dicht beieinander. Es kann vermutet werden, daß diese Resultate die Abweichung von der Gaußverteilung verursachten. Die Wiederholung des Tests ohne die Werte des Laboratoriums B liefert $\chi^2 = 8,65 < \chi^2 (\bar{P} = 0,99; f)$. Es darf damit als erwiesen gelten, daß die Resultate des Laboratoriums B (und nicht die scheinbar abseits liegenden Werte des Laboratoriums L) die Abweichung von der Gaußverteilung verursacht haben.

Voraussetzung für den beschriebenen χ^2-Test ist eine genügend große Anzahl ($n > 50$) diskreter Messungen. Wenn diese Voraussetzung nicht erfüllt ist, kann die Prüfung mit Hilfe des nichtparametrischen Tests nach KOLMOGOROW und SMIRNOW erfolgen. Hierzu berechnet man von den experimentell gewonnenen Daten die Summenhäufigkeiten (vgl. Beispiel [3.1]) und trägt diese als Polygonzug im Wahrscheinlichkeitspapier auf. Weiterhin berechnet man aus den Daten den Mittelwert $\bar{x}$ [Gl. (2.1)] und die Standardabweichung [Gl. (2.5)] als Parameter der angenommenen Gaußverteilung. Im Wahrscheinlichkeitsnetz ergibt sich eine Gerade (vgl. Bild 3.6). Man sucht die maximale Ordinatendifferenz d_{max} zwischen dieser Geraden und dem Polygonzug und vergleicht d_{max} in der üblichen Weise mit $d(P, n)$ (Tab. 7.5, S. 130). Die Erfüllung der Gaußverteilung ist abzulehnen für $d_{max} > d(P, n)$.

[7.13] Bei acht Titrationen ergaben sich die Werte $V = 20{,}23; 20{,}12; 20{,}21; 20{,}17; 20{,}13; 20{,}07; 20{,}24$ und $20{,}19$ ml. Es ist zu prüfen, ob diese Werte mit einer Gaußverteilung vereinbar sind.
Man berechnet $\bar{x} = 20{,}17$ ml und $s = 0{,}06$ ml sowie die folgenden Summenhäufigkeiten (Werte nach steigender Größe geordnet, relative Häufigkeit für jeden einzelnen Meßwert ist $0{,}125 = 1/8$).

V in ml	Häufigkeit		Summenhäufigkeit in % ($= Y_i$)
	abs.	rel.	
20,07	1	0,125	12,5
20,12	1	0,125	25,0
20,13	1	0,125	37,5
20,17	1	0,125	50,0
20,19	1	0,125	62,5
20,21	1	0,125	75,0
20,23	1	0,125	87,5
20,24	1	0,125	100,0

Nach Eintragen in das Wahrscheinlichkeitsnetz und nach Konstruktion der Geraden für die angenommene Gaußverteilung durch die Punkte $\bar{x} - s = 20{,}11$ ml; $Y = 15{,}9\%$ und $\bar{x} + s = 20{,}23$ ml; $Y = 84{,}1\%$ (vgl. Bild 3.6) bildet man die Ordinatendifferenzen zwischen der Geraden und den gefun-

7. Statistische Prüfverfahren

Tabelle 7.5. Grenzwerte ($P = 0{,}95$) zum Test auf Normalverteilung nach KOLMOGOROW und SMIRNOW

n	$d(P; n)$	n	$d(P; n)$	n	$d(P; n)$
3	0,376	9	0,274	15	0,219
4	0,375	10	0,261	16	0,213
5	0,343	11	0,251	17	0,207
6	0,323	12	0,242	18	0,202
7	0,304	13	0,234	19	0,197
8	0,288	14	0,226	20	0,192

denen Summenhäufigkeiten (vgl. Bild 7.4, S. 131). Für $x = 20{,}13$ ml ergibt sich die maximale Ordinatendifferenz zu $d_{max} = 0{,}12$. Im Vergleich zu d ($P = 0{,}95$; $n = 8$) $= 0{,}288$ (Tab. 7.5) wird $d_{max} < d(P, n)$. Es besteht kein Grund, die Annahme einer Gaußverteilung zurückzuweisen.

Der beschriebene Test läßt sich auch auf rechnerischem Wege durchführen. Dazu normiert man die gefundenen x_i nach $u_i = (x_i - \bar{x})/s$ und sucht die zu den u_i gehörigen Werte $Y(u_i)$ des Gaußschen Integrals (vgl. Tab. A.2). Man bildet die Differenzen $d_i = Y_i - Y(u_i)$ und vergleicht die maximale Differenz mit $d(P, n)$ aus Tabelle 7.5.

[7.14] Mit den Werten von [7.13] ergibt sich für den Test nach KOLMOGOROW und SMIRNOW folgender Rechengang:

u_i	$\sum h_i \hat{=} Y_i$	$Y(u_i)$	$\vert d \vert$
−1,667	0,125	0,048	0,077
−0,833	0,250	0,203	0,047
−0,677	0,375	0,252	0,123
0	0,500	0,500	0
+0,333	0,625	0,629	0,004
+0,667	0,750	0,748	0,002
+1,000	0,825	0,841	0,016
+1,167	1,000	0,867	0,133

Es liegen wieder alle Differenzen d_i unter der kritischen Grenze von $d(P = 0{,}95; n = 8) = 0{,}288$.

Der Test auf Normalverteilung nach KOLMOGOROW und SMIRNOW besitzt auch bei einer geringen Zahl von Meßwerten noch eine genügende Testschärfe. Man kann ihn auch anwenden, um auf die Erfüllung beliebiger Verteilungen (z. B. auch Gleichverteilung, vgl. [4]) zu prüfen. Es ist jedoch zu beachten, daß die durch die Hypothese festgelegte Verteilungsfunktion stetig sein muß.

Die Prüfung des Unterschiedes zwischen einer empirischen Verteilung und der Poissonverteilung kann in entsprechender Weise erfolgen. Einfacher läßt sich diese Prüfung durchführen, wenn die Zahl der untersuchten Proben hoch liegt ($m > 20$).

Aus den vorliegenden m Zählergebnissen berechnet man das arithmetische Mittel $\bar{x}$ und nach Gl. (2.5) die Standardabweichung s mit $f = m - 1$ Freiheitsgraden. Dieser Standardabweichung stellt man die aus $\sigma = \sqrt{\bar{x}}$ sich ergebende theoretische Standardabweichung

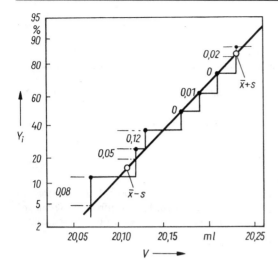

Bild 7.4. Graphische Durchführung des Tests nach KOLMOGOROW und SMIRNOW

gegenüber. Den Vergleich der beiden Standardabweichungen führt man mittels der F-Prüfung [Gl. (7.1)] durch. Man bildet

$$F = \frac{s^2}{\bar{x}} \tag{7.27}$$

($F > 1$) und vergleicht wie üblich mit $F(\bar{P}; f_1; f_2)$ bei $f_1 = m - 1$ und $f_2 = \infty$ Freiheitsgraden. Die Annahme der Poissonverteilung ist zurückzuweisen, wenn $F > F(\bar{P}; f_1; f_2)$.

[7.15] Aus den $m = 100$ Werten des Beispiels [3.4] findet man

$\bar{x} = 3\,958$ Impulse [nach Gl. (2.1)], $s = 71$ Impulse [nach Gl. (2.5)].

Es ergibt sich

$$F = \frac{71^2}{3\,958} = 1{,}27 \,.$$

Aus Tabelle A.5a findet man durch Interpolation $F(\bar{P} = 0{,}95; f_1 = 99; f_2 = \infty) = 1{,}28$. Da $F < F(\bar{P}; f_1; f_2)$, ist kein Unterschied zur Poissonverteilung nachweisbar.

Quellenverzeichnis zum Abschnitt 7.

[1] SMIRNOW, A.; DUNIN-BARKOWSKI, I.: Mathematische Statistik in der Technik. Berlin: Verlag Technik 1965
[2] KÖB, H.: Gedanken zum statistischen Vergleich von Meßergebnissen. Textil-Praxis 33 (1960) 231, 367
[3] WELCH, B. L.: The generalization of students problem when several different population variances are involved. Biometrika 34 (1947) 28/35
[4] MILLER, J. C.; MILLER, J. N.: Statistics for Analytical Chemistry. Chichester: Ellis Horword Ltd. 1984

[5] Handbuch für das Eisenhüttenlaboratorium. Berlin/Göttingen/Heidelberg: Springer-Verlag 1955
[6] BARTLETT, M. S.: Properties of Sufficiency and Statistical Tests. Proc. Roy. Soc. A 160 (1937) 168
[7] STORM, R.: Wahrscheinlichkeitsrechnung, mathematische Statistik, statistische Qualitätskontrolle. Leipzig: Fachbuchverlag 1974
[8] STREULI, M.: Fehlerhafte Interpretation und Anwendung von Ausreißertests. Z. anal. Chem. 303 (1981) 406/308
[9] DEAN, R. B.; DIXON, W. J.: Simplified Statistics for Small Numbers of Observations. Anal. Chem. 23 (1951) 636/639
[10] GRAF, U.; HENNING, H.-J.: Zum Ausreißerproblem. Mitteilungsbl. math. Statistik 4 (1952) 1/10
[11] WEBER, E.: Grundriß der biologischen Statistik für Naturwissenschaftler, Landwirte und Mediziner. 7. Aufl. Jena: Gustav Fischer Verlag 1972
[12] LOHSE, H.; LUDWIG, R.; RÖHR, M.: Statistische Verfahren für Psychologen, Pädagogen und Soziologen. 2. Aufl. Berlin: Verlag Volk und Wissen 1986, Kap. 6: Parameterfreie Prüfverfahren
[13] KRAUSE, B.; METZLER, P.: Angewandte Statistik. Berlin: Deutscher Verlag der Wissenschaften 1989, S. 152 ff.

Weiterführende Literatur zum Abschnitt 7.

BAUER, P.; SCHEIBER, V.; WOHLERZOGEN, P.: Sequentielle statistische Prüfverfahren. Berlin/Heidelberg/New York/Tokyo: Springer-Verlag 1986

8 Inhomogenes Zahlenmaterial (einfache Varianzanalyse)

Eine Reihe der bisher behandelten Fragen beschränkte sich auf bestimmte Sonderfälle. Beispielsweise wurde bei der Berechnung und Anwendung von Standardabweichung oder Vertrauensintervall vorausgesetzt, daß nur eine einzige Fehlerursache wirksam sein dürfe, nämlich der Fehler des Analysenverfahrens. Der Vergleich von Mittelwerten durch den t-Test beschränkte sich auf den Spezialfall nur zweier Meßserien. Eine Verallgemeinerung dieser Probleme auf inhomogenes Zahlenmaterial, bei dem mehr als eine Fehlerursache wirksam wird (z. B. Probenahme- und Analysenfehler), bzw. auf den Vergleich von mehr als zwei Mittelwerten erlaubt die *einfache Varianzanalyse*. Ihre Anwendung ist an die Bedingung eines normalverteilten Zahlenmaterials geknüpft, dessen einzelne Meßwerte unabhängig voneinander entstanden sind. Die Varianzanalyse ist empfindlich gegen Abweichungen von der Gaußverteilung. Deshalb dürfen die Resultate von zählenden Analysenverfahren erst nach passender Transformation der Varianzanalyse unterworfen werden (vgl. [1]).

8.1. Zufallsfehler bei mehr als einer Fehlerursache

Der Zufallsfehler eines Analysenverfahrens wird durch die Angabe der Standardabweichung charakterisiert. Man bestimmt diese Größe aus einer Reihe wiederholter, voneinander unabhängiger Messungen an homogenem Probenmaterial. Die Gültigkeit dieser Fehlerangabe erstreckt sich immer auf die gleichen Versuchsbedingungen, nämlich auf die Wiederholung der Analyse in einem beliebigen Laboratorium unter jeweils gleichen Voraussetzungen. Aus diesem Grunde bezeichnet man diese Größe als die *Wiederholstandardabweichung* s_w [2].

Zur Vergleichszwecken ist es vielfach üblich, dieselbe homogene Probe in möglichst verschiedenen Laboratorien analysieren zu lassen. Dabei führt jedes der beteiligten Laboratorien eine Reihe von Parallelbestimmungen durch. Wegen geringfügiger Unterschiede in der Arbeitsweise zeigen die Werte der einzelnen Laboratorien jeweils kleine systematische Verschiebungen. Man erkennt dies z. B. in der Häufigkeitsverteilung des Beispiels [2.1], bei der die Resultate der einzelnen Laboratorien zwar sehr dicht beieinander liegen, jedoch innerhalb der Häufigkeitsverteilung deutlich voneinander unterscheidbare Gruppen bilden. Diese systematischen Fehler variieren von Laboratorium zu Laboratorium, in-

8. Inhomogenes Zahlenmaterial

folge dieser Unterschiedlichkeit wirken sie sich als zusätzliche Fehlerursache aus und erhöhen den Zufallsfehler des Verfahrens (vgl. Abschn. 1.). Man bezeichnet diesen durch das Zusammenwirken der Wiederholstandardabweichung und des Einflusses verschiedener Laboratorien sich ergebenden Fehler als die *Vergleichsstandardabweichung* s_v [2]. Wurden in jedem der beteiligten Laboratorien n_j Parallelbestimmungen ausgeführt, so erhält man die Vergleichsstandardabweichung aus

$$s_V^2 = s_w^2 + n_j s_L^2. \qquad (8.1)$$

s_L Fehler infolge Laboratoriumseinflusses

Zum gleichzeitigen Bestimmen von s_w und s_v benutzt man die einfache Varianzanalyse. Das vorliegende Zahlenmaterial teilt man – entsprechend seiner Herkunft aus den m einzelnen Laboratorien – in m einzelne Gruppen ein. Innerhalb dieser Gruppen muß der Zufallsfehler gleich groß sein. Das untersucht man mit Hilfe des BARTLETT-Tests (vgl. Abschn. 7.3.). Lassen sich unterschiedlich große Zufallsfehler gesichert nachweisen, so muß man die Ergebnisse in Gruppen mit jeweils ähnlicher Reproduzierbarkeit zusammenfassen. Die zur Varianzanalyse benötigten Größen (Quadratsummen, Freiheitsgrade, Varianzen) berechnet man nach folgendem Schema (aus Gründen der besseren Verallgemeinerbarkeit sind die Bezeichnungen s_v, s_w und s_L darin ersetzt durch s_1, s_2 und s^*):

Ursache	Quadratsumme	Freiheitsgrade	Varianz	Varianzkomponenten
Streuung zwischen den m Gruppen	$QS_1 = \sum n_j(\bar{x}_j - \bar{x})^2$	$f_1 = m - 1$	$s_1^2 = \dfrac{QS_1}{f_1}$	$s_1^2 = s_2^2 + n_j s^{*2}$
Streuung innerhalb der m Gruppen (Versuchsfehler)	$QS_2 = \sum\sum (x_{ji} - \bar{x}_j)^2$	$f_2 = n - m$	$s_2^2 = \dfrac{QS_2}{f_2}$	–
Streuung gesamt	$QS = QS_1 + QS_2 = \sum (x_{ji} - \bar{x})^2$	$f = f_1 + f_2 = n - 1$	–	–

Die Quadratsummen »innerhalb der Gruppen« und »gesamt« berechnet man nach Gl. (2.6 a). Die Berechnung der Quadratsumme »zwischen den Gruppen« erfolgt zum Vermeiden von Rundungsfehlern anstatt aus den Mittelwerten $\bar{x}_j$ aus den Summen der einzelnen Serien nach

$$\sum n_j(\bar{x}_j - \bar{x})^2 = \sum_1^m \frac{\left(\sum_1^{n_j} x_{ji}\right)^2}{n_j} - \frac{\left(\sum_1^m \sum_1^{n_j} x_{ji}\right)^2}{n}. \qquad (8.2)$$

Bei symmetrischer Versuchsanlage mit $n_1 = n_2 \ldots = n_j$ (»balancierte Versuchspläne«) kann man die gesuchten Varianzen mit Hilfe eines Taschenrechners mit Statistikteil einfach ermitteln. Man berechnet für jede der einzelnen Gruppen

- den Gruppenmittelwert $\bar{x}_j = \sum x_{ji}/n_j$,

- die Gruppenvarianz $\quad s_j^2 = \dfrac{\sum (x_{ji} - \bar{x}_j)^2}{n_j - 1}$. \hfill (8.3)

Es wird dann

$$s_1^2 = n_j s_{\bar{x}}^2 \left[= \frac{n_j \sum (\bar{x}_j - \bar{x})^2}{m_j - 1} \right],$$

$$s_2^2 = \sum s_j^2 / m, \hfill (8.4)$$

$$s^2 = s_x^2 \left[= \frac{\sum (x_{ji} - \bar{x})^2}{n - 1} \right].$$

Die Kontrolle der Rechnung ist möglich nach

$$(m - 1)s_1^2 + (n - m)s_2^2 = (n - 1)s^2. \hfill (8.5)$$

Man nimmt zunächst an, daß sich zwischen s_1^2 und s_2^2 kein Unterschied nachweisen läßt (Nullhypothese $\sigma_1^2 = \sigma_2^2$). Das ist gleichbedeutend damit, daß in Gl. (8.1) die Größe $s^{*2} = 0$ wird. Zur Prüfung der Nullhypothese bildet man nach Gl. (7.1)

$$F = \frac{s_1^2}{s_2^2}. \hfill (8.6)$$

Dabei steht die Varianz »zwischen den Serien« (s_1^2) stets im Zähler des Bruches. Die Nullhypothese ist erfüllt, wenn $F < F(\bar{P}; f_1; f_2)$. Das Material wird dann als homogen angesehen, man faßt die Quadratsumme der beiden Teilfehler zusammen und erhöht dadurch die Zahl der Freiheitsgrade. Muß die Nullhypothese verworfen werden [$F > (\bar{P}; f_1; f_2)$], so ist zwischen s_1 und s_2 ein Unterschied nachgewiesen, die Varianzkomponente s^{*2} ist dann von Null verschieden, und das Zahlenmaterial ist als inhomogen zu betrachten.

8.2. Fehlerauflösung

Der Gesamtfehler eines Analysenverfahrens setzt sich meist aus einer Reihe einzelner Teilfehler zusammen. Diese addieren sich nach dem Fehlerfortpflanzungsgesetz (vgl. Abschn. 4.). Die Kenntnis dieser Teilfehler ist z. B. bei der Ausarbeitung eines neuen Analysenverfahrens wichtig, damit man den Analysengang an der entscheidenden Stelle – der Teiloperation mit dem größten Fehler – verbessern kann.
Die Fehlerauflösung für zwei Teilfehler läßt sich mit Hilfe der einfachen Varianzanalyse durchführen [6].

[8.1] Von einem Lagermetallblock wurden $m = 6$ Bohrproben zu je 500 mg genommen. Es sollte festgestellt werden, ob diese Menge als eine repräsentative Probe angesehen werden darf. Jede dieser Proben wurde insgesamt gelöst und mit Doppelbestimmungen analysiert. Es ergaben sich folgende Resultate (% Sb):

| 14,72 | 15,51 | 14,60 | 15,10 | 14,70 | 14,75 |
| 15,05 | 15,23 | 14,35 | 15,23 | 14,95 | 14,50 |

In Analogie zu Beispiel [8.1] führt man die einfache Varianzanalyse durch. Dabei wird s_2^2 wegen $n_j = 2$ nach Gl. (5.2) berechnet. Man erhält

$s_1^2 = 0,2219 \ (f_1 = 5), \qquad s_1 = 0,47\% \text{ Sb};$

$s_2^2 = 0,0326 \ (f_2 = 6), \qquad s_2 = 0,18\% \text{ Sb}.$

Zur Prüfung der Nullhypothese berechnet man

$F = 0,2219/0,0326 = 6,82; \qquad F(\bar{P} = 0,95; f_1 = 5; f_2 = 6) = 4,39.$

Wegen $F > F(\bar{P}; f_1; f_2)$ ist zwischen s_1 und s_2 ein nicht zu vernachlässigender Unterschied anzunehmen. Die Gehalte der sechs Proben streuen stärker, als es mit dem Analysenfehler vereinbar ist. Den Probenahmefehler s^* findet man als Varianzkomponente von s_1 entsprechend Gl. (8.1) zu

$$s^{*2} = \frac{s_1^2 - s_2^2}{n_j} = \frac{0,2219 - 0,0326}{2} = 0,0942,$$

$s^* = 0,31\% \text{ Sb}.$

Der Probenahmefehler ($s^* = 0,31\%$) ist deutlich größer als der Analysenfehler ($s_2 = 0,18\%$). Deshalb empfiehlt es sich, bei dem zur Entmischung neigenden grobkörnigen Material eine größere Probenmenge zu entnehmen.

Umfangreicher wird der Versuch naturgemäß, wenn mehr als zwei Fehlerursachen zu berücksichtigen sind. Will man z. B. außer dem Fehler der analytischen Endbestimmung noch zwei weitere Teilfehler zahlenmäßig erfassen, so erhält man das im Bild 8.1 gezeigte Versuchsschema. Den Ausgangspunkt des Versuches bildet eine homogene Probe genü-

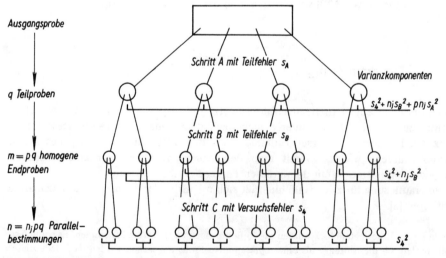

Bild 8.1. Schema eines Versuches zur Fehlerauflösung bei Wirksamkeit zweier Teilfehler und des Versuchsfehlers

8.2. Fehlerauflösung

genden Umfangs. Die daraus gewonnenen q Teilproben unterwirft man der ersten zu prüfenden Operation (Schritt A). Danach unterteilt man in q Teilproben. An jeder dieser q Teilproben führt man die zweite zu prüfende Operation (Schritt B) durch und teilt anschließend jede Teilprobe p-mal. Es liegen dann also $m = pq$ Endproben vor. An jeder der m Endproben führt man n_j Parallelbestimmungen aus (Schritt C).

Zur Bestimmung der Teilfehler der beiden Operationen (also der Varianzkomponenten s_A^2 bzw. s_B^2) muß das auf Seite 134 gegebene Schema der einfachen Varianzanalyse erweitert werden, da sich entsprechend Bild 8.1 die einzelnen Gruppen noch in Untergruppen gliedern. Die Durchführung der einfachen Varianzanalyse mit Untergruppen erfolgt in zwei Schritten:

1. Man führt zunächst die übliche einfache Varianzanalyse durch. Dabei läßt man die Zugehörigkeit der m Endproben zu verschiedenen Teilproben außer acht. Entsprechend dem auf Seite 134 gegebenen Schema zerlegt man in die Streuung »zwischen den Endproben«, die Streuung »innerhalb der Endproben« und die Streuung »gesamt«.
2. In dem folgenden Rechenschritt wird die Quadratsumme für die Streuung »zwischen den Endproben« weiter aufgespalten in die Quadratsummen »zwischen den Teilproben« und »innerhalb der Teilproben«.

Es wird also zweimal hintereinander die einfache Varianzanalyse durchgeführt. Man kann den Rechengang durch folgendes Schema veranschaulichen:

Streuung »gesamt«

Streuung innerhalb der Endproben — Streuung zwischen den Endproben

Streuung innerhalb der Teilproben — Streuung zwischen den Teilproben

Die Berechnung der zur Varianzanalyse mit Untergruppen benötigten Größen (Quadratsummen, Freiheitsgrade, Varianzen) führt man nach dem auf Seite 134 angegebenen Schema durch.

Die Quadratsummen »innerhalb der Endgruppen« und »gesamt« berechnet man wieder nach Gl. (2.6a). Für die Berechnung der übrigen Quadratsummen legt man analog Gl. (8.2) die passenden Summen (anstelle der Mittelwerte) zugrunde. Für die Quadratsumme »zwischen den Teilproben« erhält man

$$pn_j \sum (\bar{\bar{x}}_k - \bar{\bar{x}})^2 = \sum_1^q \frac{\left(\sum_1^p \sum_1^{n_j} x_{kji}\right)^2}{pn_j} - \frac{\left(\sum_1^q \sum_1^p \sum_1^{n_j} x_{kji}\right)^2}{qpn_j}. \tag{8.7}$$

8. Inhomogenes Zahlenmaterial

Ursache	Quadratsumme	Freiheitsgrade	Varianz	Varianzkomponenten
Streuung zwischen den m Endproben	$QS_1 = n_j \sum (\bar{x}_{kj} - \bar{\bar{x}})^2$	$f_1 = m - 1 = pq - 1$	–	–
Streuung zwischen den q Teilproben	$QS_2 = pn_j \sum (\bar{\bar{x}} - \bar{\bar{x}})^2$	$f_2 = q - 1$	$s_2^2 = \dfrac{QS_2}{f_2}$	$s_4^2 + n_j s_B^2 + p\, n_j\, s_A^2$
Streuung innerhalb der q Teilproben	$QS_3 = n_j \sum (\bar{x}_{kj} - \bar{x}_k)^2$ $= QS_1 - QS_2$	$f_3 = q(p - 1)$ $= f_1 - f_2$	$s_3^2 = \dfrac{QS_3}{f_3}$	$s_4^2 + n_j s_B^2$
Streuung innerhalb der m Endproben (Versuchsfehler)	$QS_4 = \sum \sum (x_{kji} - \bar{x}_{kj})^2$	$f_4 = n - m$ $= pq(n_j - 1)$	$s_4^2 = \dfrac{QS_4}{f_4}$	s_4^2
Streuung gesamt	$QS = \sum (x_{kji} - \bar{\bar{x}})^2$ $= QS_2 + QS_3 + QS_4$	$f = n - 1 = p\,q\,n_j - 1$ $= f_2 + f_3 + f_4$	–	–

Die Quadratsumme »zwischen den Endproben« wird analog Gl. (8.2) berechnet, die Quadratsumme »innerhalb der Teilproben« wird durch Differenzbildung ermittelt.

Die gesuchten Teilfehler (Schätzwerte der Varianzkomponenten) findet man nach folgendem Schema:

$$\left.\begin{array}{l}\text{Fehler der Endbestimmung}\quad s_4^2 \\[1ex] \text{Fehler des Schrittes B}\quad s_B^2 = \dfrac{s_3^2 - s_4^2}{n_j} \\[2ex] \text{Fehler des Schrittes A}\quad s_A^2 = \dfrac{s_2^2 - s_3^2}{n_j\, p}\end{array}\right\} \quad (8.8)$$

Für die Varianzkomponenten läßt sich in der früher beschriebenen Weise (vgl. Abschn. 5.2.) das Vertrauensintervall berechnen.

[8.2] Die Viskositätsbestimmung an einem Kunststoff ergab stark streuende Werte. Es sollte deshalb überprüft werden, welche Schritte der Methode fehlerbestimmend sind [7]. In Betracht kamen folgende Faktoren:

1. die Probeninhomogenität,
2. das Auswaschen der mineralischen Bestandteile,
3. die Viskositätsmessung.

Entsprechend diesen drei Schritten wurden von einer genügend großen Probe $q = 10$ Teilproben ($a_1 \dots a_{10}$) genommen (Schritt A). Jede dieser zehn Teilproben wurde in $p = 2$ Endproben (b_1 und b_2) unterteilt (Schritt B). Jede der Endproben wurde der Auswaschoperation unterworfen. An jeder der

8.2. Fehlerauflösung

$pq = m = 20$ Endproben wurden je zwei Viskositätsmessungen (c_1 und c_2) durchgeführt (Schritt C). Es ergaben sich folgende Meßwerte:

	a_1		a_2		a_3		a_4		a_5	
	b_1	b_2	b_1	b_2	b_1	b_2	b_1	b_2	b_1	b_2
c_1	59,8	60,0	65,0	64,5	65,0	65,5	62,5	60,9	59,8	56,0
c_2	61,2	65,0	65,8	64,5	65,2	63,5	61,9	61,5	60,9	57,2

	a_6		a_7		a_8		a_9		a_{10}	
	b_1	b_2	b_1	b_2	b_1	b_2	b_1	b_2	b_1	b_2
	68,8	62,5	65,2	61,0	59,6	62,3	61,0	73,0	65,0	62,0
	69,0	62,0	65,6	59,3	58,5	61,4	64,0	71,7	64,0	63,0

Die weitere Rechnung (hier dargestellt über Ermittlung der Quadratsummen) erfolgt in den gleichen Schritten wie bei der einfachen Varianzanalyse:

1. Transformation nach $X_i = 10 x_i - 600$

	a_1		a_2		a_3		a_4		a_5	
	b_1	b_2	b_1	b_2	b_1	b_2	b_1	b_2	b_1	b_2
c_1	-2	0	50	45	50	55	25	9	-2	-40
c_2	$+12$	50	58	45	52	35	19	15	$+9$	-28
Σ	10	50	108	90	102	90	44	24	7	-68
$\Sigma\Sigma$	60		198		192		68		-61	
$\Sigma\Sigma\Sigma$										

	a_6		a_7		a_8		a_9		a_{10}	
	b_1	b_2	b_1	b_2	b_1	b_2	b_1	b_2	b_1	b_2
	88	25	52	10	-4	23	10	130	50	20
	90	20	56	-7	-15	15	40	117	40	30
	178	45	108	3	-19	38	50	247	90	50
	223		111		19		297		140	
									1247	

8. Inhomogenes Zahlenmaterial

2. Berechnen der Quadratsummen

a) Streuung zwischen den $m = 20$ Endproben [Gl. (8.2)]

$$QS_1 = \frac{10^2 + 50^2 + 108^2 + 90^2 + \ldots + 50^2}{2} - \frac{1247^2}{40} = 45799$$

(mit $f_1 = m - 1 = 19$ Freiheitsgraden)

b) Streuung innerhalb der Endproben (zum Berechnen dieser Quadratsumme bei $n_j = 2$ Parallelbestimmungen [siehe Gl. (5.2)])

$$QS_4 = \frac{1}{2}[(-2 - (+12))^2 + (0 - 50)^2 + (50 - 58^2) + \ldots + (20 - 30)^2] = 2645$$

(mit $f_4 = n - m = 20$ Freiheitsgraden)

c) Streuung gesamt [Gl. (2.6 a)]

$$QS = -2^2 + 12^2 + 0^2 + 50^2 + \ldots + 20^2 + 30^2 - \frac{1247^2}{40} = 48444$$

(mit $f = n - 1 = 39$ Freiheitsgraden)

d) Streuung zwischen den $q = 10$ Teilproben [Gl. (8.7)]

$$QS_2 = \frac{60^2 + 198^2 + 192^2 + \ldots + 140^2}{4} - \frac{1247^2}{40} = 25683$$

(mit $f_2 = q - 1 = 9$ Freiheitsgraden)

e) Streuung innerhalb der Teilproben

Entsprechend dem auf Seite 137 gegebenen Schema erhält man die Quadratsumme und die Zahl der zugehörigen Freiheitsgrade durch Differenzbildung aus den unter a) und d) gewonnenen Werten. Es ist demnach

$$QS_3 = QS_1 - QS_2 = 45799 - 25683 = 20116$$

(mit $f_3 = f_1 - f_2 = 10$ Freiheitsgraden)

3. Zusammenfassung

Ursache	Quadratsumme	FG	Varianz	Varianzkomponenten
Streuung zwischen den m Endproben	45799	19	–	–
Streuung zwischen den q Teilproben	25683	9	2854	$s_4^2 + 2s_B^2 + 4s_A^2$
Streuung innerhalb der q Teilproben	20116	10	2012	$s_4^2 + 2s_B^2$
Streuung innerhalb der m Endproben	2645	20	132	s_4^2
Streuung gesamt	48444	39	–	–

4. Berechnen der Varianzkomponenten

Für die Schätzwerte der Varianzkomponenten erhält man gemäß Gl. (8.8) folgende Werte:

$S_4^2 = 132$,

$S_B^2 = \dfrac{2\,012 - 132}{2} = 940$, $\quad S_A^2 = \dfrac{2\,854 - 2\,012}{4} = 211$.

Nach Aufheben der Transformation ergibt sich

$s_4^2 = 13{,}2$, $\quad s_B^2 = 94{,}0$, $\quad s_A^2 = 21{,}1$,
$s_4 = 3{,}63$, $\quad s_B = 9{,}70$, $\quad s_A = 4{,}60$.

Damit ist der durch das Auswaschen hervorgerufene Teilfehler s_B als der größte der drei untersuchten Schritte nachgewiesen. Eine Verbesserung des Verfahrens muß an dieser Stelle einsetzen.

Mehrstufige Versuche der hier beschriebenen Art sind ein wirksames Hilfsmittel, um den Zufallsfehler eines Analysenverfahrens gezielt zu vermindern. Wenn der Versuch eine genügend sichere Information liefern soll, dann muß jede der Teilvarianzen s_1^2, s_2^2 ... wenigstens zehn Freiheitsgrade besitzen. Deshalb ist insbesondere beim ersten Schritt (Schritt A) eine genügend weitgehende Unterteilung vorzunehmen. Der Versuch muß symmetrisch angelegt sein, d. h., an jeder Stelle ist die gleiche Zahl von Unterteilungen vorzunehmen. Jeder Schritt benötigt eine homogene Probe (falls nicht Probenahmefehler o. ä. bestimmt werden sollen). Deshalb verwendet man günstigerweise Lösungen, die man auf volumetrischem Wege unterteilt (vgl. Tab. 4.1). Zu beachten ist schließlich, daß die Ausgangsprobe genügend groß bemessen wird.

8.3. Vergleich mehrerer Mittelwerte

Zur Prüfung des Unterschiedes zwischen $m = 2$ Mittelwerten $\bar{x}_1$ und $\bar{x}_2$ wurde im Abschnitt 7.4. die Differenz $|\bar{x}_1 - \bar{x}_2|$ dem Versuchsfehler innerhalb dieser beiden Serien gegenübergestellt. Wird dieser Versuchsfehler mit s_2 bezeichnet und gehören zu ihm f_2 Freiheitsgrade, so ergibt sich aus Gl. (7.7) für den Sonderfall $n_1 = n_2 = n_j$

$$t = \dfrac{|\bar{x}_1 - \bar{x}_2|}{s_2} \sqrt{\dfrac{n_j}{2}}$$

bei f_2 Freiheitsgraden.
Durch Quadrieren erhält man

$$t^2 = \dfrac{(\bar{x}_1 - \bar{x}_2)^2 \dfrac{n_j}{2}}{s_2^2} = \dfrac{n_j\left[\bar{x}_1^2 + \bar{x}_2^2 - \dfrac{(\bar{x}_1 + \bar{x}_2)^2}{2}\right]}{s_2^2} = \dfrac{n_j\left[\sum \bar{x}_j^2 - \dfrac{(\sum \bar{x}_j)^2}{m}\right]}{s_2^2}. \qquad (8.9)$$

Nach Gl. (2.6 a) entspricht der Zähler dieses Ausdruckes

$$n_j\left[\sum \bar{x}_j^2 - \dfrac{(\sum \bar{x}_j)^2}{m}\right] = n_j \sum (\bar{x}_j - \bar{x})^2$$

der Quadratsumme QS_1 bei der einfachen Varianzanalyse für die Streuung »zwischen den Serien« (vgl. S. 134). Da im vorliegenden Fall $m = 2$ und somit $f_1 = 1$ ist, stellt diese Größe gleichzeitig die Varianz s_1^2 dar. Im Abschnitt 3.4. wurde gezeigt, daß $t^2(P; f_2) = F(P; f_1 = 1; f_2)$ ist. Für den allgemeineren Fall $m > 2$ schreibt man

$$\frac{s_1^2}{s_2^2} = F(\bar{P}; f_1; f_2). \tag{8.10}$$

Die Mittelwertsprüfung ist damit zurückgeführt auf die Prüfung des Unterschiedes zwischen zwei Varianzen s_1^2 und s_2^2, also auf die Fragestellung der Varianzanalyse. Es besteht nunmehr die Möglichkeit, die Differenz zwischen beliebig vielen Mittelwerten zu prüfen. Prüfhypothese ist dabei, daß die zu den einzelnen Mittelwerten $\bar{x}_j$ gehörigen Grundgesamtheiten auf den gleichen Mittelwert μ zurückzuführen sind, daß also $\mu_1 = \mu_2 = \ldots = \mu_m$. Zur Prüfung dieser Hypothese unterwirft man die vorliegenden Werte der einfachen Varianzanalyse. Bei Erfüllung der Nullhypothese $[F = s_1^2/s_2^2 < F(\bar{P}; f_1; f_2)]$ ist zwischen den Mittelwerten kein Unterschied nachweisbar, das Prüfverfahren ist damit beendet. Muß die Nullhypothese jedoch verworfen werden $[F = s_1^2/s_2^2 > F(\bar{P}; f_1; f_2)]$, so schließt sich die paarweise Prüfung der Serienmittelwerte durch den DUNCAN-Test [1] an. Hierzu ordnet man die m einzelnen Mittelwerte nach abnehmender Größe und numeriert sie fortlaufend mit $p_k = 1, 2, 3, \ldots, m$. Die Differenz zwischen zwei beliebigen Mittelwerten $\bar{x}_k$ und $\bar{x}_l$ gilt als signifikant, wenn

$$q = \frac{|\bar{x}_k - \bar{x}_l|}{s_2} \sqrt{\frac{2 n_k n_l}{n_k + n_l}} > q(P, p_k, f_2). \tag{8.11}$$

Zahlenwerte für $q(P, p_k, f_2)$ sind Tabelle A.6 zu entnehmen. Bei dem DUNCAN-Test mit vorgegebenem $q(P, p_k, f_2)$ sinkt die statistische Sicherheit mit der Anzahl der zwischen $\bar{x}_k$ und $\bar{x}_l$ liegenden, nach abnehmender Größe geordneten Mittelwerte. Die resultierende statistische Sicherheit höherer Ordnung P^* ergibt sich nach

$$P^* = [= P(\bar{x}_k; \bar{x}_l)] = P^{\Delta p_{kl}}. \tag{8.12}$$

Mit steigender Anzahl zwischengelagerter Mittelwerte steigt somit das Risiko für einen Fehler 1. Art (vgl. Abschn. 7.1., sowie Tab. 8.1). Deshalb ist es zweckmäßig, vom üblichen Modus abzuweichen und das im Test real erreichte Signifikanzniveau darzustellen und zu diskutieren. Zum paarweisen Prüfen der Mittelwerte wird in der Literatur auch der t-Test [Gl. (7.7)] in erweiterter Form angewandt. Bei diesem »multiplen t-Test« sinkt die Güte des Tests erheblich schneller als bei dem DUNCAN-Test. Aus diesem Grund ist der »multiple t-Test« zum paarweisen Vergleich von $m > 2$ Mittelwerten nicht zu empfehlen.

$P =$	0,95	0,99	Δp_{kl}	$\bar{x}_1 > \bar{x}_2 > \bar{x}_3 > \bar{x}_4 > \bar{x}_5$
$P^* =$	0,95	0,99	1	⌊__⌋
	0,902 5	0,980 1	2	⌊____⌋
	0,857 3	0,970 2	3	⌊_____⌋
	0,814 5	0,960 6	4	⌊_____⌋

Tabelle 8.1. Sicherheiten höherer Ordnung bei paarweisem Vergleich von m Mittelwerten mittels DUNCAN-Tests

[8.3] Eichproben für die Emissionsspektralanalyse wurden durch Zersägen einer homogenisierten Eisenstange in kleine Plättchen (3 × 3 cm²) hergestellt. Zur Homogenitätskontrolle wurde jedes der Plättchen je viermal abgefunkt. Die an jedem fünften Plättchen gefundenen Chromgehalte zeigt die folgende Übersicht. Bei der dritten Probe fiel infolge Lunkerbildung eine Analyse aus. Es soll geprüft werden, ob die zugrunde liegende Eisenstange als homogen angesehen werden darf, d. h., ob zwischen den Gehalten der einzelnen Plättchen kein Unterschied nachweisbar ist.

	1	2	3	4	5	6	7	8
	1,42	1,42	1,42	1,38	1,36	1,37	1,38	1,32
	1,42	1,39	1,38	1,41	1,37	1,34	1,37	1,33
	1,41	1,38	1,41	1,41	1,37	1,38	1,36	1,34
	1,44	1,38	–	1,42	1,39	1,34	1,37	1,32
Mittelwerte	1,423	1,393	1,403	1,405	1,373	1,358	1,370	1,328

1. Transformation nach $X_i = 100 x_i - 140$

Lfd. Nr.	1	2	3	4	5	6	7	8
	+2	+2	+2	−2	−4	−3	−2	−8
	+2	−1	−2	+1	−3	−6	−3	−7
	+1	−2	+1	+1	−3	−2	−4	−6
	+4	−2	–	+2	−1	−6	−3	−8
Summen	+9	−3	+1	+2	−11	−17	−12	−29
Mittelwerte	+2,25	−0,75	+0,33	+0,50	− 2,75	− 4,25	− 3,00	− 7,25
Gesamtsumme								−60

2. χ^2*-Prüfung*

Die Ergebnisse wurden an allen acht Platten nach demselben Verfahren erhalten. Die Funkenflecken lagen dicht beieinander. Deshalb ist eine Inhomogenität des Versuchsfehlers aus verfahrens- oder materialbedingten Gründen nicht zu erwarten, und die χ^2-Prüfung kann entfallen.

3. Berechnung der Quadratsummen [wegen $n_3 \neq n_1, n_2 \ldots$ nach Gl. (8.2)]

a) Streuung »zwischen den Platten« [Gl. (8.2)]

$$QS_1 = \frac{9^2}{4} + \frac{3^2}{4} + \frac{1^2}{3} + \frac{2^2}{4} + \frac{11^2}{4} + \frac{17^2}{4} + \frac{12^2}{4} + \frac{29^2}{4} - \frac{60^2}{31} = 256{,}45$$

(mit $f_1 = m - 1 = 7$ Freiheitsgraden)

b) Streuung »innerhalb der Platten«

$$QS_2 = 2^2 + 2^2 + 1^2 + 4^2 - \frac{9^2}{4} + 2^2 + \ldots + 8^2 - \frac{29^2}{4} = 55{,}42$$

(mit $f_2 = n - m = 23$ Freiheitsgraden)

8. Inhomogenes Zahlenmaterial

c) Streuung »gesamt« [Gl. (2.6 a)]

$$QS = 2^2 + 2^2 + 1^2 + 4^2 + 2^2 + \ldots + 8^2 - \frac{60^2}{31} = 311{,}87$$

(mit $f = f_1 + f_2 = n - 1 = 30$ Freiheitsgraden)

4. Zusammenfassung

Ursache	Quadrat-summen	Freiheits-grade	Varianz
Streuung zwischen den Platten	256,45	7	36,64
Streuung innerhalb der Platten	55,42	23	2,41
Streuung gesamt	311,87	30	–

5. Prüfen der Nullhypothese

$$F = \frac{36{,}64}{2{,}41} = 15{,}20$$

Nach Tabelle A.5b ist $F(\bar{P} = 0{,}99; f_1 = 7; f_2 = 23) \approx 3{,}60$.
Da $F > F(\bar{P}; f_1; f_2)$, ist die Nullhypothese zu verwerfen. Zwischen den Gehalten der einzelnen Platten ist ein unterschiedlicher Chromgehalt nachweisbar.

6. Paarweise Prüfung

Da nach dem Befund der F-Prüfung die Nullhypothese zu verwerfen ist, schließt nunmehr die paarweise Prüfung der einzelnen Mittelwerte an. Hierzu ordnet man die Mittelwerte fortlaufend nach abnehmender Größe und numeriert sie von 1 bis p. Man erhält

Nummer der Platten	1	4	3	2	5	7	6	8
Mittelwert $\bar{X}_j$	+2,25	+0,50	+0,33	−0,75	−2,75	−3,00	−4,25	−7,25
Zahl der Parallelbestimmungen n_j	4	4	3	4	4	4	4	4
Laufende Nummer p	1	2	3	4	5	6	7	8

Zum Prüfen von $\bar{X}_1 = +2{,}25$ gegen $\bar{X}_4 = +0{,}50$ erhält man nach Gl. (8.11)

$$q = \frac{|2{,}25 - 0{,}50|}{\sqrt{2{,}41}} \sqrt{\frac{2 \cdot 4 \cdot 4}{4 + 4}} = 2{,}25 .$$

Nach Tabelle A.6 ist $q(P = 0{,}95; p_k = 2, f_2 = 23) = 2{,}93$. Wegen $\Delta p_{kl} = 1$ ergibt sich [Gl. (8.12)] $P^* = P^{\Delta p_{kl}} < 0{,}95$. Analog findet man bei den weiteren paarweisen Vergleichen $\bar{X}_l$ gegenüber $\bar{X}_1$ die folgenden Werte:

8.3. Vergleich mehrerer Mittelwerte

Wertepaar	$|X_1 - X_l|$	q	$q(P, p_k, f_2)$	p_{kl}	P
$\bar{X}_1 - \bar{X}_3$	1,92	2,29	3,07 ($P = 0{,}95$)	2	$< 0{,}95^2$
					($< 0{,}90$)
$\bar{X}_1 - \bar{X}_2$	3,00	3,86	3,17 ($P = 0{,}95$)	3	$> 0{,}95^3$
					($> 0{,}86$)
			4,28 ($P = 0{,}99$)		$< 0{,}99^3$
					($< 0{,}97$)
$\bar{X}_1 - \bar{X}_5$	5,00	6,44	4,36 ($P = 0{,}99$)	4	$> 0{,}99^4$
					($> 0{,}96$)
$\bar{X}_1 - \bar{X}_7$	5,25	6,76	4,42 ($P = 0{,}99$)	5	$> 0{,}99^5$
					($> 0{,}95$)
$\bar{X}_1 - \bar{X}_6$	6,50	8,37	4,48 ($P = 0{,}99$)	6	$> 0{,}99^6$
					($> 0{,}94$)
$\bar{X}_1 - \bar{X}_8$	9,50	12,23	4,53 ($P = 0{,}99$)	7	$> 0{,}99^7$
					($> 0{,}93$)

Bei der Prüfung von $\bar{X}_4 = +0{,}50$ gegen $\bar{X}_3 = +0{,}33$ berechnet man ganz analog

$$q = \frac{|0{,}50 - 0{,}33|}{\sqrt{2{,}41}} \sqrt{\frac{2 \cdot 4 \cdot 3}{4 + 3}} = 0{,}20 \, .$$

Der Mittelwert $\bar{X}_4 = 0{,}50$ stellt jetzt in der (neuen) Reihe den höchsten Wert dar. Er erhält deshalb die Nummer $p_k = 1$. Damit ergibt sich bei der Prüfung von $\bar{X}_4$ gegen den unmittelbar folgenden ($p_k = 2$) Mittelwert $\bar{X}_3$ aus Tabelle A. 6a $q(P = 0{,}95; p_k = 2; f_2 = 23) = 2{,}93$, und wegen $\Delta p_{kl} = 1$ wird $P^* = P^1 < 0{,}95$. In gleicher Weise findet man für die Prüfung $\bar{X}_4$ gegen $\bar{X}_2$ $q = 1{,}61 < q(P = 0{,}95; p_k = 3; f_2 = 23) = 3{,}08$. Mit $\Delta p_{kl} = 2$ wird $P^* = P^2 < 0{,}95^2 = 0{,}90$. Diese Prüfung führt man für alle $m(m - 1)/2$ Paarungen durch. Legt man als Entscheidungskriterium für Signifikanz $P^* > 0{,}95$ zugrunde (das trifft auch zu z. B. für die Differenzen $\bar{X}_1 - \bar{X}_8$), so erhält man folgendes Schema:

	2	3	4	5	6	7	8
1	+	0	0	+	+	+	(+)
2		0	0	0	+	0	+
3			0	+	+	0	+
4				+	+	+	+
5					0	0	+
6						0	+
7							+

Alle Kombinationen mit der Platte 8 zeigen einen signifikanten Unterschied. Damit ist anzunehmen, daß der Chromgehalt dieser Platte (Kopfstück) besonders stark abweicht vom Durchschnittsgehalt der Stange. Mit steigendem Abstand zwischen zwei Platten sind signifikante Unterschiede häufiger zu beobachten. Daraus ist zu folgern, daß die Inhomogenitäten keinen lokalen Charakter tragen, sondern daß sich der Chromgehalt ständig über die gesamte Länge der Stange ändert.

Für die Beurteilung von Ergebnissen in der Art des Beispiels [8.3] wird der DUNCAN-Test stets ausreichend sein. Zum paarweisen Vergleich von m Mittelwerten mit einer von m unabhängigen statistischen Sicherheit genügt der DUNCAN-Test jedoch nicht mehr. (Ein solcher Fall ist z. B. der Vergleich der Wirksamkeit von $m > 2$ verschiedenen Pharmaka.) Es ist dann eine von SCHEFFÉ angegebene Verfahrensweise zu benutzen (vgl. [9]). Man bildet die kritische Differenz D zwischen zwei Mittelwerten $\bar{x}_k$ und $\bar{x}_l$ (n_k bzw. n_l Messungen) nach

$$D = \sqrt{s_2^2\left(\frac{1}{n_k} + \frac{1}{n_l}\right)(m-1)\,[F(\bar{P}, f_1, f_2)]} \qquad (8.13)$$

und prüft, welche der $m(m-1)/2$ Mittelwerte diese Differenz überschreiten.

[8.4] Mit den Werten von Beispiel [8.3] erhält man mit $F(\bar{P} = 0{,}99; f_1 = 7; f_2 = 23) = 3{,}60$ aus Gl. (8.13)
- für $n_k = 4$ und $n_l = 4$

$$D = \sqrt{2{,}41\left(\frac{1}{4} + \frac{1}{4}\right)\cdot 7 \cdot 3{,}60} = 5{,}51,$$

- für $n_k = 3$ und $n_l = 4$

$$D = \sqrt{2{,}41\left(\frac{1}{3} + \frac{1}{4}\right)\cdot 7 \cdot 3{,}60} = 5{,}95.$$

Man vergleicht mit den einzelnen Differenzen $\bar{X}_k - \bar{X}_l$ und erhält folgendes Schema:

	2	3	4	5	6	7	8
1	0	0	0	0	0	+	+
2		0	0	0	0	0	+
3			0	0	0	0	+
4				0	0	0	+
5					0	0	0
6						0	0
7							0

Wiederum zeigen Kombinationen von weit auseinanderliegenden Platten einen signifikanten Unterschied ($\bar{P} \geq 0{,}99$) und bestätigen wieder den abweichenden Chromgehalt beim Kopfstück (Platte 8).

8.4. Ringversuche

Für einen Ringversuch wird eine homogene Probe an m unabhängige Laboratorien ausgegeben. Jedes Laboratorium fertigt n_j Parallelbestimmungen an. Ziele eines Ringversuches können sein
- die Ermittlung von Wiederhol- und Vergleichsstandardabweichung (Verfahrensprüfung),

8.4. Ringversuche

- die Bestimmung des Gehaltes $\bar{x}$ der Probe mit hoher Präzision und frei von systematischen Fehlern,
- die Überprüfung der Arbeitsweise von Laboratorien.

Bei der Auswertung des oft umfangreichen Datenmaterials ist – unabhängig vom Ziel des Ringversuches – die anfängliche graphische Darstellung zweckmäßig (vgl. Abschn. 2.1). Aus den Histogrammen sind oft Rückschlüsse auf die Arbeitsweise einzelner Laboratorien möglich. Indessen dürfen derartige empirische Verteilungen nur mit der notwendigen Vorsicht und Kritik interpretiert werden (vgl. Beispiel [7.12]).

Ebenfalls unabhängig vom Ziel des Ringversuches bildet die einfache Varianzanalyse die Grundlage zur Auswertung der Daten. Sollen aus dem Ringversuch die Vergleichs- und Wiederholstandardabweichung [2] ermittelt werden, so berechnet man entsprechend dem Schema auf S. 134 die Größen s_1 und s_2 mit f_1 bzw. f_2 Freiheitsgraden. Hieraus werden meist abgeleitet die Vergleichbarkeit v und die Wiederholbarkeit w [siehe auch Gl. (6.7)] nach

$$v = t(P = 0{,}95; f_1) \, s_1 \, \sqrt{2} \, ,$$
$$w = t(P = 0{,}95; f_2) \, s_2 \, \sqrt{2} \, . \tag{8.14}$$

Diese – oft als Prüffehler bezeichneten – Größen geben die mit $P = 0{,}95$ zulässige Differenz zwischen zwei Einzelwerten unter Vergleichs- bzw. Wiederholbedingungen an. Soll zu dem aus inhomogenem Zahlenmaterial entstandenen Mittelwert $\bar{x}$ das Vertrauensintervall angegeben werden, so ist die durch die Inhomogenität bedingte Standardabweichung s_1 zugrunde zu legen. Man erhält

$$\Delta \bar{\bar{x}} = \frac{t(P, f_1) \, s_1}{\sqrt{n}} = \frac{t(P; f_1) \, s_{\bar{x}}}{\sqrt{m}} \quad \left(s_{\bar{x}} = \sqrt{\frac{\sum (\bar{x}_j - \bar{\bar{x}})^2}{m-1}} \right) \tag{8.15}$$

und gibt den Gehalt der Probe an nach

$$\bar{\bar{x}} \pm \Delta \bar{\bar{x}}. \tag{8.16}$$

Analog ergibt sich im gleichen Falle das Vertrauensintervall eines Serienmittelwertes aus n_j Parallelbestimmung zu

$$\Delta \bar{x}_j = \frac{t(P, f_1) \, s_1}{\sqrt{n_j}}. \tag{8.17}$$

Hat die Prüfung der Nullhypothese [Gl. (8.6)] keinen nachweisbaren Unterschied ergeben, so legt man der Berechnung von $\Delta \bar{\bar{x}}$ die Standardabweichung s_{ges} mit der erhöhten Zahl von $f = f_1 + f_2$ Freiheitsgraden zugrunde.

Es zeigt sich [3], daß die Schärfe der Aussage in besonderem Maße bestimmt wird durch die Zahl der am Ringversuch beteiligten Laboratorien. Unterhalb $f = 4$ Freiheitsgraden steigt $t(P, f)$ besonders rasch an und vermindert die Aussageschärfe für $\Delta \bar{\bar{x}}$ (vgl. Bild 3.15). Deshalb sollen an einem Ringversuch mindestens fünf Laboratorien beteiligt sein.

Dagegen wirkt sich die Zahl der in jedem Laboratorium durchgeführten Parallelbestimmungen weniger spürbar auf die Größe des Vertrauensintervalls aus. Im allgemeinen sollten nicht weniger als drei und nicht mehr als fünf Parallelbestimmungen vorgesehen werden. Bei der Planung des Versuches muß dafür Sorge getragen werden, daß die Parallelbestimmungen unter exakt definierten Bedingungen (Wiederholung bzw. Vergleich [2]) erfolgen. Die hohe Zahl von $n_j = 5$ Parallelbestimmungen sollte nur bei schwierigen Untersuchungen (z. B. Normalproben) vorgesehen werden oder wenn aus irgendwelchen Gründen Abweichungen von der Gaußverteilung zu erwarten sind. Es ist zweckmäßig, wenn in jedem Laboratorium die gleiche Zahl von Parallelbestimmungen durchgeführt wird [3].

[8.5] Der Siliciumgehalt einer Ferrosiliciumprobe wurde durch einen Ringversuch bestimmt. Aus den erhaltenen Werten sollen der Probenmittelwert $\bar{x}$ sowie die Wiederhol- und Vergleichsstandardabweichung berechnet werden. Folgende Resultate (in % Si) wurden erhalten:

Laboratorium						
A	B	C	D	E	F	G
45,09	45,20	45,37	45,23	45,40	45,63	44,93
45,19	45,27	45,45	45,26	45,40	45,65	44,95
45,22	45,30	45,48	45,31	45,45	45,73	44,95
45,25	45,40	45,60	45,39	45,60	45,85	45,14
45,31	45,43	45,62	45,44	45,60	45,85	45,17

Die weitere Rechnung erfolgt nach folgendem Schema:

1. *Transformation nach* $X_{ji} = 100 x_{ji}$.

Wegen der symmetrischen Versuchsanlage erfolgt die weitere Auswertung nach Gl. (8.4). Man erhält als Gruppenmittelwerte und -varianzen:

Laboratorium							
	A	B	C	D	E	F	G
$\bar{X}_j$	21,2	32,0	50,4	32,6	49,0	74,2	2,8
S_j^2	66,2	89,5	110,3	77,3	105,0	111,2	136,2

2. χ^2-*Prüfung* (vgl. Abschn. 7.3)

S_j^2	f_j	$f_j S_j^2$	$\lg S_j^2$	$f_j \lg S_j^2$
66,2	4	264,8	1,8209	7,2836
89,5	4	358,0	1,9518	7,8072
110,3	4	441,2	2,0426	8,1704
77,3	4	309,2	1,8882	7,5527
105,0	4	420,0	2,0212	8,0848
111,2	4	444,8	2,0461	8,1844
136,2	4	544,8	2,1342	8,5368
	28	2 782,8		55,6196

$S^2 = 2\,782{,}8/28 = 99{,}39$; $\lg S^2 = 1{,}997\,3$; $28 \lg S^2 = 55{,}925\,1$
$\chi^2 = 2{,}303(55{,}925\,1 - 55{,}619\,6) = 0{,}703\,6 \approx 0{,}70$
$\chi^2(\bar{P} = 0{,}95;\ f = 6) = 12{,}6$; da $\chi^2 < \chi^2(\bar{P}, f)$, sind zwischen den Gruppenvarianzen keine Unterschiede nachweisbar. Deshalb dürfen die einzelnen Serien verglichen werden.

3. *Berechnung der Varianzen*

$S_1^2 = 5 \cdot 528{,}3 = 2\,641{,}3 \qquad (f_1 = 6\,\text{FG})$
$S_2^2 = 695{,}7/7 = 99{,}4 \qquad (f_2 = 28\,\text{FG})$
$S^2 = 548{,}0 \qquad (f = 34\,\text{FG})$

Kontrolle:
$S_1^2(m-1) = 15\,847{,}8$
$S_2^2(n-m) = 2\,783{,}2$
$QS_1 + QS_2 = 18\,631{,}0$

4. *Berechnen der einzelnen Standardabweichungen*

Man prüft zunächst die Nullhypothese $\sigma_1^2 = \sigma_2^2$

$$F = \frac{2\,641{,}3}{99{,}4} = 26{,}57,$$

$F(\bar{P} = 0{,}99;\ f_1 = 6;\ f_2 = 28) = 3{,}53$.

Da $F > F(\bar{P};\ f_1;\ f_2)$, ist die Nullhypothese mit $100\alpha < 1\%$ möglichen Fehlern erster Art zu verwerfen. Die Varianzen s_1^2 und s_2^2 sind als unterschiedlich anzusehen; man erhält aus ihnen als Vergleichs- bzw. Wiederholstandardabweichung

$S_v = \sqrt{S_1^2} = \sqrt{2\,641{,}3} = 51{,}4 \quad \text{bzw.} \quad s_v = 0{,}51\,\%\ \text{Si},$
$S_w = \sqrt{S_2^2} = \sqrt{99{,}4} = 10{,}0 \quad \text{bzw.} \quad s_w = 0{,}10\,\%\ \text{Si}.$

Mit Gl. (8.14) erhält man die Wiederholbarkeit w und die Vergleichbarkeit v [2] zu

$w = t(P = 0{,}95;\ f = 28)\, s_w \sqrt{2} = 0{,}29\,\%\ \text{Si},$
$v = t(P = 0{,}95;\ f = 6)\, s_v \sqrt{2} = 1{,}77\,\%\ \text{Si}.$

Unter den Bedingungen der Wiederholung bzw. des Vergleiches dürfen zwei Einzelwerte nicht stärker als um w bzw. v differieren.
Der durch die verschiedenen Laboratorien bedingte Anteil von s_v ergibt sich aus Gl. (8.1) zu

$$S_L^2 = \frac{2\,641{,}3 - 99{,}4}{5} = 508{,}4,$$

$S_L = 23 \quad \text{bzw.} \quad s_L = 0{,}23\,\%\ \text{Si}.$

5. *Mittelwert und Vertrauensintervall*

Den Mittelwert aus allen Messungen findet man zu $\bar{x} = 45{,}37\,\%\ \text{Si}$. Das zugehörige Vertrauensintervall unter Vergleichsbedingungen wird nach Gl. (8.15) berechnet. Man erhält

$$\Delta\bar{x} = \frac{t(P = 0{,}95;\ f_1 = 6)\, s_1}{\sqrt{n}} = \frac{2{,}45 \cdot 0{,}51}{\sqrt{35}}$$
$= 0{,}21\,\%\ \text{Si}.$

Damit ergibt sich der Gehalt der untersuchten Probe mit einer Wahrscheinlichkeit von $P = 0{,}95$ zu $(45{,}37 \pm 0{,}21)\,\%$ Si.

Eine Zusammenstellung von Wiederhol- und Vergleichsstandardabweichungen zeigt Tabelle 8.2 [4]. Man erkennt, daß zwischen den beiden Größen s_w und s_v kein einfacher zahlenmäßiger Zusammenhang besteht (etwa der Art, daß s_v für alle Analysenverfahren das gleiche Vielfache von s_w wäre). Deshalb müssen s_v und s_w in jedem Fall experimentell bestimmt werden.

Tabelle 8.2. Wiederhol- und Vergleichsstandardabweichungen bei der Stahlanalyse [4]

Element	Gehalt in %	s_w in %	s_v in %
C	0,1	0,004	0,010
	0,4	0,005	0,014
	1,0	0,006	0,026
Mn	0,3	0,006	0,015
	1,0	0,008	0,030
Si	0,3	0,006	0,021
	1,0	0,009	0,028
P	0,001	0,000 5	0,002 4
	0,003	0,000 8	0,002 4
S	0,010	0,000 6	0,001 9
Cr	0,5	0,006	0,009
	10	0,04	0,12
Cu	0,2	0,005	0,015

Die Kenntnis der Vergleichsstandardabweichung ist besonders wichtig für die Bewertung gehandelter Produkte (z. B. Schiedsanalysen), da hierbei die Streuungen zwischen den Resultaten der beteiligten Partner zu berücksichtigen sind.

[8.6] Im Zertifikat einer Analysenkontrollprobe für die Bestimmung von Fe_2O_3 in Schlacke waren aus dem Ringversuch folgende von den $m = 11$ einzelnen Laboratorien erhaltene Mittelwerte angegeben (aus jeweils $n_j = 4$ Parallelbestimmungen):

$6{,}35 - 5{,}99 - 6{,}43 - 6{,}18 - 6{,}19 - 6{,}15 - 6{,}20 - 6{,}35 - 6{,}06 - 5{,}80 - 6{,}00\,\%\,Fe_2O_3$

Gesamtmittelwert (aus $n = 44$ Resultaten) $\bar{x} = 6{,}15_5\,\%\,Fe_2O_3$
Mittelwert-Standardabweichung $s_{\bar{x}} = 0{,}18_5\,\%\,Fe_2O_3$
($f = 10$ FG)

Aus $s_{\bar{x}}$ ergibt sich nach Gl. (8.4) als Vergleichsstandardabweichung

$s_1 = s_{\bar{x}}\sqrt{n_j} = 0{,}18_5\,\sqrt{4} = 0{,}370\,\%\,Fe_2O_3$.

Bei Benutzen dieser Kontrollprobe in einem Betriebslaboratorium wurden folgende $n_A = 3$ Werte gefunden:

$6{,}37 - 6{,}35 - 6{,}42\,\%\,Fe_2O_3$,
$\bar{x}_A = 6{,}38_0\,\%\,Fe_2O_3$
$s_A = 0{,}03_6\,\%\,Fe_2O_3$ ($f = 2$ FG).

Der WELCH-Test [Gl. (7.10)] liefert mit $n_1 = n$ und $n_2 = n_A$

$$t = \frac{|6{,}155 - 6{,}380|}{\sqrt{(0{,}370^2/44) + (0{,}036^2/3)}} = 3{,}78.$$

Die Anzahl der mit s_1 verknüpften Freiheitsgrade wird durch die Zahl m der beteiligten Laboratorien bestimmt. Bei Berechnen der für den WELCH-Test wirksamen Freiheitsgrade [Gl. (7.11)] ist deshalb hier $n_1 = m$ zu setzen. Damit erhält man

$$f = \frac{[(0{,}370^2/11) + (0{,}036^2/3)]^2}{\dfrac{(0{,}370^2/11)^2}{10} + \dfrac{(0{,}036^2/3)^2}{2}} = 10{,}6 \approx 11.$$

Nach Tabelle A.3 ist $t(P = 0{,}99; f = 11) = 3{,}11$. Im Sinne der im Abschnitt 7.1. gegebenen Regeln muß wegen $t > t(P; f)$ ein Unterschied zwischen dem Resultat des Betriebslaboratoriums und dem zertifizierten Gehalt angenommen werden.

Im Falle sehr niedriger Gehalte (z. B. Spurenanalyse) ist der Ringversuch nach den für die logarithmisch-normalen Verteilungen geltenden Gesetzmäßigkeiten auszuwerten (vgl. Abschn. 2.). Dann ist $\bar{x}$ das geometrische Mittel [Gl. (2.2)], s_w und s_v sind Relativstandardabweichungen [Gl. (2.8)], und Wiederholbarkeit und Vergleichbarkeit [Gl. (8.14)] werden durch den Quotienten x_k/x_l ausgedrückt [Gl. (6.10)] [8].
In extremen Gehaltsbereichen läßt sich die Gültigkeit der logarithmischen Normalverteilung nicht immer sicher nachweisen. Es ist dann zweckmäßig, den Ringversuch trotzdem nach den für die logarithmische Verteilung gegebenen Gesetzmäßigkeiten auszuwerten. Die durch Nichterfüllung dieser Voraussetzung verminderte Sicherheit wird dann entsprechend Tabelle 3.3 berücksichtigt.
Bei stark spezialisierten Aufgabenstellungen läßt sich die auf S. 147 geforderte Mindestzahl von $m = 5$ Laboratorien oft nicht verwirklichen. Dann gibt man zweckmäßig zwei Proben X und Y der gleichen Familie mit ähnlichen Gehalten zur Analyse in die m Laboratorien. Die beiden Proben werden nach folgendem Schema analysiert:

x_1 und y_1 unmittelbar parallel am 1. Tag
x_2 und y_2 unmittelbar parallel am 2. Tag
⋮

Man führt für beide Proben getrennt die Varianzanalyse durch und erhält dabei [5]

- die Mittelwerte $\bar{x}$ und $\bar{y}$ aus n_x bzw. n_y Analysen,
- die Vergleichsstandardabweichungen $s_v(x)$ und $s_v(y)$ mit je $m-1$ Freiheitsgraden,
- die Wiederholstandardabweichungen $s_w(x)$ und $s_w(y)$ mit $n_x - m$ bzw. $n_y - m$ Freiheitsgraden.

Die Proben X und Y sind nahe verwandt, man faßt deshalb zusammen nach

$$s_w = \sqrt{[s_w^2(x) + s_w^2(y)]/2}, \quad s_v = \sqrt{[s_v^2(x) + s_v^2(y)]/2}, \tag{8.18}$$
$$f = n_x + n_y - 2m \text{ FG}, \quad f = 2(m-1) \text{ FG}.$$

Man kann auf diese Weise die Zahl der Freiheitsgrade verdoppeln. Durch die parallele Bearbeitung je einer Bestimmung von X und von Y sind die x_i und die y_i miteinander korreliert. Deshalb erlaubt die graphische Darstellung der zueinander gehörigen Wertepaare zusätzliche Aussagen über evtl. systematische Fehler (vgl. Beispiel [2.14]).

Der Erfolg eines Ringversuches wird maßgeblich bestimmt durch seine Vorbereitung. Die ausgegebene Probe muß sorgfältig homogenisiert sein. Die beteiligten Laboratorien sollen eine ähnliche, möglichst hohe Leistungsfähigkeit besitzen. (Es empfiehlt sich, dies im Vorversuch zu prüfen.) Die Teilnehmer sind auf das Experiment sorgfältig vorzubereiten, das betrifft sowohl die Information zur ungefähren Probenzusammensetzung als auch die geforderte Zahl der Parallelbestimmungen und die Angabe der Resultate (Stellenzahl!). Bei schwierig zu analysierenden Proben ergeben sich oft weit abseits liegende Werte. Diese sollen durch Diskussion in ihrer Ursache geklärt werden und nicht einfach (z. B. durch »exakte« Rechnerauswertung!) gestrichen werden. Das Endresultat ($\bar{x}; s_v; s_w \ldots$) muß alle eingereichten und als zuverlässig angesehenen Werte berücksichtigen.

Quellenverzeichnis zum Abschnitt 8.

[1] WEBER, E.: Grundriß der biologischen Statistik für Naturwissenschaftler, Landwirte und Mediziner. 7. Aufl. Jena: Gustav Fischer Verlag 1972

[2] DIN 51848, Prüfung von Mineralölen (vgl. Verzeichnis allgemeiner Vorschriften)

[3] DOERFFEL, K.: Planen und Auswerten von Gemeinschaftsversuchen. Z. anal. Chem. **184** (1964) 81/86

[4] DOERFFEL, K.; SCHULZE, M.: Standardabweichungen bei Verfahren der Stahlanalyse. Neue Hütte **9** (1964) 690/693

[5] DOERFFEL, K.: Gemeinschaftsversuche unter Anwendung von Probenpaaren. Neue Hütte **12** (1967) 762/763

[6] Autorenkollektiv (Federf.: K DOERFFEL und R. GEYER): Analytikum. 8. Aufl. Leipzig: Deutscher Verlag für Grundstoffindustrie 1990

[7] MATTIAS, R. H.: Use of Subsampling in Control Laboratory Problems. Anal. Chem. **29** (1957) 1046/1048

[8] DOERFFEL, K.; MICHAELIS, G.: Auswertung eines Ringversuches im Spurenbereich. Z. anal. Chem. **328** (1987) 226/227

[9] SACHS, L.: Angewandte Statistik (Planungs- und Auswertemethoden und -modelle). 4., neu bearb. Aufl. Berlin/Heidelberg/New York: Springer-Verlag 1974

Weiterführende Literatur zum Abschnitt 8.

OHLS, K.; SOMMER, D.: Über die Beurteilung quantitativer Analysendaten. Z. anal. Chem. **312** (1982) 195/220

GRIEPINK, B.: Requirements for Reference Materials. Anal. Proc. **19** (1982) 405/407

MANDEL, J.; LASHOF, T. W.: The Interlaboratory Evaluation of Testing Methods. ASTM Bull. **239** (1959) 7, 53

SCHMITT, B. F. (Ed.): Production and Use of Reference Materials. Proceedings of the international Symposium, held at the Bundesanstalt für Materialprüfung (BAM) Westberlin, 1980

TURKEY, J. W.: Quick and dirty methods in statistics. Am. Soc. for Qual. Contr.; Transactions of the fifth Annual Convention 1951, S. 189/197

GRIEPINK, H.; MARCHANDISE, H.: Referenzmaterialien. In: Analytiker Taschenbuch. Bd. 6, S. 3/16. Berlin/Heidelberg/New York/Tokyo: Springer-Verlag 1986

DAVIES, P. L.: Statistical evaluation of interlaboratory tests. (Behandlung von Ausreißern.) Z. anal. Chem. **331** (1988) 513/519

MARK, H.; NORRIS, K.; PHILIP, W.: Methods of Determining the True Accuracy of Analytical Data. Anal. Chim. Acta [Amsterdam] **61** (1989) 398/403

9 Statistik der Geraden (Korrelations- und Regressionsrechnung)

Wie in allen messenden Wissenschaften gilt es auch in der analytischen Chemie, Zusammenhänge zwischen Meßgrößen aufzufinden und zu charakterisieren. Beispielsweise bedürfen die meisten instrumentellen Analysenverfahren einer Kalibrierung. Aufgabe des Analytikers ist es, aus vorgegebenen Gehalten x_i und gemessenen Werten y_i die Kalibrierfunktion aufzustellen und aus ihr Angaben über die Präzision des Analysenverfahrens abzuleiten.

Alle derartigen Probleme lassen sich mit der Regressionsrechnung behandeln. Dieses Rechenverfahren ist immer dann anwendbar, wenn die bekannte Abhängigkeit zwischen zwei (oder mehreren) Variablen näher charakterisiert werden soll. Dabei liegen die Zahlenwerte der unabhängigen Variablen x bereits vor dem Versuch fest, die Zahlenwerte der abhängigen Veränderlichen y werden im Versuch ermittelt.

Nicht in allen Fällen ist von vornherein bekannt, ob sich zwischen zwei Zufallsvariablen ein Zusammenhang nachweisen läßt. Dies zu prüfen ist Aufgabe der Korrelationsrechnung.

In der analytischen Chemie trifft man häufig lineare Zusammenhänge an. Den Nachweis dieser Zusammenhänge durch Korrelationsrechnung und die Charakterisierung durch Regressionsrechnung behandelt der folgende Abschnitt.

9.1. Prüfung auf gegenseitige Abhängigkeit zweier Variablen (Korrelationsrechnung)

Ein Zusammenhang zwischen zwei Größen x und y ist immer dann leicht erkennbar, wenn der auftretende Zufallsfehler genügend klein ist. Bei hohem Zufallsfehler kann die Abhängigkeit zwischen beiden Größen verwischt werden, da dann die Meßpunkte innerhalb eines mehr oder weniger breiten Streifens streuen. Man spricht dann von einem *stochastischen Zusammenhang*, oder man sagt auch, die beiden Größen seien durch eine Korrelation verknüpft.

Der Nachweis eines korrelativen Zusammenhangs kann besonders einfach auf graphischem Wege [1] geführt werden.

- Man trägt die m Wertepaare in das Koordinatensystem ein (vgl. Bild 9.1 a).
- Man bestimmt die Zentralwerte $\tilde{x}$ bzw. $\tilde{y}$ [Gl. (2.4)].

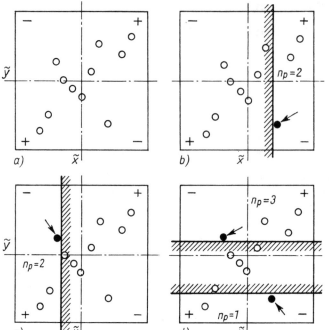

Bild 9.1. Graphische Ermittlung einer Korrelation [1]
a) bis d) vgl. Teilschritte Seite 153/154

- Durch $\tilde{x}$ legt man eine Parallele zur Ordinatenachse; analog legt man eine zur Abszissenachse parallele Linie durch $\tilde{y}$.
- Die Quadranten werden mit Vorzeichen versehen.
- Ein durchsichtiger Zeichenwinkel wird von $\tilde{x}$ ausgehend parallel nach rechts verschoben (vgl. Bild 9.1 b), bis oberhalb oder unterhalb von $\tilde{y}$ nur noch ein Punkt (●) liegt. Die auf der anderen Seite von $\tilde{y}$ liegenden n_p Punkte werden ausgezählt ($n_p = 2$).
- Dies wiederholt man
  von $\tilde{x}$ ausgehend nach links (vgl. Bild 9.1 c; $n_p = 2$),
  von $\tilde{y}$ ausgehend (vgl. Bild 9.1 d) nach unten ($n_p = 1$) und
  von $\tilde{y}$ ausgehend nach oben ($n_p = 3$).
- Man addiert die gefundenen Punktzahlen unter Berücksichtigung des Quadrantenvorzeichens

$$N_p = \sum_1^4 n_p \tag{9.1}$$

und vergleicht mit $N_p(P)$ (vgl. Tab. 9.1, S. 155). Einen Zusammenhang zwischen x und y darf man bei $N_p = 2 + 2 + 1 + 3 = 8$ mit $P < 0{,}90$ annehmen.

Die gegenseitige Abhängigkeit von x und y findet ihren Ausdruck in der Covarianz s_{xy}. Es ist bei m Proben

$$s_{xy} = \frac{\sum (x_i - \bar{x})(y_i - \bar{y})}{m - 1}. \tag{9.2}$$

9.1. Prüfung auf gegenseitige Abhängigkeit zweier Variablen

Tabelle 9.1. Grenzwerte zur graphischen Korrelationsprüfung [1] S. 154

P	$N_p(P)$	P	$N_p(P)$
0,90	9	0,98	13
0,95	11	0,99	14

Wenn sich x und y gleichsinnig ändern, nimmt das Produkt $(x_i - \bar{x})(y_i - \bar{y})$ einen positiven Wert an, es wird negativ bei gegensinniger Änderung von x und y. Die Covarianz ist abhängig von der Größe und von der Maßeinheit von x und y. Deshalb bezieht man die Covarianz auf die Standardabweichungen von x und y

$$s_x = \sqrt{\sum (x_i - \bar{x})^2/(m-1)}\,,$$
$$s_y = \sqrt{\sum (y_i - \bar{y})^2/(m-1)} \tag{9.3}$$

und erhält den Korrelationskoeffizienten

$$r = s_{xy}/s_x s_y \quad (-1 \leq r \leq +1) \tag{9.4}$$

bzw. das Bestimmtheitsmaß

$$B = r^2. \tag{9.5}$$

$r = +1$ bedeutet einen straffen gleichsinnigen Zusammenhang zwischen x und y, $r = -1$ zeigt ebenfalls eine straffe, jedoch gegensinnige Korrelation an. Im Falle $r = 0$ sind x und y voneinander unabhängig (unkorreliert). Je näher r an ± 1 liegt, desto straffer ist der Zusammenhang zwischen x und y. Man berechnet den Korrelationskoeffizienten nach

$$r = \frac{\sum (x_i - \bar{x})(y_i - \bar{y})}{\sqrt{\sum (x_i - \bar{x})^2 \sum (y_i - \bar{y})^2}}$$
$$= \frac{m \sum x_i y_i - \sum x_i \sum y_i}{\sqrt{[m \sum x_i^2 - (\sum x_i)^2][m \sum y_i^2 - (\sum y_i)^2]}} \tag{9.6}$$

$$= \frac{\sum x_i y_i - m \bar{x} \bar{y}}{(m-1) s_x s_y}. \tag{9.6a}$$

[Gl. (9.6a) erlaubt die einfache Berechnung von r mit Hilfe eines Taschenrechners mit Statistikteil.]

Die Korrelation zwischen den beiden Größen x und y ist erst dann nachgewiesen, wenn sich der Korrelationskoeffizient r gesichert von Null unterscheidet. Man nimmt an, daß die Stichprobengröße r aus einer zweidimensionalen normalverteilten Grundgesamtheit (S. 30) mit dem Korrelationskoeffizienten $\varrho = 0$ stammt, so daß die beiden Zufallsgrößen x und y als unabhängig voneinander anzusehen sind. Die Nullhypothese lautet also $H_0(\varrho = 0)$. Ablehnung der Nullhypothese bedeutet, daß zwischen x und y eine lineare Abhängigkeit besteht. Nach R. A. FISHER folgt der Ausdruck

$$t = |r| \sqrt{\frac{m-2}{1-r^2}} \tag{9.7}$$

9. Statistik der Geraden

einer t-Verteilung mit $f = m - 2$ Freiheitsgraden. Durch Vorgabe von $t(P, f)$ wird

$$\frac{t(P, f)}{\sqrt{m-2}} = \frac{|r|}{\sqrt{1-r^2}}. \tag{9.8}$$

Daraus folgt diejenige Grenze, unterhalb deren der Korrelationskoeffizient r von $\varrho = 0$ nicht unterscheidbar ist (vgl. Tab. 9.2).

Tabelle 9.2. Grenzwerte $r(P,f)$ zur Prüfung des Korrelationskoeffizienten

f	$P = 0{,}95$	$P = 0{,}99$	f	$P = 0{,}95$	$P = 0{,}99$	f	$P = 0{,}95$	$P = 0{,}99$
1	1,00	1,00	11	0,55	0,68	25	0,38	0,49
2	0,95	0,99	12	0,53	0,66	30	0,35	0,45
3	0,88	0,96	13	0,51	0,64	35	0,33	0,42
4	0,81	0,92	14	0,50	0,62	40	0,30	0,39
5	0,75	0,87	15	0,48	0,61	45	0,29	0,37
6	0,71	0,83	16	0,47	0,59	50	0,27	0,35
7	0,67	0,80	17	0,46	0,58	60	0,25	0,33
8	0,63	0,77	18	0,44	0,56	70	0,23	0,30
9	0,60	0,74	19	0,43	0,55	80	0,22	0,28
10	0,58	0,71	20	0,42	0,54	100	0,20	0,25

[9.1] Im Beispiel [2.11] waren zur Qualitätsüberwachung eines Stahls an einzelnen Chargen die Kohlenstoffgehalte (x) und die Zugfestigkeit (y) gemessen worden. Es soll nun geprüft werden, ob diese Größen im Zusammenhang stehen. Aus den 40 Wertepaaren von Beispiel [2.11] berechnet man

$\sum x_i = 13{,}6600$, $(\sum x_i)^2 = 186{,}5956$, $\sum x_i^2 = 4{,}6974$,

$\sum y_i = 22\,802$, $(\sum y_i)^2 = 519\,931\,204$, $\sum y_i^2 = 13\,021\,008$,

$\sum x_i y_i = 7\,794{,}53$.

Aus Gl. (9.6) erhält man

$$r = \frac{40 \cdot 7\,794{,}53 - 13{,}6600 \cdot 22\,802}{\sqrt{[40 \cdot 4{,}6974 - 186{,}5956][40 \cdot 13\,021\,008 - 519\,931\,204]}} = 0{,}28$$

Nach Tabelle 9.2 ist $|r| < r(P = 0{,}95; f = 38) = 0{,}31$. Zwischen den beiden Werkstoffeigenschaften ist kein Zusammenhang nachweisbar.

Wird aus zwei miteinander korrelierenden Größen x und y eine dritte Größe z berechnet [$z = f(x; y)$], so ist für die Fehlerfortpflanzung noch zusätzlich der Verbundenheitsgrad zwischen x und y zu berücksichtigen. Für die vier Grundrechnungsarten ergeben sich – als Erweiterung der Gln. (4.3) – folgende Gesetzmäßigkeiten:

$$\left.\begin{array}{l} z = x + y \\ z = x - y \end{array}\right\} \qquad \sigma_z^2 = \sigma_x^2 + \sigma_y^2 \pm 2r\,\sigma_x \sigma_y, \tag{9.9}$$

$$\left.\begin{array}{l} z = x \cdot y \\ z = x / y \end{array}\right\} \qquad \left(\frac{\sigma_z}{z}\right)^2 = \left(\frac{\sigma_x}{x}\right)^2 + \left(\frac{\sigma_y}{y}\right)^2 \pm 2r\,\frac{\sigma_x}{x}\,\frac{\sigma_y}{y}.$$

9.1. Prüfung auf gegenseitige Abhängigkeit zweier Variablen

Es addieren sich wiederum die Varianzen der Absolut- bzw. Relativfehler. Durch die Meßwertkorrelation wird bei vorwärts schreitenden Rechenoperationen der Gesamtfehler erhöht (und umgekehrt). Im Falle der meßtechnisch häufigen Differenzbildung (z. B. Untergrundsubtraktion) oder Verhältnisbildung (z. B. Bezug auf einen inneren Stand [2]) erhält man für gleiche Zufallsfehler bei x und y

$$\sigma_{x-y} = \sigma_x \sqrt{2(1-r)},$$

$$\frac{\sigma_{x/y}}{x/y} = \frac{\sigma_x}{x} \sqrt{2(1-r)}.$$
(9.9 a)

Durch straffe Meßwertkorrelation kann man oft eine erhebliche Verringerung des Zufallsfehlers für die aus x und y resultierende Größe z erreichen.

Für Vergleichszwecke taucht oftmals die Frage auf, ob innerhalb zweier Meßserien ein unterschiedlicher Grad der Verbundenheit zwischen den beiden Variablen x und y besteht. Man hat dann den Unterschied der beiden Korrelationskoeffizienten r_1 und r_2 aus m_1 bzw. m_2 Messungen zu prüfen. Hierzu bildet man den Ausdruck

$$t_r = 1{,}1513 \sqrt{\frac{(m_1 - 3)(m_2 - 3)}{m_1 + m_2 - 6}} \lg \frac{(1 + r_1)(1 - r_2)}{(1 - r_1)(1 + r_2)}.$$
(9.10)

Diesen berechneten Wert vergleicht man bei $f = m_1 + m_2 - 4$ Freiheitsgraden mit $t(P, f)$. Ein Unterschied ist nachgewiesen, wenn $t_r > t(P, f)$.

[9.2] Für geochemische Untersuchungen interessierte, ob zwischen dem Natrium- und dem Lithiumgehalt von Wässern ein Zusammenhang nachweisbar war. Bei der ersten Versuchsserie ergab sich aus $m_1 = 10$ Wasserproben ein Korrelationskoeffizient von $r_1 = 0{,}838$. Bei Wiederholung des Versuches zu einer anderen Jahreszeit lieferten die an $m_2 = 15$ Proben gemessenen Werte einen Korrelationskoeffizienten von $r_2 = 0{,}738$. Gemäß Gl. (9.10) bildet man

$$t_r = 1{,}1513 \sqrt{\frac{(10 - 3)(15 - 3)}{10 + 15 - 6}} \lg \frac{1{,}838 \cdot 0{,}262}{0{,}162 \cdot 1{,}738} = 0{,}564.$$

Aus Tabelle A.3 ergibt sich $t(P = 0{,}95; f = 21) = 2{,}08$. Da $t_r < t(P, f)$, ist aus den beiden Korrelationskoeffizienten kein jahreszeitlich bedingter Unterschied des Verbundenheitsgrades nachweisbar.

Aus dem Korrelationskoeffizienten läßt sich ableiten, ob zwischen zwei Größen ein linearer Zusammenhang nachweisbar ist. Dabei wird es möglich, solche Zusammenhänge auch zwischen weit voneinander entfernten Größen aufzuspüren und kritisch zu bewerten. Es können jedoch zwei verschiedene Datenmengen mit gleichen Korrelationskoeffizienten völlig unterschiedlichen Abhängigkeiten gehorchen (vgl. Bild 9.2). Aus dem Korrelationskoeffizienten folgt deshalb keine Aussage zur Art des Zusammenhanges. Die Berechnung des Korrelationskoeffizienten ohne vorherige kritische Inspektion des Zahlenmaterials kann leicht zu qualitativ falschen Resultaten führen. Einen nicht nachweisbaren Zusammenhang $[r = 0{,}30 < r(P = 0{,}95; f = 13) = 0{,}51]$ wandelt ein einziges abseits liegendes Wertepaar in einen signifikanten Zusammenhang um $[r = 0{,}64 > r(P = 0{,}99; f = 14) = 0{,}61$, vgl. Bild 9.3a]. Eine im linearen Bereich straffe Korrelation $[r = 0{,}82 >$

9. Statistik der Geraden

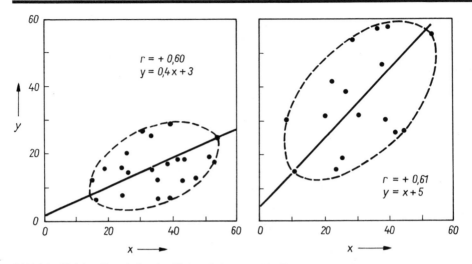

Bild 9.2. Gleicher Korrelationskoeffizient bei unterschiedlichen Abhängigkeiten von x und y

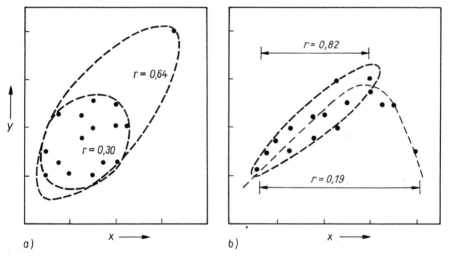

Bild 9.3. Verfälschung des Korrelationskoeffizienten durch abseits liegende Werte

$> r(P = 0{,}99; f = 11) = 0{,}68$, Bild 9.3 b] schlägt für den gesamten Meßbereich in einen nur zufälligen Zusammenhang um [$r = 0{,}19 < r(P = 0{,}95; f = 14) = 0{,}50$]. Dies ist – trotz der geringen Meßwertstreuung – die Folge des nichtlinearen Zusammenhangs zwischen x und y. Eine Korrelation kann vorgetäuscht werden, wenn die Meßwerte zweier parallel laufender völlig unabhängiger Meßserien durch eine geringe Drift überlagert sind. Um derartige Fehlinterpretationen zu vermeiden, empfiehlt es sich, vor Berechnen des Korrelationskoeffizienten die vorliegenden Wertepaare (x_i; y_i) graphisch darzustellen.

9.2. Charakteristik von Zusammenhängen (Regressionsrechnung)

9.2.1. Bestimmung der Konstanten

Durch Messung hat man $m (m > 2)$ Wertepaare $(x_i; y_i)$ gefunden. Es ist bekannt, daß zwischen den beiden Variablen ein linearer Zusammenhang $y = a + bx$ besteht, und die Konstanten a und b dieser Funktion sind numerisch zu bestimmen. Dabei wird gefordert, daß die Unterschiede zwischen den gemessenen y_i und den aus der aufgestellten Gleichung nachträglich berechenbaren Y_i möglichst gering sind, d. h., man sucht die »bestmögliche« Funktion. Zur Lösung dieser Aufgabe stehen graphische Näherungsverfahren und rechnerische Methoden zur Verfügung.

Bei der graphischen Bestimmung trägt man die Meßwerte in das Koordinatennetz ein. Mit einem durchsichtigen Lineal legt man in diesen Punkteschwarm eine Gerade. Dabei sollen die einzelnen Punkte regelmäßig ober- und unterhalb der Geraden verteilt sein. Die Lagekonstante a ermittelt man aus dem Ordinatenabschnitt y für $x = 0$, die Größe b

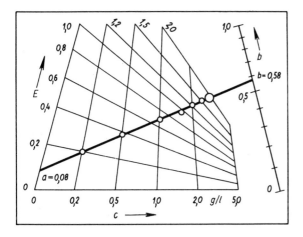

Bild 9.4. Graphischer Ausgleich der Werte von Beispiel [9.7] (S. 168) im projektiv verzerrten Netz

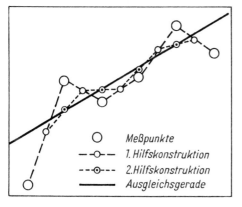

Bild 9.5. Konstruktion der Ausgleichsgeraden bei stark streuenden Meßwerten

stellt den Tangens des Anstiegswinkels der Geraden dar. Eine unmittelbare Ablesung der Konstanten a und b erlaubt das projektiv verzerrte Netz (vgl. Bild 9.4).

Bei stark streuenden Meßwerten ist die graphische Ausgleichung in der beschriebenen Weise oft nicht eindeutig durchführbar. Man hilft sich dann, indem man die Punkte jeweils paarweise geradlinig miteinander verbindet. Durch die Mitten der erhaltenen Strecken werden wiederum Verbindungslinien gezogen. Dieses Verfahren setzt man fort, bis man auf wenige Punkte reduziert hat, durch die man dann die Ausgleichsgerade legt (vgl. Bild 9.5).

Eine besonders einfache und an keinerlei Voraussetzungen gebundene Berechnung der Konstanten aus b und a ermöglicht ein von THEIL [3] angegebener Algorithmus. Man berechnet zunächst aus je zwei Wertepaaren $(x_i; y_i)$ und $(x_j; y_j)$ $(x_i \neq x_j; y_i \neq y_j)$ die Anstiegswerte b_{ij} nach

$$b_{ij} = \frac{y_i - y_j}{x_i - x_j}. \tag{9.11}$$

Die erhaltenen b_{ij} werden nach steigender Größe geordnet, und man bestimmt den Median $\tilde{b}_{ij}$ [Gl. (2.4)]. Mit Hilfe von $\tilde{b}_{ij}$ berechnet man aus allen Wertepaaren $(x_i; y_i)$ den Ordinatenabschnitt aus

$$a_i = y_i - \tilde{b} x_i \tag{9.12}$$

und wählt den Median $\tilde{a}$ aus.

Als Regressionsgleichung erhält man dann

$$y = \tilde{a} + \tilde{b}x. \tag{9.13}$$

Näherungsweise kann man bei einer geraden Zahl von Wertepaaren (nach steigender Größe von x geordnet) die Meßreihe halbieren und den Anstieg b aus den einander entsprechenden Daten beider Hälften berechnen.

[9.3] Zur Kalibrierung der direktthermometrischen Alkinbestimmung wurden folgende Werte gemessen (x = % Alkin, y = Peakhöhe in cm):

Lfd. Nr.	x	y
1	0,09	3,2
2	0,14	4,7
3	0,18	5,9
4	0,25	7,7
5	0,30	9,1
6	0,35	10,7

Man berechnet bei paarweiser Anordnung [Gl. (9.11) und Gl. (9.12)]

$b_{42} = (7,7 - 3,2)/(0,25 - 0,09) = 28,13$
$b_{52} = (9,1 - 4,7)/(0,30 - 0,14) = 27,50$
$b_{63} = (10,7 - 5,9)/(0,35 - 0,18) = 28,24$
$\tilde{b} = 28,13$

9.2. Charakteristik von Zusammenhängen

$a_1 = 3,2 - 28,13 \cdot 0,09 = 0,67$
$a_2 = 4,7 - 28,13 \cdot 0,14 = 0,76$
$a_3 = 5,9 - 28,13 \cdot 0,18 = 0,84$
$a_4 = 7,7 - 28,13 \cdot 0,25 = 0,67$
$a_5 = 9,1 - 28,13 \cdot 0,30 = 0,66$
$a_6 = 10,7 - 28,13 \cdot 0,35 = 0,85$

$$\bar{a} = 0,76$$

Damit erhält man als Kalibrierfunktion [Gl. (9.13)] $y = 0,76 + 28,13x$.

Die Berechnung der Konstanten a und b mit gleichzeitiger Schätzung ihrer Vertrauensintervalle ermöglicht der von GAUSS beschriebene Algorithmus. Dabei soll die Differenz zwischen den gemessenen y_i und den nachträglich berechneten $Y_i = a + bx_i$ ein Minimum annehmen. Das ist der Fall für

$$\sum (y_i - Y_i)^2 = \sum (y_i - a - bx_i)^2 \to \text{Min}. \tag{9.14}$$

Für eine solche bestmögliche angepaßte Gerade wird der Regressionskoeffizient

$$b = \frac{s_{xy}}{s_x^2} = r \frac{s_x}{s_y}. \tag{9.15}$$

Im einfachsten Falle wird die Gültigkeit folgender Voraussetzungen angenommen:

1. Der Fehler der vorgegebenen Werte x_i ist vernachlässigbar ($s_x/x \ll s_y/y$).
2. Die Meßwerte y_i sind normalverteilt.
3. Die Reproduzierbarkeit der Messung s_{yy} besitzt über dem gesamten Meßbereich die gleiche Größe (homoskedastische Streuung).

Dann erhält man die Konstanten b und a nach

$$b = \frac{\sum (x_i - \bar{x})(y_i - \bar{y})}{\sum (x_i - \bar{x})^2} = \frac{m \sum x_i y_i - \sum x_i \sum y_i}{m \sum x_i^2 - (\sum x_i)^2} \tag{9.16}$$

$$= \frac{\sum x_i y_i - m \bar{x} \bar{y}}{s_x^2 (m-1)}, \tag{9.16a}$$

$$a = \frac{\sum y_i - b \sum x_i}{m} \tag{9.17}$$

$$= \bar{y} - b\bar{x}. \tag{9.17a}$$

(Die mit a) gekennzeichneten Varianten lassen sich vorteilhaft anwenden für Taschenrechner mit Statistikteil.)

Die Konstanten a und b sind zufallsbedingte Schätzgrößen der theoretischen Parameter α und β. In gleicher Weise wie für den einzelnen Meßwert [Gl. (3.9)] läßt sich auch für a und b das Vertrauensintervall angeben. Man berechnet hierfür zunächst die Varianz zwischen gemessenen (y_i) und berechenbaren (Y_i) Werten:

$$s_0^2 = \frac{\sum_{1}^{m} (y_i - Y_i)^2}{m - 2} \tag{9.18}$$

$$= (m - 1)(s_y^2 - b s_x^2)/(m - 2) \tag{9.18a}$$

mit $f = m - 2$ Freiheitsgraden.
Es treten hier $m - 2$ Freiheitsgrade auf, da zum Festlegen der Geraden mindestens zwei Punkte erforderlich sind. [Werden jedoch an jeder der m Proben je n_j Parallelbestimmungen ausgeführt, so daß $mn_j = n$ Meßwerte vorliegen, so gehören zu Gl. (9.18) natürlich $f = n - 2$ Freiheitsgrade.] Die Quadratsumme in Gl. (9.18) bestimmt man zweckmäßigerweise aus folgendem Ausdruck:

$$\sum (y_i - Y_i)^2 = s_0^2 (m - 2) = \sum y_i^2 - a \sum y_i - b \sum x_i y_i. \tag{9.19}$$

Beim Auswerten von Gl. (9.19) ist darauf zu achten, daß die Rechnung auf eine genügend große Zahl von Dezimalstellen erfolgt, da sich die gesuchte Quadratsumme als Differenz oft ähnlich großer Werte ergibt. Deshalb machen sich an dieser Stelle selbst ganz geringfügige Rechen- oder Rundungsfehler im Gang der Rechnung in starkem Maße bemerkbar.
Die Varianzen für die Konstanten b und a lassen sich mit Hilfe des Fehlerfortpflanzungsgesetzes bestimmen, man erhält

$$s_b^2 = \frac{s_0^2}{\sum (x_i - \bar{x})^2} = \frac{m s_0^2}{m \sum x_i^2 - (\sum x_i)^2} \tag{9.20}$$

$$= \frac{s_0^2}{(m - 1) s_x^2}, \tag{9.20a}$$

$$s_a^2 = \frac{s_0^2 \sum x_i^2}{m \sum (x_i - \bar{x})^2} = \frac{s_0^2 \sum x_i^2}{m \sum x_i^2 - (\sum x_i)^2} = \frac{s_b^2}{m} \sum x_i^2 \tag{9.21}$$

mit jeweils $f = m - 2$ Freiheitsgraden.
Für die Richtungskonstante b wird die Varianz s_b^2 um so kleiner, je weiter die x-Werte vom Mittelwert $\bar{x} = \sum x_i/m$ entfernt liegen, d. h. je weiter der betrachtete Bereich gespannt ist. Das Vertrauensintervall für b und a ergibt sich mit

$$\begin{aligned}\Delta b &= \pm t(P, f) s_b, \\ \Delta a &= \pm t(P, f) s_a\end{aligned} \tag{9.22}$$

bei zweiseitiger Begrenzung zu $b \pm \Delta b$ bzw. $a \pm \Delta a$. Aus Δb bzw. Δa leitet man die Zahl der gültigen Dezimalstellen für b bzw. a ab (vgl. Abschn. 6.1., S. 96).
Die ermittelte Funktion $y = a + bx$ läßt sich benutzen, um aus vorgegebenen, also nahezu fehlerfreien x-Werten die Größe der abhängigen Veränderlichen zu berechnen. Zu einem gegebenen Wert x_k findet man einen Wert Y_k. Wegen des unvermeidlichen Fehlers beim Bestimmen der Konstanten a und b ist auch Y_k als eine Zufallsgröße anzusehen. Unter Berücksichtigung der Teilfehler s_a und s_b ergibt sich das Vertrauensintervall des berechneten Y_k mit

9.2. Charakteristik von Zusammenhängen

$$\Delta Y_k = t(P, f) \sqrt{s_0^2 \left[\frac{1}{m} + \frac{(x_k - \bar{x})^2}{\sum (x_i - \bar{x})^2}\right]}$$

$$= t(P, f) \sqrt{s_0^2 \left[\frac{1}{m} + \frac{m(x_k - \bar{x})^2}{m \sum x_i^2 - (\sum x_i)^2}\right]}. \quad (9.23)$$

Das Vertrauensintervall ist also abhängig von der Differenz $(x_k - \bar{x})$, es wird um so größer und damit wird die Aussage um so unschärfer, je weiter x_k vom Mittel $\bar{x}$ entfernt ist. Extrapolationen sind also selbst bei Gültigkeit des linearen Zusammenhanges mit einem besonders großen Fehler behaftet.

Wenn man die Regressionsrechnung unter Vertauschung der Variablen durchführt (»Regression von x auf y«), erhält man als Funktion $x = b'y + a'$. Der Regressionskoeffizient wird in diesem Falle

$$b' = \frac{s_{xy}}{s_y^2} = r \frac{s_y}{s_x}. \quad (9.24)$$

r Korrelationskoeffizient

Es stehen der durch Regression von y auf x erhaltene Regressionskoeffizient b [Gl. (9.16)] und der Regressionskoeffizient b' [Gl. (9.24)] im (erwarteten) reziproken Verhältnis nur für $r = 1{,}00$. Sie weichen um so mehr von diesem reziproken Verhältnis ab, je kleiner r ausfällt, d. h. je weniger straff der Zusammenhang zwischen x und y ausgeprägt ist. Deshalb kann man bei der Regressionsrechnung die Variablen x und y nicht ohne weiteres vertauschen.

Manchmal ergibt die Regressionsrechnung für die Konstante a einen sehr kleinen Wert. Bei der Prüfung nach $|a|/s_a = t_a$ findet man im Vergleich zu $t(P; f)$ keinen gegenüber Null nachweisbaren Unterschied. Dann liegt die Vermutung nahe, daß man nach $y = b'x$ ausgleichen kann. Die Regressionsrechnung vereinfacht sich dann, und man erhält

$$b = \frac{\sum x_i y_i}{\sum x_i^2}, \quad (9.25)$$

$$s_0^2 = \frac{\sum (y_i - Y_i)^2}{m - 1} \quad (9.26)$$

mit $f = m - 1$ Freiheitsgraden (vgl. jedoch S. 162 oben);

$$\sum (y_i - Y_i)^2 = s_0^2 (m - 1) = \sum y_i^2 - b \sum x_i y_i, \quad (9.27)$$

$$s_b^2 = \frac{s_0^2}{\sum x_i^2} \quad (9.28)$$

mit $f = m - 1$ Freiheitsgraden;

$$\Delta b = t(P, f) s_b = t(P, f) \sqrt{\frac{s_0^2}{\sum x_i^2}}. \quad (9.29)$$

11*

Eine solche Ausgleichung nach $y = b'x$ ist immer dann möglich, wenn sich die beiden Varianzen $s_0'^2$ und s_0^2 nicht signifikant unterscheiden. Man prüft dies in der üblichen Weise nach $F = s_0'^2/s_0^2$ im Vergleich zu $F(\bar{P}; f_1 = m - 1; f_2 = m - 2)$. Dabei gilt, daß s_0^2 niemals größer ist als $s_0'^2$.

9.2.2. Prüfverfahren

Nicht in jedem Falle steht von vornherein fest, ob die angenommene lineare Beziehung gerechtfertigt ist. Zur Entscheidung dieser Frage muß man an jeder der m vorgegebenen Größen x_i jeweils n_j Parallelbestimmungen durchführen. Der sich hierbei ergebende Zufallsfehler s_{yy} [Gl. (5.1) bzw. Gl. (5.2)] darf – falls die lineare Beziehung Gültigkeit besitzen soll – nicht im Widerspruch stehen mit der Streuung der Meßwerte um die Ausgleichsgerade s_0. Man prüft also

$$F = \left(\frac{s_0}{s_{yy}}\right)^2 \tag{9.30}$$

mit $f_1 = m - 2$ und $f_2 = m(n_j - 1)$ Freiheitsgraden.
Die Berechtigung des linearen Ausgleiches ist gegeben, solange $F < F(\bar{P} = 0{,}95; f_1; f_2)$ gefunden wird.

[9.4] Bei der Kalibrierung einer Zinkbestimmung mittels AAS ergaben sich die folgenden Werte:

x_i (ppm Zn)	1	2	3	4	5	6
y_i' (Extink-	0,040	0,260	0,422	0,605	0,730	0,805
y_i'' tion)	0,055	0,248	0,417	0,612	0,725	0,795

Der lineare Ausgleich liefert $y = -0{,}061\,033 + 0{,}153\,486x$ mit $s_0 = 0{,}044\,164$ ($f_1 = 10$ FG). Aus den Parallelbestimmungen y_i' und y_i'' erhält man nach Gl. (5.2) $s_{yy} = 0{,}004\,865$ ($f_2 = 6$ FG). Man berechnet $F = (0{,}044\,164/0{,}004\,865)^2 = 82{,}41$. Tabelle A.5 liefert $F(\bar{P} = 0{,}99; f_1 = 10; f_2 = 6) = 7{,}87$. Wegen $F > F(\bar{P} = 0{,}99; f_1; f_2)$ dürfen die Meßwerte nicht durch einen linearen Ansatz beschrieben werden.

Die Prüfung, ob ein linearer Ansatz erlaubt ist, läßt sich einfach [u. U. ohne die in Gl. (9.30) nötigen Mehrfachbestimmungen] mit Hilfe des WALD-WOLFOWITZ-Runs-Tests (vgl. Abschn. 7.5.) durchführen. Man bildet die Differenz zwischen den berechneten Werten $Y_i = a + bx_i$ und den experimentell gefundenen y_i und prüft die Folge der Vorzeichen. (Zur möglichen Anwendung von Zeitreihenmodellen s. S. 211.)

[9.5] Aus der im Beispiel [9.4] gefundenen Beziehung $y = -0{,}061\,033 + 0{,}153\,486x$ ergeben sich folgende Y_i:

x_i	1	2	3	4	5	6
Y_i	0,092	0,246	0,399	0,553	0,706	0,860

Für die 12 Differenzen $Y_i - Y_i'$ bzw. $Y_i - Y_i''$ erhält man als Vorzeichenfolge $++---------++$. Mit $k^+ = 4$ und $k^- = 8$ liegt die Zahl der Folgen ($N = 3$) unterhalb des kritischen Wertes $N = 4$ (vgl. Tab. 7.3). Damit ist mit $P = 0{,}95$ anzunehmen, daß ein linearer Ausgleich nicht gerechtfertigt ist.

9.2. Charakteristik von Zusammenhängen

Ergibt die Prüfung, daß ein linearer Ausgleich nicht möglich ist, so versucht man, die Meßwerte in geeigneter Form zu transformieren. In vielen Fällen kann die logarithmische Transformation zum Ziele führen. Im einfach logarithmisch geteilten Netz erscheint die Exponentialfunktion $y = ab^x$ bzw. ihre Umkehrfunktion als Gerade, je nachdem, ob man die Ordinate oder die Abszisse logarithmisch geteilt hat. Das doppelt logarithmische Papier streckt Funktionen des Typs $y = ax^n$. In speziellen Fällen kann man auch andere Transformationen benutzen (z. B. Reziprokwerte der Temperatur bei Dampfdruckmessungen). Wegen der einfacheren Handhabung wird man stets versuchen, durch geeignete Koordinatentransformation einen linearen Zusammenhang herzustellen. Es ist jedoch zu beachten, daß nach derartigen Transformationen die Voraussetzungen zur Regressionsrechnung kritisch überprüft werden müssen und daß evtl. dann nur die gewichtete Regression (vgl. Abschn. 9.3.3.) zum relevanten Ergebnis führt.

Bei Analysenverfahren mit großem Dynamikbereich D (z. B. Spektrometrie mit $D = 1:10^5$) ist im Meßbereich oft die Relativstandardabweichung s_y/y konstant. Die Voraussetzungen für die Methode der kleinsten Fehlerquadrate (S. 161) lassen sich gut erfüllen nach Logarithmieren der Werte ($Y = \lg y$ und $X = \lg x$). Bei einem Zusammenhang $y = bx$ erhält man dann als logarithmische Form $Y = \lg b + X$, also eine Gerade mit dem Ordinatenabschnitt $\lg b$ und dem Anstieg Eins. Beide Größen sind aus den m Wertepaaren (X_i; Y_i) entsprechend den Gln. (9.16) und (9.17) zu berechnen (siehe dazu auch [9], Abschn. 4.2.1.).

Als Gütemaß für die lineare Anpassung wird auch der Korrelationskoeffizient [Gl. (9.6)] benutzt. Außer von der Streuung der Meßwerte ist dieser jedoch auch abhängig von der Spanne zwischen größtem und kleinstem Meßwert. Deshalb ist der Korrelationskoeffizient nicht als ein brauchbares Maß für den Linearitätstest anzusehen.

Die Differenz zwischen den Richtungsfaktoren zweier Geraden der Form $y = a + bx$ kann man in ähnlicher Weise prüfen wie den Unterschied zweier Mittelwerte (vgl. Abschn. 7.4.). Man faßt die nach Gl. (9.19) erhaltenen beiden Quadratsummen zusammen und berechnet die gemeinsame Varianz s_g^2

$$s_g^2 = \frac{QS_1 + QS_2}{m_1 + m_2 - 4} \tag{9.31}$$

Die Varianz für die Differenz $|b_1 - b_2|$ wird gegeben durch

$$s_d^2 = s_g^2 \left[\frac{1}{\sum (x_{1i} - \bar{x}_1)^2} + \frac{1}{\sum (x_{2i} - \bar{x}_2)^2} \right]$$

$$= s_g^2 \left[\frac{1}{\sum x_{1i}^2 - (\sum x_{1i})^2 / m_1} + \frac{1}{\sum x_{2i}^2 - (\sum x_{2i})^2 / m_2} \right]$$

mit $f = m_1 + m_2 - 4$ Freiheitsgraden.

Zum Prüfen des Unterschiedes $|b_1 - b_2|$ bildet man

$$t = \frac{|b_1 - b_2|}{s_d}$$

und vergleicht in der üblichen Weise mit $t(P, f)$.

9. Statistik der Geraden

Für Nullpunktgeraden $y = bx$ vereinfachen sich die angegebenen Gleichungen zu

$$s_g^2 = \frac{QS_1 + QS_2}{m_1 + m_2 - 2},\qquad(9.31\text{a})$$

$$s_d^2 = s_g^2 \left[\frac{1}{\sum x_{1i}^2} + \frac{1}{\sum x_{2i}^2} \right].$$

[9.6] Der Titerstellung einer Lösung von $c(\tfrac{1}{5} KMnO_4)$ erfolgte einmal gegen Natriumoxalat und parallel dazu gegen Eisen(III)-oxid nach BRAND. Zwischen der Vorlage x (in mg Urtitersubstanz) und dem auf mg Urtitersubstanz umgerechneten Verbrauch y bestand Proportionalität. Die erhaltenen Resultate zeigt die folgende Übersicht:

Oxalat		Eisen(III)-oxid	
x	y	x	y
136,2	140,0	141,3	152,5
161,2	171,5	203,5	208,4
200,3	207,7	242,0	253,1
235,5	244,6	283,1	291,7
271,1	285,4	327,6	345,0
		362,0	370,0

Man berechnet

	Oxalat	Eisen(III)-oxid
$\sum x_i y_i$	223 291,35	454 750,12
$\sum x_i^2$	213 611,43	438 453,31
$\sum y_i^2$	233 433,86	471 760,31
m	5	6
b	1,045 316	1,037 169
$s_0^2(m-1)$	23,84	107,59

Mit Hilfe der Gln. (9.31) ff. ergibt sich

$$s_g^2 = \frac{23{,}84 + 107{,}59}{5 + 6 - 2} = 14{,}60,$$

$$s_d^2 = 14{,}60\,[(1/213\,611{,}43) + (1/438\,453{,}31)] = 0{,}000\,101\,647\,3,$$

$$s_d = 0{,}031\,9,$$

$$t = \frac{1{,}045\,3 - 1{,}037\,2}{0{,}010\,1} = 0{,}80.$$

Mit $f = 5 + 6 - 2 = 9$ Freiheitsgraden ist $t(P = 0{,}95;\ f = 9) = 2{,}26$. Zwischen den beiden ermittelten Wirkwerten der Permanganatlösung ist kein Unterschied nachweisbar.

9.2.3. Kalibrieren

Die Regressionsrechnung wird bei der Aufstellung von Kalibrierfunktionen aus m Wertepaaren x_K; y_K angewendet. Der Ordinatenabschnitt a entspricht einem nicht eliminierten Blindwert, der Regressionskoeffizient b stellt die Empfindlichkeit der Analysenmethode dar. Bei der nachfolgenden Analyse unter genau gleichen Bedingungen bestimmt man den Meßwert $\bar{y}_A = \Sigma y_A / n_j$ aus n_j Parallelbestimmungen. Den gesuchten Gehalt findet man aus der zur Kalibrierfunktion inversen Analysenfunktion $\bar{x}_A = (\bar{y}_A - a)/b$. Die Standardabweichung für die Gehaltswerte ergibt sich aus

$$s_x(A) = \frac{s_0}{b} \sqrt{\frac{1}{m} + \frac{1}{n_j} + \left(\frac{s_b}{b}\right)^2 \left(\frac{\bar{y}_A - \bar{\bar{y}}}{s_0}\right)^2}, \qquad (9.32)$$

$\bar{\bar{y}} = \sum y_K / m$,
$f = m - 2$ Freiheitsgrade.

Trotz des im homoskedastischen System vorausgesetzten s_{yy} = const. wird $s_x(A)$ gehaltsabhängig und um so größer, je weiter $\bar{y}_A$ von der Ordinate des Schwerpunktes $\bar{\bar{y}} = \Sigma y_K / m$ entfernt liegt. Dies ist besonders unangenehm am unteren Ende des Konzentrationsbereiches wegen des dort ohnehin schon großen Relativfehlers. Deshalb empfiehlt es sich, beim Kalibrieren die Proben am unteren Ende des Bereiches dichter anzuordnen und dadurch den Schwerpunkt der Kalibriergeraden in Richtung der niedrigeren Gehalte zu verschieben [9].

Aus Gl. (9.32) erhält man mit $f = m - 2$ Freiheitsgraden das Vertrauensintervall zum Analysenwert $\bar{x}_A$. Die beiden Vertrauensgrenzen $\bar{x}_A \pm \Delta \bar{x}$ verlaufen als zwei Hyperbeläste mit der kleinen Hauptachse $y = a + bx$ und dem Scheitel im Schwerpunkt $(\bar{\bar{x}}; \bar{\bar{y}})$.

Aus der Kalibrierfunktion kann man die Nachweisgrenze unmittelbar bestimmen. Dabei nimmt man den Ordinatenabschnitt a als Blindwert an ($a = \bar{y}_B$). Als kleinsten, vom Blindwert unterscheidbaren Meßwert y_{min} (»kritischer Wert«) erhält man analog Gl. (6.12)

$$\bar{y}_{min} > a + t(\bar{P}; f = m - 2) s_0 / \sqrt{n_j}. \qquad (9.33)$$

Beim Umformen in den Gehaltswert berücksichtigt man die Konfidenzgrenzen der Kalibrierfunktion, d. h., man gibt $\bar{x} + \Delta \bar{x}$ als Nachweisgrenze an. Falls $\bar{y}_{min} \ll \bar{\bar{y}}$ gilt, kann man in guter Näherung den unteren Hyperbelast durch die zugehörige Asymptote ersetzen. Diese verläuft durch die Punkte $(\bar{\bar{x}}; \bar{\bar{y}})$ und $0; a - t(\bar{P}, f) s_0 / \sqrt{n_j}$ und folgt der Funktion

$$y - a + t(\bar{P}, f) s_0 = \frac{\bar{\bar{y}} - a + t(\bar{P}, f) s_0 / n_j}{\bar{\bar{x}}} x.$$

Durch Einsetzen von $y = y_{min}$ [Gl. (9.33)] und Auflösen nach x erhält man die Nachweisgrenze analog Gl. (6.13) zu

$$x_{min} = \frac{2 t(P, f) \bar{\bar{x}} s_0 / \sqrt{n_j}}{\bar{\bar{y}} - a + t(P, f) s_0 / \sqrt{n_j}}. \qquad (9.34)$$

Diese Verfahrensweise ist jedoch nur zulässig, solange der absolute Zufallsfehler der y-Werte nicht von deren Größe abhängt.

9. Statistik der Geraden

In allen anderen Fällen müssen $\bar{y}_B$ und $\sigma_B(s_B)$ aus zusätzlichen Blindwertmessungen gewonnen werden. Durch Gl. (9.34) ist der für die Kalibrierung minimal mögliche Gehalt bestimmt. Gibt es in der Kalibrierfunktion einen Datenpunkt unterhalb der Nachweisgrenze, so ist diese Probe durch eine neue mit höher liegendem Gehalt zu ersetzen.

[9.7] Zum Kalibrieren der photometrischen Bestimmung von Benzen mittels UV-Spektroskopie wurden die Extinktionen von sieben Proben bekannten Gehaltes gemessen. Unter der Annahme eines über den Meßbereich konstanten Zufallsfehlers (s_{yy} = const.) wurden die folgenden Meßwerte mittels linearer Regressionsrechnung ausgewertet:

Konzentration x_i in g Benzen/l	Extinktion y_i
0,2	0,20
0,5	0,37
1,0	0,64
1,5	0,93
2,0	1,22
2,5	1,50
3,0	1,80

Man bestimmt zunächst

$\sum x_i = 10,7$, $\quad \sum x_i^2 = 22,79$, $\quad (\sum x_i)^2 = 114,49$,

$\sum y_i = 6,66$, $\quad \sum y_i^2 = 8,4298$, $\quad \sum x_i y_i = 13,850$,

$m = 7$.

Damit ergibt sich nach den Gln. (9.16) und (9.17)

$$b = \frac{7 \cdot 13,850 - 10,7 \cdot 6,66}{7 \cdot 22,79 - 114,49} = 0,570\,337,$$

$$a = \frac{6,66 - 0,570\,337 \cdot 10,7}{7} = 0,079\,628.$$

Die Quadratsumme für die Varianz zwischen gemessenen (y_i) und berechneten Werten (Y_i) findet man nach Gl. (9.19) zu

$$\sum (y_i - Y_i)^2 = 8,429\,800 - 0,079\,628 \cdot 6,66 - 0,570\,337 \cdot 13,850 = 0,000\,311,$$

$$s_0^2 = \frac{0,000\,311}{5} = 0,000\,062\,2,$$

$s_0 = 0,007\,887$.

Die Varianzen für die Konstanten b und a erhält man aus den Gln. (9.20) und (9.21) zu

$$s_b^2 = \frac{7 \cdot 0,000\,062\,2}{7 \cdot 22,79 - 114,49} = 0,000\,009\,67,$$

$s_b = 0,003\,11$ (mit $f = 5$ Freiheitsgraden),

$$s_a^2 = \frac{0,000\,062\,2 \cdot 22,79}{7 \cdot 22,79 - 114,49} = 0,000\,031\,47,$$

$s_a = 0,005\,61$ (mit $f = 5$ Freiheitsgraden).

9.2. Charakteristik von Zusammenhängen

Bei $P = 0,95$ wird $t(P, f) = 2,57$, damit erhält man $t(P, f) s_b = 0,00799$ und $t(P, f) s_a = 0,014$. Die gesuchten Konstanten der Eichfunktion sind also bei $P = 0,95$

$b = 0,570 \pm 0,008$ (= Empfindlichkeit),
$a = 0,079 \pm 0,014$ ($\widehat{=}$ Untergrund).

Bei der nachfolgenden Analyse wurden an zwei verschiedenen Proben die Extinktionen $\bar{y}_{A1} = 0,40$ und $\bar{y}_{A2} = 1,43$ gemessen ($n_j = 2$). Entsprechend Gl. (9.32) ergibt sich

$$s_x(A1) = \frac{0,007887}{0,570337} \sqrt{\frac{1}{7} + \frac{1}{2} + \left(\frac{0,003110}{0,570337}\right)^2 \left(\frac{0,40 - 6,66/7}{0,007887}\right)^2}$$

$= 0,012$ g Benzen/l.

Für die zweite Probe findet man $s_x(A2) = 0,011$ g Benzen/l. Da $\bar{y}_{A2}$ näher am Schwerpunkt der Kalibriergeraden liegt als $\bar{y}_{A1}$, fällt die zu $\bar{x}_2$ gehörige Standardabweichung etwas kleiner aus (vgl. auch Beispiel [9.8]).
Wieder unter der Voraussetzung s_{yy} = const. erhält man aus Gl. (9.33) als Nachweisgrenze ($\bar{P} = 0,99$; $n_j = 2$)

$$\bar{x}_{min} = \frac{2 \cdot 3,37 \cdot 1,5286 \cdot 0,007887/\sqrt{2}}{0,9574 - 0,0796 + 3,37 \cdot 0,007887/\sqrt{2}}$$

$= 0,064$ g Benzen/l.

Bei der Kalibrierfunktion liegen alle für ihre Aufstellung benutzten Gehalte über dem für die Nachweisgrenze berechneten Gehalt.

Bei einer Reihe von Analysenverfahren ist die Reproduzierbarkeit s_{yy} abhängig von der Meßwertgröße y (z. B. Photometrie, vgl. Abschn. 4.5.). Man spricht dann von einem heteroskedastischen System. Es besitzen dann die Meßwerte mit dem kleineren Zufallsfehler einen höheren, die Meßwerte mit dem größeren Zufallsfehler einen geringeren Aussagewert. Diesen unterschiedlichen Aussagewert kann man berücksichtigen durch Wichtung der einzelnen Messungen entsprechend der Größe ihres Zufallsfehlers. Man erhält die Wichtungsfaktoren w_i für die einzelnen Meßwerte nach

$$w_i = s_i^{-2} / \sum s_i^{-2} / m. \tag{9.35}$$

Die einzelnen Standardabweichungen ermittelt man im Vorversuch. Ähnlich wie bei der ungewichteten Regression ist die Übereinstimmung zwischen den gemessenen und den nachträglich berechneten Werten am besten, wenn die gewichtete Fehlerquadratsumme

$$\sum w_i(y_i - a_w - b_w x_i)^2 = \sum w_i(y_i - y_i)^2 \tag{9.36}$$

ein Minimum wird. Man erhält dann die der ungewichteten Regression analogen Beziehungen.

$$b_w = \frac{m \sum w_i x_i y_i - \sum w_i x_i \sum w_i y_i}{m \sum w_i x_i^2 - (\sum w_i x_i)^2}, \tag{9.37}$$

$$a_w = \frac{\sum w_i y_i - b_w \sum w_i x_i}{m}, \tag{9.38}$$

9. Statistik der Geraden

$$\sum w_i(y_i - Y_i)^2 = \sum w_i y_i^2 - \frac{(\sum w_i y_i)^2}{m} - b_w^2 \sum w_i x_i^2 + b_w^2 \frac{(\sum w_i x_i)^2}{m}, \qquad (9.39)$$

$$s_{ow}^2 = \sum w_i(y_i - Y_i)^2/(m - 2), \qquad (9.40)$$

$$s_{bw}^2 = \frac{m s_{ow}^2}{m \sum w_i x_i^2 - (\sum w_i x_i)^2}, \qquad (9.41)$$

$$s_{aw}^2 = \frac{s_{ow}^2 \sum w_i x_i^2}{m \sum w_i x_i^2 - (\sum w_i x_i)^2} = \frac{s_{bw}^2}{m} \sum w_i x_i^2 \qquad (9.42)$$

mit jeweils $f = m - 2$ Freiheitsgraden.
Aus einer durch gewichtete Regression bestimmten Kalibrierfunktion erhält man als Analysenfunktion $x_{Aw} = (y_{Aw} - a_w)/b_w$. Die Standardabweichung für den Analysenwert ergibt sich nach

$$s_{xw}(A) = \frac{s_{ow}}{b_w} \sqrt{\frac{1}{m} + \frac{1}{w_A n_j} + \left(\frac{s_{bw}}{b_w}\right)^2 \left(\frac{\bar{y}_A - \bar{y}_w}{s_{ow}}\right)^2} \qquad (9.43)$$

mit $f = m - 2$ Freiheitsgraden.
Im Gegensatz zur ungewichteten Regression wird die Präzision bei der Messung von $\bar{y}_A$ durch den zugehörigen Wichtungsfaktor $w_A = s_{iA}^{-2}/\sum s_i^{-2}$ berücksichtigt. Die benötigten Standardabweichungen s_i können aus Mehrfachbestimmungen bei den verschiedenen Gehalten ermittelt werden [Gl. (2.5)]. Es lassen sich aber auch empirische Gehaltsabhängigkeiten (z. B. Tab. 5.3) oder theoretische Gesetzmäßigkeiten [z. B. Gl. (4.19a)] benutzen. Die Wichtungsfaktoren [Gl. (9.35)] stellen dimensionslose Relativgrößen dar. Deshalb können die einzelnen Standardabweichungen s_i in willkürlichen Einheiten eingesetzt werden.

[9.8] Bei der photometrischen Analyse hängt die Meßwertstandardabweichung gesetzmäßig von der Größe der Extinktion ab [Gl. (4.19a)]. Diese Beziehung läßt sich in einfacher Weise nutzen, um die Wichtungsfaktoren zu berechnen. Unter der Annahme, daß in Gl. (4.19a) das Glied $1/I_0^2$ nur einen vernachlässigbaren Beitrag liefert, benutzt man als Näherung $\sigma_E = \sigma_D/I = \sigma_D \, 10^{-E(10)}$. Man setzt $\sigma_D = 1$ und erhält dann die s_i in willkürlichen Einheiten. Zur Berechnung der gewichteten Regression ergibt sich dann mit $y = E(10)$ das folgende Schema:

x	y	s_i	s_i^{-2}	w_i
0,2	0,20	0,631 0	2,511 886	0,003 283
0,5	0,37	0,426 6	5,495 409	0,007 182
1,0	0,64	0,229 1	19,054 607	0,024 903
1,5	0,93	0,117 5	72,443 596	0,094 680
2,0	1,22	0,060 3	275,422 870	0,359 963
2,5	1,50	0,031 6	1 000,000 000	1,306 945
3,0	1,80	0,015 8	3 981,071 705	5,204 351

$$\sum s_i^{-2}/m = 765{,}142\,868.$$

Man berechnet zunächst

$\sum w_i x_i = 19{,}771\,512$, $(\sum w_i x_i)^2 = 390{,}912\,690$,

$\sum w_i x_i^2 = 56{,}687\,279$,

$\sum w_i y_i = 11{,}874\,709$, $(\sum w_i y_i)^2 = 141{,}008\,710$,

$\sum w_i y_i^2 = 20{,}431\,695$,

$\sum w_i x_i y_i = 34{,}032\,326$, $m \sum w_i x_i y_i = 238{,}226\,284$.

Damit erhält man nach den Gln. (9.37) bis (9.42)

$b_w = 0{,}584\,126$, $a_w = 0{,}046\,522$,

$s_{ow}^2 = 0{,}000\,018\,5$, $s_{ow} = 0{,}004\,307$,

$s_{bw}^2 = 0{,}000\,022$, $s_{bw} = 0{,}004\,692$,

$s_{aw}^2 = 0{,}000\,178$, $s_{aw} = 0{,}013\,348$.

Daraus ergeben sich ($P = 0{,}95$)

$b_w = 0{,}584 \pm 0{,}005$, $a_w = 0{,}047 \pm 0{,}013$.

Bei den zwei Analysenproben mit $\bar{y}_{A1} = 0{,}40$ und $\bar{y}_{A2} = 1{,}43$ findet man als Wichtungsfaktoren $w_{A1} = 0{,}008\,247$ und $w_{A2} = 0{,}946\,800$. Damit erhält man aus Gl. (9.43) mit $\bar{\bar{y}}_w = \sum w_i y_i / m = 1{,}696\,4$ als Standardabweichungen $s_{xw1} = 0{,}060$ und $s_{xw2} = 0{,}007$. Im Vergleich zur ungewichteten Regression ($s_{x1} = 0{,}012\,3$ und $s_{x2} = 0{,}011\,9$) entsprechen jetzt die Zufallsfehler mit deutlich stärkerer Differenzierung der Präzision bei der Extinktionsmessung. Durch die ungewichtete Regression wurde dieser Unterschied verwischt.

Der Vergleich der Resultate von Beispiel [9.7] und [9.8] zeigt, daß sich die Konstanten b und b_w bzw. a und a_w nur wenig unterscheiden. Es ergeben sich jedoch deutliche Unterschiede bei der Berechnung der Standardabweichungen und der daraus abgeleiteten Vertrauensintervalle. Deshalb muß die gewichtete Regression immer dann angewandt werden, wenn aus den Messungen Aussagen zur Präzision der Resultate gefordert sind.

9.2.4. Nachweis systematischer Fehler

Systematische Fehler verschieben die Meßwerte derart, daß sie stets einseitig vom wahren Wert abweichen; das Verfahren zeigt eine »Mißweisung«. Diese kann durch eine überall auftretende additive (»konstanter Fehler«) oder prozentuale Verfälschung (»veränderlicher Fehler«; vgl. S. 16) verursacht sein. Bei der Beurteilung eines Analysenverfahrens ist es wichtig, die Art des aufgetretenen systematischen Fehlers zu erkennen, da sich hieraus Rückschlüsse auf seine Entstehungsursache und damit auf Verbesserungsmöglichkeiten der Methode ableiten lassen.

Zum gleichzeitigen Nachweis des konstanten und veränderlichen systematischen Fehlers untersucht man m Proben. Man gleicht die gegebenen (x_i) und die gefundenen Gehalte (y_i) aus nach $y = a + bx$. Ein von Null verschiedener Ordinatenabschnitt deutet auf einen konstanten Fehler, ein vom Anstieg 1,000 verschiedener Wert von b auf einen veränderlichen Fehler.

9. Statistik der Geraden

In vielen Fällen darf man annehmen, daß die vorgegebenen Werte x_i als fehlerlos anzusehen sind und daß die gefundenen Werte y_i einer Gaußverteilung folgen. Dann berechnet man die Ausgleichsgerade mit Hilfe der ungewichteten Regression [Gln. (9.16) bis (9.21)], bildet [4]

$$t_a = |a|/s_a, \qquad t_b = |1 - b|/s_b \qquad (9.44)$$

und vergleicht in üblicher Weise mit $t(P; f = m - 2)$.

[9.9] Zu einer maßanalytischen Sulfatbestimmung wurden folgende Beleganalysen gegeben (x = gegeben, y = gefunden, beide in $mgSO_4^{2-}$):

x	y	x	y	x	y
9,50	12,08	38,00	37,87	142,50	139,50
19,00	19,42	47,50	46,37	190,00	185,96
28,50	28,64	95,00	93,12	237,50	232,95

Die Regressionsrechnung ergibt:

$a = 1,077\,740, \qquad b = 0,973\,326,$
$s_a = 0,431\,122, \qquad s_b = 0,003\,632,$

$$t_a = \frac{|1,077\,740|}{0,431\,122} = 2,50,$$

$$t_b = \frac{|1 - 0,973\,326|}{0,003\,632} = 7,34,$$

$t(P = 0,95; f = 7) = 2,36$.

Da $t_a, t_b > t(P, f)$, ist die Anwesenheit eines konstanten und eines linear veränderlichen systematischen Fehlers nachgewiesen.

Ein Prüfverfahren, bei dem die Richtigkeitskontrolle unmittelbar an den Analysen durchgeführt werden kann, ohne daß deren wahrer Gehalt bekannt ist, setzt folgende Bedingungen voraus [5]:

1. Die gemessene Größe x (z. B. mg Auswaage oder ml Maßflüssigkeit) wird auf die bekannte Einwaage e bezogen.
2. Zwischen der gemessenen Größe x und der Einwaage e besteht Proportionalität ($x \sim e$).
3. Das zu bestimmende Element läßt sich der Analyse in exakt bekannter Menge zusetzen.

Zum Nachweis eines konstanten Fehlers geht man von einer Doppelbestimmung aus, deren Analysen unterschiedlich große Einwaagen zugrunde liegen. Bei Fehlerlosigkeit gilt nach Voraussetzung 1, daß

$$\frac{x_1}{e_1} = \frac{x_2}{e_2}. \qquad (9.45)$$

9.2. Charakteristik von Zusammenhängen

Tritt ein konstanter Fehler a auf, so wird

$$x'_1 = x_1 + a,$$
$$x'_2 = x_2 + a.$$
(9.46)

Durch Einsetzen in Gl. (9.45) und Auflösen nach a erhält man

$$a = \frac{x'_2 e_1 - x'_1 e_2}{e_1 - e_2}.$$
(9.47)

Besonders übersichtlich wird die Rechnung für $e_1 = 2 e_2$. Gl. (9.47) geht dann über in

$$a = 2x'_2 - x'_1.$$
(9.48)

Zur Prüfung auf einen linear veränderlichen Fehler müssen beiden Analysen der Doppelbestimmung gleiche Einwaagen zugrunde liegen. Mit $e_2 = e_3$ wird auch $x_2 = x_3 = x$. Der einen Analyse setzt man das zu bestimmende Element in bekannter Menge z zu. Dieser Eichzusatz soll bei allen Proben gleich groß und so bemessen sein, daß er die Konzentration des betr. Elementes etwa verdoppelt. Ist in dem Verfahren ein linear veränderlicher Fehler b enthalten, so wird

$$x'_2 = bx,$$
$$x'_3 = b(x + z).$$
(9.49)

Durch Eliminieren des unbekannten x und Auflösen nach b erhält man

$$b = \frac{x'_3 - x'_2}{z}.$$
(9.50)

Diese beiden Konstanten a und b bestimmt man aus einer Reihe von m Proben und berechnet das Mittel $\bar{a} = \sum a_i/m$ bzw. $\bar{b} = \sum b_i/m$. Infolge des Zufallsfehlers werden sich meist Abweichungen von den erwarteten Idealwerten $a_0 = 0$ bzw. $b_0 = 1{,}000$ ergeben. Zum Nachweis des systematischen Charakters müssen deshalb $\bar{a}$ und $\bar{b}$ gegen ihre Idealwerte geprüft werden. Entsprechend Gl. (7.12) erhält man

$$t_a = \frac{|\bar{a}|}{s_a} \sqrt{m}, \qquad t_b = \frac{|1 - \bar{b}|}{s_b} \sqrt{m}$$
(9.51)

mit jeweils $f = m - 1$ Freiheitsgraden.
Dabei sind

$$s_a = \sqrt{\frac{\sum (a_i - \bar{a})^2}{m - 1}}, \qquad s_b = \sqrt{\frac{\sum (b_i - \bar{b})^2}{m - 1}}.$$

Die systematische Abweichung gilt als erwiesen, wenn $t_a > t(P, f)$ bzw. $t_b > t(P, f)$.

[9.10] Die Bestimmung von As in Futterhefen mittels Hydrid-AAS sollte auf systematische Fehler geprüft werden. An vier Proben werden folgende Werte gemessen (in μg As):

	x_1	x_2	x_3	x_4
Probe 1	13,8	23,3	5,8	15,2
Probe 2	30,0	39,6	14,0	23,7
Probe 3	43,0	52,4	20,0	29,3
Probe 4	66,8	76,5	32,0	41,3

$x_1; x_3$ Werte ohne Standardzusatz
$x_2; x_4$ Werte mit Zusatz $z = 10\,\mu\text{g As}$
$x_1; x_3$ Messungen aus Aliquoten im Verhältnis 2:1

Nach Gl. (9.48) erhält man aus den jeweiligen Werten x_1 und x_3 als konstanten Fehler

$a_1 = 2 \cdot 5{,}8 - 13{,}8 = -2{,}2$,
$a_2 = -2{,}0$, $\quad a_3 = -3{,}0$, $\quad a_4 = -2{,}8$,
$\bar{a} = -2{,}50\,\mu\text{g As}$, $\quad s_a = 0{,}48\,\mu\text{g As}$,

$t_a = |2{,}50|\sqrt{4}/0{,}48 = 10{,}42$,
$t(P = 0{,}99; f = 3) = 5{,}84$,

$b_1 = (23{,}3 - 13{,}8)/10 = 0{,}95$,
$b_2 = 0{,}96$, $\quad b_3 = 0{,}94$, $\quad b_4 = 0{,}97$,
$b_5 = 0{,}94$, $\quad b_6 = 0{,}97$, $\quad b_7 = 0{,}93$,
$b_8 = 0{,}93$,
$\bar{b} = 0{,}949$, $\quad s_b = 0{,}016$,

$t_b = (|1{,}000 - 0{,}949|)\sqrt{8}/0{,}016 = 9{,}02$,
$t(P = 0{,}99; f = 7) = 3{,}50$.

Wegen $t_a; t_b > t(P = 0{,}99; f)$ sind ein konstanter und ein linear veränderlicher systematischer Fehler nachgewiesen. Die Werte aus dieser Bestimmungsmethode liegen um $2{,}50\,\mu\text{g As}$ und außerdem um rund 5% zu tief.

Der durch Gl. (9.50) beschriebene Nachweis eines linear veränderlichen Fehlers entspricht der Bestimmung der »Wiederfindungsrate« (recovery rate). Entsprechend Gl. (7.12) muß auch diese Größe stets auf ihre signifikante Abweichung vom Erwartungswert Eins geprüft werden. Bei Bestimmung der Wiederfindungsrate ist zu berücksichtigen, daß mit Gl. (9.50) allein ein evtl. vorhandener konstanter systematischer Fehler unentdeckt bleibt.

Nicht immer kann die für den Ansatz von YOUDEN [Gl. (9.44)] erhobene Forderung $s_x \ll s_y$ verwirklicht werden. Falls für die gefundenen Werte die Gaußverteilung angenommen werden kann, läßt sich der Nachweis systematischer Fehler mit Hilfe der gewichteten Regression [6] führen.

Die Prüfung auf systematische Fehler ohne die für das Modell von YOUDEN notwendigen Voraussetzungen (S. 161) ermöglicht eine von PASSING und BABLOCK [7] beschriebene Methode. Dabei liegen wieder m Wertepaare $(x_i; y_i)$ vor. Die Werte x_i sind der fehlerfreien Bezugsmethode zugeordnet. Entsprechend dem Algorithmus von THEIL berechnet man alle die möglichen $N \leq [m(m-1)]/2$ Steigungen b_{ij} [Gl. (9.11)]. Dabei können k Werte mit $b_{ij} < -1$ anfallen. Entsprechend den Gln. (9.12) und (9.13) ermittelt man die Ausgleichs-

9.2. Charakteristik von Zusammenhängen

gerade $y = \tilde{a} + \tilde{b}x$. Zum Nachweis systematischer Fehler sind $\tilde{b}$ und $\tilde{a}$ auf ihre Abweichung vom Erwartungswert $\hat{b}$ bzw. $\hat{a}$ zu prüfen (Nullhypothese ist somit $\hat{b} = 1$ bzw. $\hat{a} = 0$). Für den Nachweis eines linear veränderlichen Fehlers berechnet man untere und obere Grenze des Vertrauensintervalles für $\tilde{b}$. Man erhält

$$b_u = b_{(M_1 + k)}, \quad b_o = b_{(M_2 + k)}; \tag{9.52}$$

$$M_1 = \frac{N - C(\bar{P})}{2}, \quad M_2 = N - M_1 + 1; \tag{9.53}$$

(auf ganze Zahlen auf- oder abrunden)

$$C(\bar{P}) = u(\bar{P}) \sqrt{\frac{m(m-1)(2m+5)}{18}}. \tag{9.54}$$

Die Nullhypothese $\hat{b} = 1$ ist anzunehmen für $b_u < 1 < b_o$, es ist dann mit Sicherheit $\bar{P}$ kein linear veränderlicher Fehler nachweisbar.

Für den Nachweis eines konstanten Fehlers berechnet man untere und obere Vertrauensgrenze für $\hat{a}$ nach

$$\begin{aligned} a_u &= \text{Median}\,(y_i - b_o x_i), \\ a_o &= \text{Median}\,(y_i - b_u x_i). \end{aligned} \tag{9.55}$$

Die Nullhypothese $\hat{a} = 0$ ist anzunehmen für $a_u < 0 < a_o$, es ist dann kein konstanter Fehler nachweisbar.

[9.11] Bei vergleichenden Untersuchungen zur Lactatbestimmung mittels chemischer Standardmethode ($\rightarrow x_i$) und Enzymelektrode ($\rightarrow y_i$) wurden die folgenden Werte gefunden (in m mol/l):

x_i	y_i
10,2	10,2
20,3	20,5
29,8	30,9
40,1	41,3
49,8	51,2

Man berechnet zunächst die $N = 10$ möglichen Steigungen b_{ij} [Gl. (9.11)]:

	$i = 4$	3	2	1
$j = 5$	1,020 6 (4)	1,015 0 (2)	1,040 7 (7)	1,035 4 (5)
= 4		1,009 7 (1)	1,050 5 (8)	1,040 1 (6)
= 3			1,094 7 (10)	1,056 1 (9)
= 2				1,019 8 (3)

9. Statistik der Geraden

Es ergeben sich keine Werte mit $b_{ij} < -1 (k = 0)$. Man ordnet nach steigender Größe (eingeklammerte Zahlen) und findet als Median

$\tilde{b} = (1{,}035\,4 + 1{,}040\,1)/2 = 1{,}037\,75$.

Nach Berechnen von $\tilde{a}$ [Gl. (9.12)] erhält man analog Gl. (9.13)

$y = -0{,}385\,05 + 1{,}037\,75\,x$.

Zur Angabe der Vertrauensgrenzen von $\hat{b}(\bar{P} = 0{,}95)$ sind zu berechnen:

$$C(\bar{P} = 0{,}95) = 1{,}65 \sqrt{\frac{5 \cdot 4 \cdot 15}{18}} = 6{,}74 \qquad [\text{Gl. (9.54)}],$$

$$\left. \begin{array}{l} M_1 = \dfrac{10 - 6{,}74}{2} = 1{,}63 \approx 2 \\ M_2 = 10 - 1{,}63 + 1 = 9{,}37 \approx 9 \end{array} \right\} \qquad [\text{Gl. (9.53)}].$$

Mit $k = 0$ ergeben sich als Vertrauensgrenzen [Gl. (9.52)]

$b_u = b_{M_1} = b_2 = 1{,}015\,0$,

$b_o = b_{M_2} = b_9 = 1{,}056\,1$.

Der Erwartungswert $\hat{b} = 1$ liegt nicht innerhalb des Vertrauensintervalles $1{,}015\,0 \ldots 1{,}056\,1$. Damit ist mit $\bar{P} = 0{,}95$ ein linear veränderlicher systematischer Fehler nachgewiesen.

Zum Bestimmen der Vertrauensgrenzen von $\hat{a}$ berechnet man nach Gl. (9.55)

$a_{ui} = y_i - 1{,}056\,1\,x_i, \qquad a_{oi} = y_i - 1{,}015\,0\,x_i$

$a_{u1} = -0{,}572\,2 \quad (4), \qquad a_{o1} = -0{,}153\,0 \quad (1),$

$a_{u2} = -0{,}938\,8 \quad (3), \qquad a_{o2} = -0{,}104\,5 \quad (2),$

$a_{u3} = -0{,}571\,8 \quad (5), \qquad a_{o3} = 0{,}653\,0 \quad (4),$

$a_{u4} = -1{,}049\,6 \quad (2), \qquad a_{o4} = 0{,}598\,5 \quad (3),$

$a_{u5} = -1{,}393\,8 \quad (1), \qquad a_{o5} = 0{,}653\,0 \quad (4),$

$\tilde{a}_{ui} = a_{u2} = -0{,}938\,8, \qquad \tilde{a}_{oi} = \dfrac{a_{o2} + a_{o3}}{2} = 0{,}247\,0$.

Der Erwartungswert $\hat{a} = 0$ liegt innerhalb des Vertrauensintervalls $-0{,}938\,8 \ldots +0{,}247\,0$. Deshalb ist ein konstanter systematischer Fehler nicht nachweisbar.

Im Vergleich zu dem Prüfmodell nach YOUDEN besitzt der Test auf systematische Fehler nach PASSING und BABLOCK die geringere Testschärfe. Er soll deshalb nur dann angewendet werden, wenn Unsicherheiten in der Erfüllung der Voraussetzungen für das Modell von YOUDEN bestehen. Über weitergehende Anwendungen des Verfahrens nach PASSING und BABLOCK (z. B. Linearitätstest) muß auf die Originalliteratur [7] verwiesen werden.

Alle die dargestellten Tests gestatten entweder den Nachweis systematischer Fehler, oder sie führen zu der Aussage, daß systematische Fehler im Rahmen des aufgetretenen Zufallsfehlers nicht nachweisbar sind. Die Nichtsignifikanz des Tests ist aber nicht gleichzusetzen mit der Abwesenheit systematischer Fehler. Eine solche Interpretation [z. B. aus $t \ll t(P = 0{,}95; f)$ begründet] ist ein nachfolgender Schritt. Es wird damit angenommen, daß das Analysenverfahren zu »richtigen« Analysenwerten führt. Der Begriff der »Richtigkeit« (vgl. Abschn. 1.) soll deshalb stets mit den Analysenwerten verknüpft sein. Er gibt – entsprechend dem Ausfall des Tests – eine qualitative Ja/Nein-Entscheidung und kann nicht quantifiziert werden. Nur im Falle nicht zu beseitigender systematischer Fehler sind präzisierende Angaben zu Art, Größe und Vorzeichen der »Mißweisung« zulässig z. B. im Sinne der maximalen Meßunsicherheit [8].

Quellenverzeichnis zum Abschnitt 9.

[1] OLMSTEAD, W.; TUKEY, J. W.: Ann. math. Statistics **18** (1947) 495
[2] HOLDT, G.; STRASSHEIM, A.: The Use of Scatter Diagram in Emission spectroscopy. Appl. Spectrosc. **14** (1960) 64/66
[3] THEIL, A.: A Rank invariant Method for Regression Analysis. Proc. k. Ned. Wet. Ser. A **53** (1950) 386/392
[4] YOUDEN, W. J.: Technique for Testing Accuracy of Analytical Data. Anal. Chem. **19** (1947) 946/950
[5] DOERFFEL, K.: Fehlerrechnung in der analytischen Chemie. Z. anal. Chem. **157** (1957) 241/248
[6] DOERFFEL, K.; HEBISCH, R.: Nachweis systematischer Fehler durch gewichtete Regression. Z. anal. Chem. **331** (1988) 510/512
[7] PASSING, H.; BABLOCK, W.: A New Biometric Procedure for Testing the Equality of Measurements from Two Different Analytical Methods. J. Clin. Chem. Clin. Biochem. **21** (1983) 709/720
[8] EHRLICH, G.; FRIEDRICH, K.; KUCHAROWSKI, R.; STAHLBERG, R.: Zur Bewertung quantitativer chemischer Analysenzufallsfehler, systematischer Fehler, Gesamtfehler. Z. Chem. **24** (1984) 204/208
[9] DOERFFEL, K.; ECKSCHLAGER, K.; HENRION, G.: Chemometrische Strategien in der Analytik. Leipzig: Deutscher Verlag für Grundstoffindustrie 1990

Weiterführende Literatur zum Abschnitt 9.

IRVIN, A.; QUICKENDEN, H. I.: Linear Least-square-treatment when there Errors in both x and y. J. chem. Educ. **60,** 9 (1983) 711/712.

PHILLIPS, G. R.; EYRING, E. M.: Comparison of Conventional and Robust Regression in Analysis of Chemical Data. Anal. Chem. **55** (1983) 1134/1138

BUBERT, H.; KLOCKENKÄMPFER, R.: Precision-Dependent Calibration in Instrumental Analysis. Z. anal. Chem. **316** (1983) 186/193

BOS, U.; JUNKER, A.: Nachweis- und Bestimmungsgrenze als kritische Verfahrenskenngrößen vollständiger Meßverfahren in der Umweltanalytik. Z. anal. Chem. **316** (1983) 135/141

DANZER, K.: Robuste Statistik in der Analytischen Chemie. Z. anal. Chem. **335** (1989) 869/875

REIMANN, C.; WURZER, F.: Monitoring Accuracy and Precision – Improvements by Introducing Robust and Resistance Statistics. Microchim. Acta [Wien] 1986 1/6, 31/42

DIN 32 645. Nachweis- und Bestimmungsgrenze

10 Einflüsse mehrerer Größen (Faktorexperimente)

In der analytischen Chemie wird ein Meßwert y (oder ein Analysenergebnis) häufig durch einen oder mehrere Bestandteile des untersuchten Systems beeinflußt (z. B. »Matrixeffekte«). Bei der Ausarbeitung des Analysenverfahrens steht dann die Aufgabe, solche Einflüsse qualitativ nachzuweisen und nachfolgend zu quantifizieren. Hierzu variiert man nach gegebenem Plan alle diese Einflußgrößen (»Faktoren« x_u) gleichzeitig und beobachtet die Auswirkungen auf das Meßergebnis. Dabei bezeichnet man Einflüsse durch jeweils einen Faktor als Hauptwirkungen. Wechselwirkungen treten auf, wenn sich die Zielgröße bei gemeinsamem Auftreten zweier (oder mehrerer) Faktoren ändert. Die Signifikanz der Einflüsse erhält man aus der Gegenüberstellung mit dem Zufallsfehler. Die Quantisierung der Einflüsse erfolgt durch ein passend ausgewähltes Regressionspolynom $y = f(x_u)$. Ganz besonders beim Faktorexperiment ist es Aufgabe des Analytikers, die durch das mathematische Modell aufgezeigten Einflüsse aus den stofflichen Eigenschaften des untersuchten Systems zu interpretieren und nach Möglichkeit zu verallgemeinern.

10.1. Vollständige Faktorpläne

Man kennzeichnet Faktorexperimente durch die Anzahl der Faktoren ($u = 1 \ldots n$) und die Zahl l der »Stufen« für jeden Faktor. Häufig benutzt man $l = 2$ Stufen, die man durch die Symbole $+1$ für die obere und -1 für die untere Stufe bezeichnet [oder einfach auch nur durch $(+)$ und $(-)$]. Es führen $n = 3$ Faktoren auf je $l = 2$ Stufen zu einem $(2 \times 2 \times 2)$-Faktorexperiment mit $m = 2^3 = 8$ Versuchen. Die Anzahl der Versuche ($k = 1 \ldots m$) bei einem vollständigen Faktorexperiment steigt also mit $m = l^n$ exponentiell sehr rasch an. Die Auswertung eines Experiments mit n Faktoren erfolgt mittels n-facher Varianzanalyse. Zur Bestimmung des Versuchsfehlers führt man für jeden Meßwert eine Doppelbestimmung durch. Als Meßwerte kann man die konzentrationsproportionale Meßgröße y_k (z. B. Extinktion) benutzen, es ist also deren Umformung in Konzentrationswerte mittels Kalibrier-/Analysenfunktion nicht notwendig.
Einem (2×2)-Faktorexperiment mit den Faktoren A und B liegt üblicherweise ein vollständiger Versuchsplan 1. Ordnung zugrunde (vgl. Tab. 10.1).
Zur Auswertung des Versuches bildet man zwei Tafeln, deren eine die Summe, deren andere die Differenz zweier zusammengehöriger Meßwerte y'_k und y''_k enthält. Aus der Tafel

10.1. Vollständige Faktorpläne

Tabelle 10.1. Vollständiger Versuchsplan 1. Ordnung

Versuch Nr.	Variable		Meßgröße	
	x_A	x_B	y_k	
$k = 1$	+	−	y'_1	y''_1
2	−	+	y'_2	y''_2
3	+	+	y'_3	y''_3
4	−	−	y'_4	y''_4

für die Summen $(y'_k + y''_k)$ berechnet man

1. die Streuung aller Zeilenmittelwerte um den Gesamtmittelwert (Streuung »zwischen den Zeilen«),
2. die Streuung aller Spaltenmittelwerte um den Gesamtmittelwert (Streuung »zwischen den Spalten«),
3. die Streuung aller Doppelbestimmungen um den Gesamtmittelwert (Streuung »zwischen den Doppelbestimmungen«).

Die Wechselwirkung zwischen den Zeilen und Spalten erhält man, indem man von der Quadratsumme für die Streuung »zwischen den Doppelbestimmungen« die beiden anderen Quadratsummen »zwischen den Zeilen« und »zwischen den Spalten« abzieht. Aus der Tafel für die Differenzen $(y'_k - y''_k)$ berechnet man in Analogie zu Gl. (5.2) den Versuchsfehler. Die Gesamtstreuung bestimmt man schließlich in der gewohnten Weise aus den einzelnen Meßwerten y_{ik}. Besitzt die aufgestellte Summentafel p Zeilen und q Spalten, so erhält man für die Ausführung der doppelten Varianzanalyse mit Doppelbestimmung der Werte folgendes allgemeines Schema (mit $Y_k = (y'_k + y''_k)$):

Ursache	Quadratsumme	Freiheitsgrade	Varianz
Streuung zwischen den Zeilen	$QS_1 = 2q \sum (\bar{Y}_p - \bar{y})^2$	$f_1 = p - 1$	$s_1^2 = QS_1/f_1$
Streuung zwischen den Spalten	$QS_2 = 2p \sum (\bar{Y}_q - \bar{y})^2$	$f_2 = q - 1$	$s_2^2 = QS_2/f_2$
Streuung zwischen den Doppelbestimmungen	$QS_3 = \sum (Y_k - \bar{y})^2$		
Wechselwirkung Spalten × Zeilen	$QS_4 = QS_3 - QS_2 - QS_1$	$f_4 = (p-1)(q-1)$	$s_4^2 = QS_4/f_4$
Versuchsfehler	$QS_5 = \sum (y'_k - y''_k)^2$	$f_5 = pq$	$s_5^2 = QS_5/f_5$
Gesamtstreuung	$QS = \sum (y_k - \bar{y})^2$	$f = 2pq - 1$	

Nach Berechnung der einzelnen Varianzen prüft man analog zu Abschnitt 8.1. die Nullhypothese. Die Wirkungen W_u ($u = 1, 2 \ldots n$) der einzelnen n Faktoren erhält man bei einem Experiment mit $l = 2$ Stufen nach

$$W_u = \frac{\sum Y_k^+ - \sum Y_k^-}{m/2}. \qquad m \text{ Anzahl der Versuche} \qquad (10.1)$$

10. Einflüsse mehrerer Größen

Für den Erfolg des Faktorexperimentes ist die richtige Wahl der Faktorstufen entscheidend. Die übliche Anwendung von $l = 2$ Stufen ist gleichbedeutend mit einer Linearisierung der Wirkungen. Diese Linearisierung ist sicherlich erfüllt, wenn die Schrittweite zwischen $(+)$ und $(-)$ nicht zu groß ist. Andererseits wird eine zu geringe Schrittweite keine signifikante Änderung der Zielgröße bewirken. Optimale Faktorstufen können durch Kenntnis des Systems oder auch durch Vorversuche abgeschätzt werden.

[10.1] Die Störung der flammenphotometrischen Natriumbestimmung durch Calcium und Kalium sollte untersucht werden. Im Vorversuch hatte sich eine der Calciumkonzentration proportionale Zunahme des gemessenen Intensitätswertes y_{Na} ergeben. Die durch Kalium verursachte Störung erfolgte dagegen nicht proportional zur Konzentration an Kalium. Im Experiment wurden deshalb einer Grundlösung von 10 ppm Na$^+$ die beiden Störelemente gemäß folgendem Schema zugesetzt:

$K_0Ca_0 \quad K_1Ca_0 \quad K_2Ca_0$
$K_0Ca_1 \quad K_1Ca_1 \quad K_2Ca_1$

Die Konzentrationen der zugesetzten Störelemente Kalium und Calcium waren wie folgt abgestuft:

$K_0: \quad x_K^0 = 0, \quad K_1: \quad x_K^+ = 10\,\text{ppm}, \quad K_2: \quad x_K^{++} = 20\,\text{ppm},$

$Ca_0: \quad x_{Ca}^0 = 0, \quad Ca_1: \quad x_{Ca}^+ = 10\,\text{ppm}.$

Im Experiment ergaben sich die folgenden Resultate y_k' und y_k'' (in Skalenteilen):

	K_0	K_1	K_2
Ca_0	153/155	161/159	164/162
Ca_1	155/157	164/163	167/170

Zum Vereinfachen der weiteren Rechnungen subtrahiert man von jedem Wert den Mittelwert von Ca_0K_0 ($= 154$) und erhält Tafel 1.

Tafel 1. Transformierte Werte

	K_0	K_1	K_2
Ca_0	$-1/+1$	$+7/+5$	$+10/+8$
Ca_1	$+1/+3$	$+10/+9$	$+13/+16$

Aus diesen Werten bildet man die Tafeln für die Summen und Differenzen:

Tafel 2. Summen $Y_k = y_k' + y_k''$

	K_0	K_1	K_2	Summe	Mittel
Ca_0	0	12	18	30	5,00
Ca_1	4	19	29	52	8,67
Summe	4	31	47	82	
Mittel	1,00	7,75	11,75		

10.1. Vollständige Faktorpläne

Tafel 3. Differenzen $y'_k - y''_k$

	K_0	K_1	K_2
Ca_0	2	2	2
Ca_1	2	1	3

Berechnung der Quadratsummen

1. Einfluß des Calciums (Hauptwirkung Ca) aus Tafel 2:

$$QS_1 = \frac{30^2 + 52^2}{6} - \frac{82^2}{12} = 40{,}33 \text{ (mit } f_1 = 1 \text{ Freiheitsgrad).}$$

2. Einfluß des Kaliums (Hauptwirkung K) aus Tafel 2:

$$QS_2 = \frac{4^2 + 31^2 + 47^2}{4} - \frac{82^2}{12} = 236{,}16 \text{ (mit } f_2 = 2 \text{ FG).}$$

3. Wechselwirkung Calcium × Kalium (aus Tafel 2):

Man bestimmt zunächst die Quadratsumme für die Streuung »zwischen den Doppelbestimmungen« und erhält daraus durch Subtraktion der unter 1. und 2. gefundenen Quadratsummen die gesuchte Größe

$$QS_3 = \frac{0^2 + 12^2 + 18^2 + 4^2 + 19^2 + 29^2}{2} - \frac{82^2}{12} = 282{,}67,$$

$QS_4 = 282{,}67 - 40{,}33 - 236{,}16 = 6{,}17$ (mit $f_4 = 2$ FG).

4. Versuchsfehler aus Tafel 3 analog Gl. (5.2):

$$QS_5 = \frac{2^2 + 2^2 + 2^2 + 2^2 + 1^2 + 3^2}{2} = 13{,}00 \text{ (mit } f_4 = 6 \text{ FG).}$$

5. Gesamtstreuung aus Tafel 1:

$$QS = -1^2 + 1^2 + 7^2 + \ldots + 9^2 + 13^2 + 16^2 - \frac{82^2}{12} = 295{,}67 \text{ (mit } f = 11 \text{ FG).}$$

Zusammenfassung

Ursache	QS	FG	s^2
Hauptwirkung Ca	40,33	1	40,33
Hauptwirkung K	236,16	2	118,08
Wechselwirkung Ca × K	6,17	2	3,09
Versuchsfehler	13,00	6	2,17
Gesamt	295,66	11	

Die Wechselwirkung Ca × K liegt innerhalb der Zufallsstreuung [F = 3,09/2,17 = 1,43 < $F(\bar{P}$ = 0,95; f_1 = 2; f_2 = 6) = 5,14]. Deshalb darf man ihre Quadratsumme und ihre Freiheitsgrade zum Versuchsfehler schlagen. Man erhält als neuen Versuchsfehler

	QS	FG	s^2
Wechselwirkung Ca × K	6,17	2	
Versuchsfehler	13,0	6	
Neuer Versuchsfehler	19,17	8	2,40

Nullhypothese

Hauptwirkung Ca:
F = 40,33/2,40 = 16,80 > $F(\bar{P}$ = 0,99; f_1 = 1; f_2 = 8) = 11,26.
Hauptwirkung K:
F = 118,08/2,40 = 49,20 > $F(\bar{P}$ = 0,99; f_1 = 2; f_2 = 8) = 8,65.
Die beiden Hauptwirkungen sind gesichert nachgewiesen.

Einflußgrößen [Gl. (10.1)]

W_{Ca} = (52 − 30)/6 = +3,67,
$W_K(0 \rightarrow 1)$ = (31 − 4)/4 = +6,75,
$W_K(0 \rightarrow 2)$ = (47 − 4)/4 = +10,75.

Die beiden Begleitelemente verursachen eine Intensitätszunahme. Dabei wirkt – bei gleichen Konzentrationen – das Kalium viel stärker als das Calcium.

Nimmt man Linearität der Einflüsse an, so läßt sich die Signalintensität des Analyten y in Abhängigkeit von der Konzentration der Begleitelemente x_A, x_B ... x_N durch ein einfaches Polynom beschreiben. Man bildet

$$y = y_0 + \frac{W_A}{x_A^+} x_A + \frac{W_B}{x_B^+} x_B + \ldots + \frac{W_N}{x_N^+} x_N = y_0 + \sum_{u=1}^{n} \frac{W_u}{x_u^+} x_u. \tag{10.2}$$

y_0 Meßwert für x_u^0 = 0
x_u^+ Konzentration von A, B ... auf der oberen Stufe
x_u beliebig vorgegebene Konzentration von A, B ...

Die Quotienten W_u/x_u^+ entsprechen den partiellen Empfindlichkeiten b_u. Damit erhält man unter Berücksichtigung aller Intensitätsbeiträge

$$y = y_0 + y_A + y_B + \ldots + y_N,$$
$$y = y_0 + b_A x_A + b_B x_B + \ldots + b_N x_N. \tag{10.3}$$

Gl. (10.3) erlaubt, die Intensität des Analytsignals für beliebige, im Versuchsbereich liegende Elementkonzentrationen zu berechnen.

[10.2] Im Beispiel [10.1] waren die Hauptwirkungen des Ca und des K als gesichert nachgewiesen, die Wechselwirkung Ca × K dagegen nicht. Aus $W_{Ca} = +3{,}67$ ergibt sich mit $x_{Ca}^+ = 20$ ppm die partielle Empfindlichkeit $b_{Ca} = 0{,}184$ und damit $y_{Ca} = 0{,}184\, x_{Ca}$. Im Falle des Kaliums kann als Näherung ein quadratischer Ansatz gewählt werden. Mit vernachlässigbarem Absolutglied erhält man $y_K \approx 0{,}602\,5 x_K - 0{,}003\,25 x_K^2$. Die partielle Empfindlichkeit für Na ergibt sich aus dem Gehalt der Grundlösung (10 ppm Na) zu $b_{Na} = 154/10 = 15{,}4$. Damit kann man die Intensitätsabhängigkeit des Natriums beschreiben durch

$$y_{Na} = 15{,}4\, x_{Na} + 0{,}184\, x_{Ca} + 0{,}602\,5\, x_K - 0{,}003\,25\, x_K^2.$$

Da y_{Ca} linear von x_{Ca} abhängt, ist eine Störung der Natriumbestimmung infolge Querempfindlichkeit (CaOH$^+$-Bande) anzunehmen. Die quadratische Abhängigkeit von y_K zur Kaliumkonzentration deutet auf einen völlig anderen Störmechanismus, vermutlich auf konkurrierende Ionisationsgleichgewichte. Daß zwei verschiedene unabhängig voneinander ablaufende Störmechanismen vorliegen, wird durch die Nichtsignifikanz der Wechselwirkung Ca × K erhärtet.

Aus Gl. (10.3) läßt sich weiterhin ableiten, welche minimale Konzentration eines Begleitelementes einen signifikanten Störeinfluß ausübt. Sie ist gegeben durch

$$x_u(\min) = \frac{t(P = 0{,}95;\, f) s_y}{W_u} x_u^+ = \frac{t(P = 0{,}95;\, f) s_y}{b_u}. \tag{10.4}$$

Auf diese Weise kann man die Selektivität oder die Spezifität eines Analysenverfahrens beschreiben (vgl. Beispiel [10.3]).
Nachteilig bei allen vollständigen Faktorplänen ist, daß mit steigendem Umfang des Experiments die Zahl der benötigten Versuche exponentiell ansteigt und daß der rechnerische Aufwand sehr rasch anwächst. Zur Durchführung der erforderlichen mehrfachen Varianzanalyse sei verwiesen auf [1].

10.2. Unvollständige Faktorpläne nach PLACKETT und BURMAN

Beschränkt man sich im Faktorexperiment zunächst nur auf den Nachweis von Hauptwirkungen, so kann man durch unvollständige Faktorpläne erheblich an Experiment- und Rechenaufwand sparen. Diese von PLACKETT und BURMAN [2], [3] beschriebenen Pläne erlauben bei $l = 2$ Stufen aus m Versuchen den Nachweis der Hauptwirkungen von $n = m - 1$ Faktoren. Der experimentelle Aufwand steigt also nur linear mit der Versuchsgröße. Voraussetzung der Faktorpläne dieser speziellen Art ist es, daß m durch $l^2 = 4$ teilbar sein muß. Die Planmatrix (vgl. Tab. 10.2) ist so aufgebaut, daß pro Versuchszeile jeder Einflußfaktor x_u $(m/2)$-mal auf dem hohen Wert (+) und $[(m/2) - 1]$-mal auf dem niedrigen Wert (−) vorkommt. Nach Festlegen der ersten Zeile entstehen alle weiteren Zeilen durch cyclisches Vertauschen. Die m-te Zeile ist ausschließlich mit (−)-Symbolen belegt. Die gesuchten Hauptwirkungen erhält man entsprechend Gl. (10.1). Sie gelten nur dann als signifikant, wenn sie den Analysenfehler s_y überschreiten. Man kann ihn erhalten, indem man jeden der m Versuche doppelt ansetzt und die Standardabweichung aus den Doppelbestimmungen [Gl. (5.2)] berechnet. Mit geringerem Aufwand erhält man den

Tabelle 10.2. PLACKETT-BURMAN-Pläne
a) Für 7 Variable (einschl. der Scheinvariablen) bei $m = 8$ Versuchen

Versuchs-Nummer m	Variable							Zielgröße y_i
	A	B	C	D	E	F	G	
1	+	+	+	−	+	−	−	y_1
2	+	+	−	+	−	−	+	y_2
3	+	−	+	−	−	+	+	y_3
4	−	+	−	+	+	+	−	y_4
5	+	−	−	+	+	+	−	y_5
6	−	−	+	+	+	−	+	y_6
7	−	+	+	+	−	+	−	y_7
8	−	−	−	−	−	−	−	y_8

b) Erste Zeile größerer Versuchspläne

$m = 12$ + + − + + + − − − + −

$m = 16$ + + + + − + − + + − − + − − −

$m = 24$ − − − − + − + − + + + − + + − − − + + + + + −

$m = 32$ − − − − + − + − + + + − + + − − − + +
            + + + − − + + − + − − − +

Versuchsfehler, wenn man einige Variable des Faktorplanes nicht mit echten Einflußgrößen belegt, sondern sie als Scheinvariable S_i benutzt. In der zufälligen Streuung der Wirkungen W_S dieser Scheinvariablen kommt der aufgetretene Zufallsfehler s_y zum Ausdruck. Bei m Versuchen und n_S Scheinvariablen ergibt sich

$$s_y^2 = \sum (W_S - \overline{W}_S)^2 / (n_S - 1), \tag{10.5}$$

$f = n_S - 1$ Freiheitsgrade.

Der signifikante Einfluß eines Faktors gilt als erwiesen, falls

$|W_u| \geq t(P = 0{,}95; f)\, s_y = W^*$.

[10.3] Für die Calciumbestimmung durch Flammenphotometrie [Ca(I) 422,6 nm] sollte der Einfluß der Anionen Chlorid, Sulfat und Phosphat untersucht werden. Im Experiment wurde eine Lösung mit $x_0(\text{Ca}) = 5$ ppm Ca (als Calciumnitrat) verwendet. Als untere Stufe für die drei Einflußfaktoren (−) war die Konzentration Null, als obere Stufe (+) die Konzentration $x_u^+ = 20$ ppm vorgesehen. Dem Experiment lag ein Plan für $n = 7$ Variable mit $m = 8$ Versuchen zugrunde. Die Zuordnung der einzelnen Variablen A ... G erfolgte rein zufällig, und zwar

B ≙ Phosphat   E ≙ Chlorid   G ≙ Sulfat

A, C, D, F ≙ Scheinvariable.

Für die einzelnen Versuche entsprechend dem dargestellten Faktorplan (Tab. 10.2) wurden folgende Werte gemessen (in Skalenteilen des Galvanometerausschlages):

10.2. Unvollständige Faktorpläne nach PLACKETT und BURMAN

Versuch Nr.	Ergebnis y_k	Versuch Nr.	Ergebnis y_k
$k = 1$	$y_1 = 155$	$k = 5$	$y_5 = 210$
2	$y_2 = 128$	6	$y_6 = 195$
3	$y_3 = 175$	7	$y_7 = 160$
4	$y_4 = 130$	8	$y_8 = 215$

Für den Einflußfaktor A erhält man nach Gl. (10.1)

$$W_A = \frac{1}{4}(155 + 128 + 175 + 210 - 130 - 195 - 160 - 215) = -8{,}0.$$

Analog berechnet man die Einflußgrößen W_u für die Variablen A ... G zu

$$W_B = -55{,}5, \quad W_C = 0{,}5, \quad W_D = 4{,}5.$$

$$W_E = 3{,}0, \quad W_F = -4{,}5, \quad W_G = -28{,}5.$$

Aus W_A, W_C, W_D und W_F findet man den Versuchsfehler zu $s_y = 5{,}5$ mit $f = 3$ Freiheitsgraden. Die Signifikanz des Einflusses eines Faktors gilt als erwiesen, falls

$$|W| \geq t(P = 0{,}95;\, f = 3)\, s_y = 3{,}18 \cdot 5{,}5 = 17{,}5.$$

Danach üben lediglich Phosphat ($|W_B| = 55{,}5$) und Sulfat ($|W_G| = 28{,}5$) einen gesicherten depressiven Einfluß aus, bei einem Zusatz von 20 ppm liegt der Einfluß des Chlorids ($|W| = 3{,}0$) innerhalb des Versuchsfehlers. Die mit $P = 0{,}95$ nachweisbare niedrigste Konzentration der störenden Anionen erhält man nach Gl. (10.4) mit

$$|x_{\text{Phos.}}(\min)| = \frac{3{,}18 \cdot 5{,}5}{55{,}5} \cdot 20 = 6{,}3 \text{ ppm}, \quad |x_{\text{Sulf.}}(\min)| = 12{,}0 \text{ ppm}, \quad |x_{\text{Chlorid}}(\min)| = 116{,}6 \text{ ppm}.$$

Signifikante Störeinflüsse sind also oberhalb dieser Anionenkonzentrationen zu erwarten. Entsprechend Gl. (10.2) läßt sich die Emissionsintensität der ausgewerteten Linie Ca(I) 422,6 nm mit

$$y_0 = \frac{y_8}{x_0(\text{Ca})} x_{\text{Ca}} = \frac{215}{5} x_{\text{Ca}} \text{ durch folgendes Polynom beschreiben [Gl. (10.2)]:}$$

$$y_{\text{Ca}} = 43{,}0 x_{\text{Ca}} - 2{,}775 x_{\text{Phos.}} - 1{,}400 x_{\text{Sulf.}} + 0{,}150 x_{\text{Chlorid}}$$

Manchmal wird im PLACKETT-BURMAN-Experiment der Einfluß der gleichen Faktoren auf mehrere Zielgrößen (z. B. verschiedene Elemente) untersucht. Dann kann man die aus den verschiedenen jeweils n_s Scheinvariablen ermittelten Standardabweichungen zusammenfassen. Durch die erhöhte Zahl von Freiheitsgraden verbessert sich die Schärfe des Tests.

[10.4] Für Untersuchungen mittels LASER-Mikrospektralanalyse wurde der Einfluß von fünf experimentellen Parametern auf die Linienintensität der Elemente Pb, Zn, Cu, Fe, Sn, Ca und Mg geprüft [5]. Für die zwei Scheinvariablen ergaben sich folgende Hauptwirkungen:

	Pb	Zn	Cu	Fe	Sn	Ca	Mg
W'_s	$-1{,}4$	$-1{,}5$	$1{,}2$	$-1{,}0$	$1{,}6$	$1{,}5$	$-1{,}1$
W''_s	$+1{,}5$	$0{,}8$	$-1{,}1$	$1{,}1$	$-1{,}1$	0	$1{,}3$

Daraus erhält man nach Gl. (5.2) $s = 1{,}66$ mit $f = 7$ Freiheitsgraden und $W^*_{\text{ges}} = 2{,}36 \cdot 1{,}66 = 3{,}92$. Bei Berechnen der W^* getrennt für die einzelnen Elemente wäre [mit $t(P = 0{,}95;\ f = 1) = 12{,}71$] die Testschärfe erheblich geringer gewesen.

Nicht immer sind Wechselwirkungen von vornherein mit Sicherheit auszuschließen. So mögen beispielsweise zwei beliebige Faktoren X und Y miteinander wechselwirken. Diese Wechselwirkung macht sich dann bemerkbar, wenn X und Y beide gleichzeitig auf der Stufe (+) auftreten. Das ist im PLACKETT-BURMAN-Plan stets $(m/4)$-mal der Fall. Diese Kombination (X^+ mit Y^+) ist stets begleitet mit der Stufe ($-$) irgendeines anderen Faktors Z. Für einen Plan mit $m = 8$ Versuchen erhält man folgendes Muster:

```
...X...Y  ...  Z
 :    :        :
 +    +        −
 .    .        .
 +    +        −
 .    .        .
```

Für X, Y und Z berechnet man dann unter Anwendung von Gl. (10.1)

$$W_X(\text{ges.}) = \frac{4W_X}{4} + \frac{2W_XW_Y}{4} = W_X + \frac{1}{2}W_XW_Y,$$

$$W_Y(\text{ges.}) = \frac{4W_Y}{4} + \frac{2W_XW_Y}{4} = W_Y + \frac{1}{2}W_XW_Y, \qquad (10.7)$$

$$W_Z(\text{ges.}) = \frac{4W_Z}{4} + \frac{2W_XW_Y}{4} = W_Z - \frac{1}{2}W_XW_Y.$$

Falls die Hauptwirkung W_X bzw. W_Y und die Wechselwirkung W_XW_Y ungleiches Vorzeichen besitzen, besteht die Gefahr, daß infolge der Wechselwirkung die Hauptwirkungen W_X bzw. W_Y nicht nachgewiesen werden. Die gleiche Gefahr besteht für W_Z, falls W_Z und

Tabelle 10.3. Zweifachwechselwirkungen $X \times Y$ und ihre Auswirkung auf Z im Faktorplan mit $m = 8$ Versuchen

$X \times Y =$			wirkt auf $Z =$
$A \times B$	$C \times E$	$D \times G$	F
$A \times C$	$B \times E$	$F \times G$	D
$A \times D$	$B \times G$	$E \times F$	C
$A \times E$	$B \times C$	$D \times F$	G
$A \times F$	$C \times G$	$D \times E$	B
$A \times G$	$B \times D$	$C \times F$	E
$B \times F$	$C \times D$	$E \times G$	A

$W_X W_Y$ gleiches Vorzeichen besitzen. Falls der Faktor Z eine Scheinvariable darstellt ($W_Z \approx 0$), so nimmt W_Z(ges.) einen auffällig großen oder kleinen Wert an im Vergleich zu den anderen Scheinvariablen. Wenn man bei zwei Faktoren X und Y eine Wechselwirkung erwartet (vgl. Tab. 10.3), so ist es zweckmäßig, den Faktor Z als Scheinvariable vorzusehen. Mit W_Z(ges.) $\approx -W_X W_Y/2$ kann dann die Größe der Wechselwirkung (grob) abgeschätzt werden. Bei der Berechnung des Versuchsfehlers [Gl. (10.2)] bleibt der durch die Wechselwirkung beeinflußte Wert von W_Z selbstverständlich unberücksichtigt.

[10.5] Die Störung der Bestimmung von Calcium mittels stabilisierten Lichtbogens durch Aluminium, Phosphat und Chlorid sollte geprüft werden. Bei der zweimaligen Durchführung eines PLACKETT-BURMAN-Planes mit verschiedener Aufteilung der Faktoren ergaben sich folgende Einflußgrößen (S = Scheinvariable)

Faktor	1. Versuch		2. Versuch	
	Belegung	W_{i1}	Belegung	W_{i2}
A	Al	−0,142 3	S	+0,015 8
B	Cl	−0,001 0	PO$_4$	−0,038 8
C	S	−0,000 5	S	+0,000 3
D	S	−0,000 3	Cl	+0,001 3
E	PO$_4$	−0,037 2	S	−0,001 0
F	S	+0,000 4	Al	−0,153 6
G	S	+0,012 3	S	−0,000 8

Im ersten Versuch korrespondieren im Sinne des angegebenen Musters XYZ die Faktoren A und E mit G, im zweiten Versuch die Faktoren B und F mit A (vgl. Tab. 10.3). Man faßt die W_i aus beiden Versuchen zusammen und erhält aus W_{G1} und W_{A2} als Wechselwirkung [Gl. (10.7)]

$$\overline{W_{Al}W_{PO_4}} = -(0{,}012\,3 + 0{,}015\,8) = -0{,}028\,1\,.$$

Danach findet man als korrigierte Hauptwirkungen

$$W_{Al} = \frac{1}{2}[(-0{,}142\,3) + (-0{,}153\,6)] - \frac{-0{,}028\,1}{2} = -0{,}133\,3\,,$$

$$W_{PO_4} = \frac{1}{2}[(-0{,}037\,2) + (-0{,}038\,8)] - \frac{-0{,}028\,1}{2} = -0{,}024\,0\,.$$

Zur Signifikanzprüfung benutzt man die W_s aus beiden Versuchen (ohne W_{G1} bzw. W_{A2}) und erhält $s_y = 0{,}000\,67$ ($f = 5$ FG) sowie $W^* = 0{,}001\,7$. Damit sind die reinen Hauptwirkungen von Aluminium und Phosphat sowie die Wechselwirkung Al × PO$_4$ als signifikant nachgewiesen.

Auch beim PLACKETT-BURMAN-Plan ist die Wahl der Stufen (+) und (−) entscheidend für den Erfolg des Experiments. Bei nicht bekanntem Verhalten der Faktoren wird ein zweimaliges Durchführen des Experimentes mit unterschiedlicher Schrittweite empfohlen. Für einen genügend scharfen Signifikanztest ist eine genügend hohe Zahl von Freiheitsgraden erforderlich. Falls bei $f \leq 5$ im Signifikanztest eine Größe W_u nur wenig unterhalb von W^* liegt, wiederholt man den Versuch und benutzt dabei den nächst größeren Faktorplan.

10.3. Spezifität und Selektivität von Analysenverfahren

In einem Gemisch mit den N Komponenten A, B, C ... N (Gehalte x_A; x_B; x_C ... x_N) ist die Komponente A als Analyt zu bestimmen. Zwischen x_A und der ausgewerteten Meßgröße y_A besteht Proportionalität ($y_A = b_A x_A$, b_A partielle Empfindlichkeit). Bei der Gemischanalyse wird für die Bestimmung von A nicht y_A, sondern eine Meßgröße y erhalten.
Bei einem spezifischen Analysenverfahren ist diese Meßgröße y allein durch den Analyten A bestimmt:

$$y = y_A = b_A x_A. \tag{10.8}$$

Die partiellen Empfindlichkeiten aller Begleitkomponenten sind gleich Null.
Bei allen nichtspezifischen Analysenverfahren liefern alle N Komponenten einen Beitrag zur Meßgröße y. Es gilt dann

$$y = y_A + y_B + y_C + \ldots + y_N = b_A x_A + b_B x_B + b_B x_C + \ldots + b_N x_N. \tag{10.9}$$

Alle N partiellen Empfindlichkeiten b_u besitzen einen von Null verschiedenen Wert. Eine durch die Begleitkomponenten ungestörte Bestimmung des Analyten ist nur dann möglich, wenn man die Anteile y_B, y_C ... y_N vernachlässigen darf. Man bezeichnet das Analysenverfahren dann als selektiv für die Komponente A. Nach Gl. (10.9) gilt dann

$$\sum_{u=B}^{N} |y_u| = \sum_{u=B}^{N} |b_u x_u| \ll y_A = b_A x_A. \tag{10.10}$$

Die Beiträge der $N - 1$ Begleitkomponenten dürfen somit nur im Rahmen des Zufallsfehlers s_y liegen, d. h.

$$\sum_{u=B}^{N} |b_u x_u| < t(P, f) s_y \sqrt{N-1}. \tag{10.11}$$

Die zur Auswertung von Gl. (10.11) notwendigen partiellen Empfindlichkeiten gewinnt man aus einem Faktorexperiment passender Größe (10.1 bzw. 10.2) nach $b_u = W_u / x_u^+$, Gl. (10.2). Die einzelnen Anteile $b_u x_u$ sind stets dem Betrage nach zu summieren, damit nicht als Folge einer Fehlerkompensation durch positive und negative partielle Empfindlichkeiten eine selektive Analysenmöglichkeit vorgetäuscht wird. Den Versuchsfehler s_y mit f Freiheitsgraden entnimmt man entweder dem Faktorexperiment, oder man bestimmt ihn durch zusätzliche Messungen. Durch Umstellen erhält man aus Gl. (10.11)

$$t_s = \frac{\sum_{u=B}^{N} |b_u x_u|}{s_y \sqrt{N-1}}. \quad \text{(Erwartungswert } \hat{t}_s = 0\text{)} \tag{10.12}$$

Man vergleicht t_s mit $t(P, f)$ (Tab. A. 3). Störeinflüsse der Begleitkomponenten sind nachgewiesen für $t_s > t(P = 0{,}99; f)$. Eine selektive Bestimmung des Analyten A darf angenommen werden für $t_s < t(P = 0{,}95; f)$. In diesem Falle darf man die aus dem Gemisch

10.3. Spezifität und Selektivität von Analysenwerten

erhaltene Meßgröße y direkt als Maß für x_A auswerten. Für $t_s > t(P, f)$ sind die Algorithmen der indirekten Analyse (Abschn. 4.6.) zu benutzen.
Als eine anschauliche Größe für die Selektivität bildet man

$$S = 1 - \frac{\sum\limits_{u=B}^{N} |b_u x_u|}{b_A x_A} = 1 - \frac{\sum\limits_{u=B}^{N} |b_u x_u|}{y_A} \qquad (10.13)$$

($y_A = y_8$ im PLACKETT-BURMAN-Plan mit 8 Versuchen).
Die Größe S ist ein Maß für den (prozentualen) Anteil des Analyten an der Meßgröße y.

[10.6] Bei der Selektivitätsprüfung der flammenphotometrischen Natriumbestimmung ergaben sich aus dem PLACKETT-BURMAN-Experiment folgende Werte:

$x_{Na} = 100$ ppm; $y_{Na} = 227$ Skt.; $s_y = 5{,}3$ Skt.   ($f = 10$ FG).

Begleit- komponente	Ca	Mg	K	Fe	Cl	SO$_4$
x_u^+ (ppm)	100	100	100	100	1 000	1 000
W_u	+16,5	−11,0	−2,5	+3,5	+15,3	−22,8
b_u	+0,165	−0,110	−0,025	+0,035	+0,015 3	−0,022 8

Aus Gl. (10.12) folgt mit $x_u = x_u^+$ und damit $\sum |b_u x_u| = \sum |W_u|$ für die 6 Komponenten (B, C ...)

$$t_s = \frac{71{,}6}{5{,}3\sqrt{6}} = 5{,}52 \, .$$

Wegen $t_s > t(P = 0{,}99; f = 10) = 3{,}17$ sind bei den vorgegebenen Gehaltsrelationen die Bedingungen für eine selektive Bestimmung nicht gegeben. Den Anteil des Analyten an der Meßgröße erhält man nach Gl. (10.13) zu

$$S = 1 - \frac{71{,}6}{227} = 0{,}68 \, (\hat{=} 68\,\%) \, .$$

Wenn die Begleitkomponenten in den hier vorgegebenen Konzentrationen vorliegen, müssen die Intensitätsbeeinflussungen experimentell (z. B. durch angepaßte Kalibrierlösungen) oder rechnerisch (Polynomansatz, vgl. Beispiel [10.2]) berücksichtigt werden.

Selektivitätsaussagen werden häufig auf Gehaltsrelationen zwischen dem Analyt A und den Begleitkomponenten B, C ... bezogen. Dabei setzt man z. B.

$$(x_B; x_C \ldots) = k_1 x_A,$$
$$(x_K; x_L \ldots) = k_2 x_A. \qquad (10.14)$$

Aus Kenntnis der partiellen Empfindlichkeiten kann man dann leicht eine Abschätzung für eine selektive Analyse geben. Dabei genügt es häufig, für den Analysenfehler einen (z. B. aus der Erfahrung gewonnenen) plausiblen Wert zu benutzen. In Analogie zu Gl. (10.12) erhält man

$$u_s = \frac{k_1 \sum |b_A; b_B...| + k_2 \sum |b_K; b_L...| + ...}{b_A \frac{\sigma_x}{x} \sqrt{N-1}}.$$ (10.15)

Man darf Selektivitäten der Bestimmung annehmen für $u_s < u(P)$ (Tab. A. 2).

[10.7] Bei der flammenphotometrischen Natriumbestimmung in den Wässern eines Salzkohletagebaues waren Begleitkomponenten in folgenden Relationen [Gl. (10.14)] zu erwarten:

Ca, Mg mit $k_1 = 0,5$,
K, Fe mit $k_2 = 0,1$,
Cl, SO$_4$ mit $k_3 = 3,0$.

Mit den im Beispiel [10.6] gefundenen partiellen Empfindlichkeiten ergibt sich

0,5 (0,165 + 0,110) = 0,137 5
0,1 (0,025 + 0,035) = 0,006 0
3,0 (0,015 3 + 0,022 8) = 0,114 3
_____
0,257 8

Man benutzt den plausiblen Wert von $\sigma_x/x = 0,02$ und erhält aus Gl. (10.15) ($b_A = 227/100$)

$$u_s = \frac{0,257\,8}{\frac{227}{100} \cdot 0,02 \sqrt{6}} = 2,32\,.$$

Wegen $u_s < u\,(P = 0,997) = 3,00$ darf man für die vorliegenden Gehaltsrelationen eine selektive Natriumbestimmung annehmen.

Die durch die Gln. (10.12), (10.15) und (10.13) beschriebene Verfahrensweise kann man auch für die Mehrkomponentenanalyse (z. B. o-, m-, p-Xylen) anwenden, um für jede der Komponenten eine Selektivitätsaussage abzuleiten. Auf diese Weise erhält man detailliertere Aussagen über die Selektivität der Einzelbestimmungen als bei Anwendung globaler Selektivitätsmaße. Insgesamt sind Aussagen zur Selektivität eines Analysenverfahrens möglich nur für ein vollständig nach Qualität (partielle Empfindlichkeiten aller Komponenten) und Quantität (Gehaltsbereiche) beschriebenes Stoffsystem und bei Kenntnis der Zufallsfehler bei der Analyse.

Quellenverzeichnis zum Abschnitt 10.

[1] WEBER, E.: Grundriß der biologischen Statistik für Naturwissenschaftler, Landwirte und Mediziner. 7. Aufl. Jena: Gustav Fischer Verlag 1972
[2] PLACKETT, R.; BURMAN, J. P.: Biometrica [London] 33 (1946) 305/310
[3] STOWE, R.; MAYER, R. P.: Efficient Screening of Process Variables. Ind. Eng. Chem. 58 (1966) 36/39
[4] DOERFFEL, K.; KUKLINKOVA, J.; LAN, le van: PLACKETT-BURMAN-Experimente bei wechselwirkenden Faktoren. Z. Chem. 26 (1986) 347
[5] LANDMANN, M.: Diss. Halle 1988

Weiterführende Literatur zum Abschnitt 10.

JONES, K.: Optimization of Experimental Data by PLACKETT-BURMAN-Plan. Int. Lab. Nov. 1986 32/35

GLUZINSKA, M.: Application of Statistical Methods of Experiment Planning to conclude from the Spectrographical Data. Chem. Anal. [Warszawa] **22** (1977) 733/738

GROSSMANN, O.; MÜLLER, E.: Anwendung der statistischen Versuchsplanung zur Standardisierung der Mn-Bestimmung in verschiedenen Legierungen mittels AAS. Z. anal. Chem. **308** (1981) 327/331

KNORR, F. J.; FUTRELL, J.-H.: Separation of Mass-Spectra of Mixtures by Factor-Analysis. Anal. Chem. **51** (1979) 1236/1241

NALIMOV, V. V.; GOLIKOVA, T. I.; MIKESHINA, N. G.: On Practical Use of the Concept of D-Optimality. Technometrics **12** (1970) 799/812

NALIMOV, V. V.; TSCHERNOVA, N. A.: Statistische Methoden der Planung von Extremwert-Experimenten. Moskva: Izd. Nauka 1965

PARCZEWSKI, A.; WALAS, S.: Application of the Theory of Design of Experiments in Examination and Elimination of the Matrix-Effects. Z. anal. Chem. **308** (1981) 332/338

PARCZEWSKI, A.; KOSCIELNIK, P.: Experimental Examination of the Matrix-Effect in the Flame-Emission-Spectrometry. Z. anal. Chem. **297** (1979) 148/155

WEGSCHEIDER, W.; KNAPP, G.; SPITZKY, H.: Statistical Investigations of Interferences in Graphit Furnace AAS. Z. anal. Chem. **283** (1977) 9/14; 97/103; 183/190

WINDIG, W.; KISTEMAKER, P. G.; HAVERKAMP, J.; MEUZELAAR, H. L. C.: Factor Analysis of the Influence of Changes in Experimental Conditions in Pyrolysis Mass-Spectrometry. J. Anal. Appl. Pyrolysis **2** (1980) 7/18

11 Optimierung
(S. Arpadjan)

Die Leistungsfähigkeit eines Analysenverfahrens wird meist durch das Zusammenwirken vieler Parameter bestimmt. Diese müssen danach eingestellt werden, daß das Analysenverfahren seine höchstmögliche Leistung erreicht, z. B. ein maximales Analysensignal oder einen minimalen Zufallsfehler. Diese Bedingungen bei unübersichtlichem Zusammenwirken vieler Einflußgrößen aufzufinden ist das Ziel von statistischen Optimierungsverfahren.

11.1. Allgemeine Verfahrensweise [1]

Eine Optimierungsaufgabe zerlegt man zweckmäßig in eine Reihe von Teilschritten.

1. Es ist eine Zielgröße y auszuwählen, die ein Maximum oder ein Minimum annehmen soll. Diese Zielfunktion muß quantisierbar sein, sie soll eine möglichst geringe und von ihrer Größe unabhängige Varianz s_y^2 besitzen. Sie muß das Ziel der Untersuchungen vollständig charakterisieren. Bei mehreren möglichen Zielgrößen wählt man diejenige aus, die die meiste Information liefert (z. B. Signal-Rausch-Verhältnis anstelle der bloßen Signalintensität).
2. Es sind sämtliche möglichen Einflußfaktoren x_u ($u = A, B \ldots n$) zu sammeln. Sie können aus (natur-)gesetzlichen Zusammenhängen ableitbar sein, es müssen aber auch solche Faktoren berücksichtigt werden, von denen man aus der Erfahrung einen Einfluß auf die Zielgröße vermutet. Diese Einflußfaktoren müssen präzise meßbar sein ($s_x/x \ll s_y/y$).
3. Aus der Vielzahl dieser möglichen Faktoren wählt man alle diejenigen aus, welche die Zielgröße y signifikant beeinflussen. Hierzu verwendet man Multifaktorpläne nach Plackett und Burman (Abschn. 10.2.).
4. Der (oft nur empirisch) bekannte Zusammenhang zwischen der Zielgröße y und den Einflußfaktoren x_u wird durch eine Funktion $y = f(x_A; x_B \ldots x_n)$ modelliert. Die graphische Darstellung dieser Funktion bezeichnet man als Ergebnisfläche (response surface). In einem experimentell günstig erscheinenden Gebiet setzt man nach einem Versuchsplan erster Ordnung (vgl. Abschn. 10.1.) eine möglichst kleine Versuchsserie (z. B. $m = 4$ Versuche) an. Das hieraus berechnete Regressionspolynom liefert mit der Richtung des steilsten Anstieges den Weg zum gesuchten Optimum. In der Nähe des

Optimums benutzt man eine quadratische Näherung und bestimmt aus ihr die Koordinaten des Optimums und daraus die gesuchten Optimalbedingungen.

11.2. Statistische Optimierung [2]

Zur statistischen Optimierung der Zielgröße y variiert man die n Einflußfaktoren (u = A, B ... n) auf l = 2 Stufen. Ausgehend vom Grundniveau x_u^0 bildet man obere (x_u^+) und untere (x_u^-) Stufe gemäß

$$x_u^+ = x_u^0 + p_u; \qquad x_u^- = x_u^0 - p_u. \tag{11.1}$$

p_u Schrittweite

Für den Versuchsplan formt man die »natürlichen Variablen« x_u in codierte Größen X_u um. Dabei ist

$$X_u^+ = \frac{x_u^+ - x_u^0}{p_u} = +1; \qquad X_u^- = \frac{x_u^- - x_u^0}{p_u} = -1. \tag{11.2}$$

(Häufig schreibt man auch nur die Vorzeichen (+) und (−), vgl. Abschn. 10.2.) In einem geeigneten Bereich setzt man nach einem Versuchsplan 1. Ordnung (vgl. Tab. 10.1) eine möglichst geringe Zahl von m Versuchen an. Für jeden Versuch führt man die gleiche Anzahl von Parallelbestimmungen durch (i = 1, 2 ... n_j). Um den experimentellen Aufwand gering zu halten, verwendet man Teilfaktorpläne (vgl. Tab. 11.1) unter Verzicht auf den Nachweis von Wechselwirkungen höherer Ordnung. Aus den Meßergebnissen der m Versuche bildet man die m arithmetischen Mittel nach

$$\bar{y}_k = \frac{1}{n_j} \sum_{i=1}^{n_j} y_{ik}. \tag{11.3}$$

Die Ergebnisfläche nähert man dann durch ein lineares Polynom nach

$$y = b_0 + b_A x_A + b_B x_B + \ldots + b_N x_N. \tag{11.4}$$

Dabei sind

$$b_0 = \frac{1}{m} \sum_{k=1}^{m} \bar{y}_k, \tag{11.5}$$

Tabelle 11.1. Teilfaktorplan 1. Ordnung für n = 3 Variable [3]

Versuch Nr.	X_A	X_B	X_C	y
k = 1	−	−	+	y_1
2	+	−	−	y_2
3	−	+	−	y_3
4	+	+	+	y_4

$$b_u = \sum_{k=1}^{m} X_{ku}\,\bar{y}_k / m. \tag{11.6}$$

Die Regressionsanalyse ist nur dann anzuwenden, wenn bei allen m Experimenten ein ähnlich großer Zufallsfehler auftritt. Zur Prüfung berechnet man aus der jeweils gleichen Zahl von n_j Parallelbestimmungen die m einzelnen Varianzen nach

$$s_k^2 = \left[\sum_{1}^{n_j}(y_{ik}-\bar{y}_k)^2\right]/(n_j-1). \tag{11.7}$$

Die Homogenität der Einzelvarianzen s_k^2 prüft man mit Hilfe des G-Tests nach COCHRAN [5]. Dazu wird die zahlenmäßig größte Varianz s_k^2 (max) ins Verhältnis gesetzt zur Summe aller m Einzelvarianzen. Es ist dann

$$G = \frac{s_k^2(\max)}{\sum_{1}^{m} s_k^2}. \tag{11.8}$$

Uneinheitlichkeit der Varianzen ist nachgewiesen für $G > G$ $[P; f_1 = n_j - 1;$ $f_2 = m(n_j - 1)]$ (vgl. Tab. 11.2).
Die nach den Gln. (11.5) und (11.6) berechneten Regressionskoeffizienten b_0 bzw. b_u stellen Zufallsgrößen dar. Sie sind deshalb auf ihre signifikante Abweichung vom Wert Null zu prüfen. Man bildet [analog Gl. (5.1a)]

$$s_y^2 = \sum_{1}^{m} s_k^2 / m \tag{11.9}$$

und erhält daraus als Varianz des Regressionskoeffizienten

$$s_b^2 = s_y^2 / m, \tag{11.10}$$

$f = m\,(n_j - 1)$ Freiheitsgrade.
Signifikanz des Regressionskoeffizienten ist erwiesen für

$|b_0|;\ |b_u| > t(P;f)\,s_b = b^*$.

($|b_i|;\ |b_u| < b^*$ bedeutet, daß der zugehörige Faktor im untersuchten Bereich keinen Einfluß auf die Zielfunktion ausübt.)
Das Regressionspolynom $y = f(x_A; x_B \ldots x_N)$ ist auf Adäquatheit im Versuchsbereich zu prüfen. Dazu berechnet man

$$\bar{\bar{y}} = \frac{1}{m} \sum \bar{y}_k \tag{11.11}$$

und bildet das Bestimmtheitsmaß B (vgl. Abschn. 9.1.) nach

$$B = \frac{\sum(\bar{y}_k - \bar{\bar{y}})^2}{\sum(Y_k - \bar{\bar{y}})^2}. \tag{11.12}$$

Y_k aus dem Regressionspolynom berechnete Werte

Das Regressionsmodell wird als adäquat angesehen für $B > 0{,}90$. Dann kann mit Hilfe des

Tabelle 11.2. Kritische Werte zum G-Test nach COCHRAN in Abhängigkeit vom Freiheitsgrad f_1 und f_2

f_2	$f_1 = 1$	2	3	4	5	6	7	8	9	10	16	∞
a) $P = 0{,}95$												
2	0,99	0,97	0,94	0,90	0,88	0,85	0,83	0,82	0,80	0,79	0,73	0,33
3	0,97	0,87	0,80	0,75	0,70	0,68	0,65	0,63	0,62	0,60	0,55	0,25
4	0,91	0,77	0,68	0,62	0,59	0,56	0,54	0,52	0,50	0,49	0,44	0,20
5	0,84	0,68	0,60	0,54	0,51	0,48	0,46	0,44	0,42	0,41	0,36	0,17
6	0,78	0,62	0,53	0,48	0,44	0,42	0,40	0,38	0,37	0,36	0,31	0,14
7	0,73	0,56	0,48	0,43	0,40	0,37	0,35	0,34	0,33	0,31	0,28	0,12
8	0,68	0,52	0,44	0,39	0,36	0,34	0,32	0,30	0,29	0,28	0,25	0,16
9	0,64	0,48	0,40	0,36	0,33	0,31	0,30	0,29	0,28	0,25	0,20	0,10
10	0,60	0,44	0,37	0,33	0,30	0,28	0,27	0,25	0,24	0,23	0,20	0,10
12	0,54	0,39	0,33	0,29	0,26	0,24	0,23	0,22	0,21	0,20	0,17	0,08
15	0,47	0,33	0,28	0,24	0,22	0,20	0,19	0,18	0,17	0,16	0,14	0,07
20	0,39	0,27	0,22	0,19	0,17	0,16	0,15	0,14	0,14	0,13	0,11	0,05
30	0,29	0,20	0,16	0,14	0,12	0,11	0,11	0,10	0,10	0,09	0,07	0,03
b) $P = 0{,}99$												
2	1,0	0,99	0,98	0,96	0,94	0,92	0,90	0,88	0,87	0,85	0,79	0,50
3	0,99	0,94	0,88	0,83	0,79	0,76	0,73	0,71	0,69	0,67	0,61	0,33
4	0,97	0,86	0,78	0,72	0,68	0,64	0,61	0,59	0,57	0,55	0,49	0,25
5	0,93	0,79	0,70	0,63	0,59	0,55	0,53	0,50	0,48	0,47	0,41	0,20
6	0,88	0,72	0,63	0,56	0,52	0,49	0,46	0,44	0,42	0,41	0,35	0,18
7	0,84	0,66	0,57	0,51	0,47	0,43	0,41	0,39	0,37	0,36	0,31	0,14
8	0,79	0,61	0,52	0,46	0,42	0,39	0,36	0,34	0,32	0,31	0,29	0,12
9	0,75	0,57	0,48	0,42	0,39	0,36	0,34	0,32	0,31	0,29	0,28	0,10
10	0,72	0,54	0,45	0,39	0,36	0,33	0,31	0,29	0,28	0,27	0,23	0,10
12	0,65	0,47	0,39	0,33	0,31	0,28	0,27	0,25	0,24	0,23	0,20	0,08
15	0,57	0,41	0,33	0,29	0,26	0,24	0,22	0,21	0,20	0,19	0,16	0,07
20	0,48	0,33	0,26	0,22	0,20	0,19	0,17	0,16	0,16	0,15	0,12	0,05
30	0,36	0,24	0,19	0,16	0,14	0,13	0,12	0,11	0,11	0,10	0,09	0,03

Regressionspolynoms die Zielfunktion y im Versuchsbereich für beliebige Werte der Faktoren X_u berechnet werden.

Es ist schließlich die Wirksamkeit der einzelnen Faktoren auf die Zielfunktion darzustellen. Dazu bildet man die n Produkte

$$W_u = b_u p_u. \tag{11.13}$$

Derjenige Faktor $\overset{*}{x}_u$ wirkt sich dominierend auf die Zielfunktion aus, der aus Gl. (11.13) den maximalen (bzw. minimalen) Wert liefert.

Die beschriebene lineare Näherung der Ergebnisfläche wird für einen neuen Versuchsbereich wiederholt. Die Koordinaten [Gl. (11.2)] für diesen neuen Versuchsbereich werden aus dem dominierenden Faktor des vorangegangenen Versuches abgeleitet. Dieser Faktor $\overset{*}{x}_u$ (in natürlichen Koordinaten) wird im neuen Experiment um eine Einheit der Schrittweite p_u erhöht, d. h.

$$\overset{*}{x}{}_u^0 \text{ (neu)} = \overset{*}{x}{}_u^0 \text{ (alt)} + \overset{*}{p}_u. \tag{11.14}$$

Ist b_u^* der Regressionskoeffizient der dominierenden Komponente, so werden die Grundniveaus aller übrigen Faktoren verändert nach

$$x_u^0 \text{ (neu)} = x_u^0 \text{ (alt)} + \frac{W_u}{b^*}. \tag{11.15}$$

W_u Wirksamkeit des Faktors u [Gl. (11.13)]

Für die Bemessung der oberen (x_u^+) und unteren (x_u^-) Stufen bleibt die ursprüngliche Schrittweite p_u erhalten. Die neuen natürlichen Variablen werden wiederum codiert [Gl. (11.2)], und es wird das Experiment analog dem ersten Schritt wiederholt. Eine solche lineare Näherung wird so lange fortgesetzt, wie man $B > 0{,}90$ erhält und solange die Regressionskoeffizienten gleichbleibende Vorzeichen aufweisen. $B < 0{,}9$ bedeutet, daß die stark gekrümmte Ergebnisfläche nicht mehr durch eine lineare Näherung beschreibbar ist. Die Änderung des Vorzeichens bei einem der Regressionskoeffizienten zeigt das Überschreiten des Optimums an. Ein sehr ausgeprägtes Optimum kann durch diesen Vorzeichenwechsel bereits genügend eingegrenzt sein, so daß u. U. weitere Schritte entfallen können. Ist das Optimum noch nicht eindeutig zu bestimmen, so nähert man die Ergebnisfläche durch ein Polynom zweiten Grades

$$y = b_0 + \sum_{u=A}^{n} b_u x_u + \sum_{u=A}^{n} b_{uu} x_u^2 + \sum_{u \neq v}^{n} b_{uv} x_u x_v. \tag{11.16}$$

Die Regressionskoeffizienten berechnet man aus einem Versuchsplan 2. Ordnung nach Box und BEHNKEN (vgl. Tab. 11.3, S. 197). Für den Fall von $n = 3$ Faktoren ($u =$ A, B, C) und daraus folgend $m = 15$ Versuchen ($k = 1 \ldots 15$) erhält man

$$b_0 = \frac{1}{3}(y_{13} + y_{14} + y_{15}) = \frac{1}{3} \sum_{u=A}^{C} y_0, \tag{11.17}$$

$$b_u = \frac{1}{8}(X_{u1} y_1 + X_{u2} y_2 + \ldots + X_{u15} y_{15}) = \frac{1}{8} \sum_{k=1}^{15} X_{uk} y_k, \tag{11.18}$$

$$b_{uu} = \frac{1}{8} \sum_{k=1}^{15} X_{uk} y_k - 0{,}0208 \left(\sum_{k=1}^{15} X_{Ak}^2 y_k + \sum_{k=1}^{15} X_{Bk}^2 y_k + \ldots + \sum_{k=1}^{15} X_{Ck}^2 y_k \right) - \frac{1}{6} \sum y_0, \quad (11.19)$$

$$b_{uv} = \frac{1}{4} \sum_{k=1}^{15} X_{uk} X_{vk} y_k \quad \text{mit} \quad u \neq v \quad \text{und} \quad u = A, B, C. \quad (11.20)$$

Tabelle 11.3. Versuchsplan nach Box und BEHNKEN [4] für $n = 3$ Variable und $m = 15$ Versuche

Versuch Nr.	X_A	X_B	X_C	y
1	−1	−1	0	y_1
2	+1	−1	0	y_2
3	−1	+1	0	y_3
4	+1	+1	0	y_4
5	−1	0	−1	y_5
6	+1	0	−1	y_6
7	−1	0	+1	y_7
8	+1	0	+1	y_8
9	0	−1	−1	y_9
10	0	−1	+1	y_{10}
11	0	+1	−1	y_{11}
12	0	+1	+1	y_{12}
13	0	0	0	y_{13}
14	0	0	0	y_{14}
15	0	0	0	y_{15}

Die Varianzen zur Signifikanzprüfung der Regressionskoeffizienten findet man mit $s_y^2 = \frac{1}{m} \sum_{k=1}^{m} s_k^2$ [Gl. (11.9)] zu

$$\begin{aligned} s^2(b_0) &= 0{,}333 \; s_y^2, \\ s^2(b_u) &= 0{,}083\,3 s_y^2, \\ s^2(b_{uu}) &= 0{,}865 \; s_y^2, \\ s^2(b_{uv}) &= 0{,}25 \; s_y^2. \end{aligned} \quad (11.21)$$

Zur Suche des Optimums differenziert man das quadratische Polynom partiell nach den drei Variablen X_A, X_B und X_C. Man findet die Koordinaten des Optimums in der üblichen Weise durch Auflösen dieses Gleichungssystems.

[11.1] Zur spektrometrischen Analyse mit einem stabilisierten Gleichstromdauerbogen [2] sollten die Betriebsbedingungen für ein maximales Signal-Rausch-Verhältnis aufgesucht werden. Aus Vorversuchen mit Hilfe des PLACKETT-BURMAN-Planes (Abschn. 10.2.) hatten sich
- die Bogenstromstärke,
- die Spaltbreite des Monochromators,
- die Schaltstufe für die Dynodenspannung des SEV

11. Optimierung

als signifikant wirkende Faktoren ergeben. Auf Grund orientierender Messungen wurden für den Beginn der statistischen Optimierung folgende Versuchskoordinaten gewählt:

	Variable x_u		
	Bogenstrom (in A) x_A	Spaltbreite (in mm) x_B	SEV-Spannung (Schaltstufe) x_C
Grundniveau x_u^0	7	0,015	3
Schrittweite p_u	1	0,005	1
obere Stufe x_u^+	8	0,020	4
untere Stufe x_u^-	6	0,010	2

Die natürlichen Variablen wurden nach Gl. (11.2) codiert. Entsprechend dem Teilfaktorplan (Tab. 11.1) ergaben sich mit $n_j = 2$ Parallelbestimmungen (y_k' und y_k'' in Skt. gemessen) folgende Resultate:

Versuch Nr.	Natürliche Variable			Codierte Variable			Meßergebnis (Skt.)			
	x_A	x_B	x_C	X_A	X_B	X_C	y_k'	y_k''	$\bar{y}$	$\|y_k' - y_k''\|$
$k = 1$	6	0,01	4	-1	-1	$+1$	21	20	20,5	1
2	8	0,01	2	$+1$	-1	-1	3	3	3,0	0
3	6	0,02	2	-1	$+1$	-1	7	8	7,5	1
4	8	0,02	4	$+1$	$+1$	$+1$	29	31	30,0	2

Aus den Beträgen $|y_k' - y_k''|$ darf Gleichartigkeit des Versuchsfehlers über alle 4 Messungen angenommen werden. Als Regressionskoeffizienten berechnet man [Gln. (11.5) und (11.6)]

$$b_0 = \frac{1}{4}[20,5 + 3,0 + 7,5 + 30,0] = 15,25,$$

$$b_A = \frac{1}{4}[(-1 \cdot 20,5) + (+1 \cdot 3,0) + (-1 \cdot 7,5) + (+1 \cdot 30,0)] = +1,25,$$

$b_B = +3,50; \qquad b_C = +10,00.$

Zur Signifikanzprüfung erhält man aus den $y_k' - y_k''$ analog Gl. (5.2) als Gesamtvarianz [Gl. (11.9)]

$s_y^2 = \sum (y_k' - y_k'')^2/2m = 6/8 = 0,75$

und daraus [Gl. (11.10)]

$s_b^2 = 0,75/4 = 0,19,$

$s_b = 0,433$ mit $f = 4$ Freiheitsgraden.

Damit wird $b^* = 2,78 \cdot 0,375 = 1,20$. Wegen $b_u > b^*$ sind alle Regressionskoeffizienten von Null signifikant verschieden, und man findet als Regressionspolynom für diesen ersten Schritt

$y(1) = 15,25 + 1,25 X_A + 3,50 X_B + 10,00 X_C.$

11.2. Statistische Optimierung

Zur Adäquatheitsprüfung berechnet man die $m = 4$ Werte der Y_k und erhält

$Y_1 = 15{,}25 + (1{,}25 \cdot -1) + (3{,}50 \cdot -1) + (10{,}00 \cdot +1) = 20{,}5$,

$Y_2 = 3{,}0$, $Y_3 = 7{,}5$, $Y_4 = 30{,}0$.

Es werden mit $\bar{y}_k = 15{,}25$ [Gl. (11.11)] $\sum (\bar{y}_k - \bar{y}_k)^2 = 1\,146{,}86$ und $\sum (Y_k - \bar{y}_k)^2 = 1\,146{,}86$. Damit erhält man [Gl. (11.12)] $B = 1{,}00$. Das Regressionspolynom beschreibt die Ergebnisfläche im Versuchsbereich adäquat. Die drei Regressionskoeffizienten b_A, b_B und b_C besitzen gleiches positives Vorzeichen, d. h., bei Fortschreiten in Richtung der Koordinaten $x_u^- \to x_u^+$ bewegt man sich zum gesuchten Optimum. Wegen $W_C = 10{,}00 > W_A = 1{,}25 > W_B = 0{,}017\,5$ [Gl. (11.13)] ist die Spannungsstufe des SEV als dominierende Einflußgröße anzusehen.

Im folgenden zweiten Versuch wird für den dominierenden Faktor C gemäß Gl. (11.14) das Grundniveau $\overset{*}{x}{}_C^0$ um eine Einheit erhöht nach

$\overset{*}{x}{}_C^0 (\text{neu}) = \overset{*}{x}{}_C^0 (\text{alt}) + 1 = 4$.

Für die Grundniveaus der Faktoren A und B erhält man mit $b_c = b^* = 10{,}00$ [Gl. (11.15)]

$x_A^0 (\text{neu}) = 7 + \dfrac{1{,}25}{10{,}0} = 7{,}125 \approx 7$,

$x_B^0 (\text{neu}) = 0{,}015 + \dfrac{0{,}017\,5}{10} = 0{,}016\,8 \approx 0{,}017$.

Es bleiben im zweiten Experiment also Bogenstrom und Spaltbreiten unverändert. Damit erhält man folgende Versuchsparameter:

	Variable x_u		
	Bogenstrom (in A) x_A	Spaltbreite (in mm) x_B	SEV-Spannung (Schaltstufe) x_C
Grundniveau x_u^0	7	0,015	4
Schrittweite p_u	1	0,005	1
obere Stufe x_u^+	8	0,020	5
untere Stufe x_u^-	6	0,010	3

Die Meßergebnisse y_k führen zu dem Polynom

$y(2) = 31{,}0 + 1{,}1X_A + 4{,}2X_B + 14{,}0X_C$,

$(B = 0{,}93)$.

Die Regressionskoeffizienten tragen einheitlich gleiches Vorzeichen, das bedeutet, daß das Optimum noch nicht erreicht (oder überschritten) ist. Das gegenüber dem ersten Experiment kleinere Bestimmtheitsmaß ist ein Zeichen für die stärker gekrümmte Ergebnisfläche. Wiederum ist die Schaltstufe des SEV (x_C) die dominierende Einflußgröße.
Im dritten Experiment werden die Koordinaten analog Schritt 2 erneut festgelegt. Dabei ist $x_C^0 (\text{neu}) = 4 + 1 = 5$. Die Grundpegel x_A^0 und x_B^0 sowie die Schrittweiten p_u bleiben unverändert. Es ergibt sich als Regressionspolynom

$y(3) = 43{,}0 - 1{,}1x_A + 6{,}5x_B - 8{,}5x_C$,

$(B = 0{,}78)$.

Die Änderung des Vorzeichens von b_A und b_C ist ein Hinweis dafür, daß das Optimum überschritten wurde. $B < 0{,}9$ bedeutet, daß in diesem stark gekrümmten Bereich der Ergebnisfläche die lineare Annäherung nicht mehr adäquat ist.

Aus den drei Optimierungsschritten kann in diesem Falle das Optimum genügend eingegrenzt werden. Als bestgeeignete Arbeitsbedingungen wurden gewählt:

Bogenstromstärke 7 A
Spaltbreite 0,015 mm
SEV-Stufe 4

Die quadratische Annäherung [Gl. (11.16)] kann damit entfallen.

Optimierungsexperimente können zwar prinzipiell nach dem beschriebenen Algorithmus abgearbeitet werden, ihre praktische Anwendung erfordert jedoch stets das kritische Denken des Experimentators. Insbesondere ist zu beachten, daß jedes Optimierungsexperiment nur hinsichtlich der gewählten Zielgröße gilt, diese muß deshalb stets ausdrücklich benannt sein. Nicht immer wird die Ergebnisfläche nur ein einziges Optimum besitzen. In solchen Fällen muß die von HOERL [6] beschriebene Kammlinienanalyse herangezogen werden, um eindeutig das globale Optimum zu finden.

Quellenverzeichnis zum Abschnitt 11.

[1] ARPADJAN, S.; DOERFFEL, K.; HOLLAND-LETZ, K.; MUCH, H.; PANNACK, M.: Statistische Optimierung analytisch-chemischer Aufgabenstellungen. Z. anal. Chem. **270** (1974) 257/262
[2] ARPADJAN, S.: Diss. Merseburg 1973
[3] BOX, G. E. P.; WILSON, K. B.: On the Experimental Attainment of Optimum Conditions. J. Roy. Stat. Soc. **13** (1951) 1
[4] BOX, G. E. P.; BEHNKEN, D. W.: Technometrics **2** (1960) 455
[5] COCHRAN, W. G.; COX, G. M.: Experimental Designs. 2-nd Ed. New York 1957
[6] HOERL, A. E.: Chem. Eng. Progr. **55** (1959) 69

Weiterführende Literatur zum Abschnitt 11.

GINSBERG, A. M.; GRANIKOWSKI, J. W.; FEODOTOVA, N.; KALMUZKI, W. S.: Optimierung technologischer Prozesse in der Galvanotechnik. Berlin: Verlag Technik 1979

DOERFFEL, K.; ECKSCHLAGER, K.; HENRION, G.: Chemometrische Strategien in der Analytik. Leipzig: Deutscher Verlag für Grundstoffindustrie 1990

12 Diskrete Zeitreihen

Unter einer Zeitreihe versteht man eine Sammlung von Daten, die in zeitlicher Reihenfolge beobachtet wurden. Diese Daten können Analysenwerte x_i (z. B. Prozentgehalte) oder einfache Meßwerte y_i (z. B. Extinktionen) oder auch (für leichteren Vergleich) reduzierte Größen (z. B. $x_i/\bar{x}$) sein. Man bezeichnet eine Zeitreihe als diskret, wenn die Beobachtungen nur zu bestimmten Zeitpunkten erfolgten. Üblicherweise wählt man äquidistante Intervalle. Zeitreihen dieser Art findet man häufig in der Qualitätskontrolle oder bei der Beschreibung von Prozeßverläufen oder bei der Verfolgung von Daten aus der Umweltanalytik. Zeitreihen entstehen aber auch in jedem Laboratorium bei der Kontrolle der analytischen Arbeit (z. B. Größe und Vorzeichen der Differenz von Doppelbestimmungen oder von Istwert-Sollwert-Prüfungen). In den meisten Fällen zeigen Zeitreihen ein zufälliges Fluktuieren (»Rauschen«), dessen Parameter zu bestimmen und auszuwerten sind. Daneben können in Zeitreihen auch determinierte Vorgänge (Sprünge, Drift, Periodizitäten) enthalten sein. Diese müssen aus dem Rauschen herausgefunden und interpretiert werden. Darüber hinaus wird häufig die Vorhersage auf zukünftige Werte gefordert. Eine solche Prädiktion kann aus den inneren Zusammenhängen einer Zeitreihe mit bestimmter Wahrscheinlichkeit getroffen werden.

Die für die Zeitreihenanalyse behandelten Gesetzmäßigkeiten sind gleichermaßen auch auf andere Abhängigkeiten (z. B. Ortsabhängigkeit $x(r)$ bei der Verteilungsanalyse) übertragbar.

12.1. Beschreibung stochastischer Zeitreihen

Der erste Schritt bei der Behandlung einer Zeitreihe ist stets die graphische Darstellung der Werte $x_i(t)$. Dadurch erhält man einen anschaulichen Eindruck über die dominierenden Eigenschaften dieser Reihe sowie über eventuelle Ausreißer.

Zu diesem Zweck trägt man die einzelnen Werte x_i in der zeitlich erhaltenen Reihenfolge auf. Diese Werte formieren sich zu einem Kurvenzug, aus dessen Verlauf und aus dessen Streuung Rückschlüsse z. B. auf die Qualität eines Produktes oder auf den Produktionsprozeß möglich sind. Zur Beurteilung der Werte und zum Ableiten von Entscheidungen ist es nötig, in einem Vorlauf von $n = 20 \ldots 100$ Werten den linearen Mittelwert

$$\overline{x(t)} = \frac{1}{n} \sum x_i(t) \tag{12.1a}$$

und den quadratischen Mittelwert

$$\overline{x^2(t)} = \frac{1}{n} \sum [x_i(t) - \overline{x(t)}]^2 \tag{12.1b}$$

zu bestimmen. Der lineare Mittelwert entspricht der mittleren Produktqualität und damit dem Parameter μ der Verteilung. Bei vernachlässigbarem Analysenfehler s_A findet der quadratische Mittelwert als produktionsbedingte Streuung σ_x der Qualitätsgröße x seine Entsprechung im Parameter σ_x der Verteilung. Für die nachfolgende Schätzung des Vertrauensintervalls sind die ermittelten Daten auf Erfüllung der Gaußverteilung zu prüfen. Dies kann graphisch (vgl. Abschn. 3.1.) oder auch rechnerisch (vgl. Abschn. 7.8.) erfolgen. Darstellungen dieser Art, bei denen Qualitätsdaten laufend eingetragen werden, bezeichnet man als Kontrollkarten. Bei Erfüllung der Gaußverteilung wird angenommen, daß sich die Qualitätswerte (und damit der zugrunde liegende Prozeß) unter Kontrolle befinden, solange die Werte $x_i(t)$ innerhalb der Grenzen $\mu \pm 3\sigma$ ($P = 0{,}997$) (oder $\mu \pm 2{,}58\sigma$ entsprechend $P = 0{,}99$) streuen. Überschreiten oder Unterschreiten dieser Kontrollgrenzen bedeutet, daß der betreffende Qualitätswert mit der Wahrscheinlichkeit P nicht mehr zur Grundgesamtheit mit μ und σ gehört. Ein mehrmaliges Über- oder Unterschreiten der Kontrollgrenze in einer Richtung ist Anlaß, die Konstanz des Produktionsprozesses zu überprüfen. Ein Verdacht auf systematische Veränderungen besteht auch dann, wenn

von 7 aufeinanderfolgenden Werten 7,
von 11 aufeinanderfolgenden Werten 10,
von 14 aufeinanderfolgenden Werten 12,
von 17 aufeinanderfolgenden Werten 14,
von 20 aufeinanderfolgenden Werten 16

Werte auf der gleichen Seite oberhalb oder unterhalb der Mittellinie zu finden sind. Der besondere Vorteil dieser Kontrollkartentechnik liegt darin, daß sich langsam anbahnende Veränderungen bereits erkennen lassen, bevor sie sich unheilvoll ausgewirkt haben. Einige typische Kontrollkartenbilder zeigt Bild 12.1., S. 203.
Fälschungen bei Führung der Kontrollkarte lassen sich oft einfach erkennen. Werden Punkte, die eigentlich außerhalb der Kontrollgrenzen liegen müßten, wiederholt gerade noch innerhalb dieser Grenze eingetragen, so erhält man eine Häufung von Punkten an der Kontrollgrenze. Es ergibt sich dann neben dem Häufigkeitsmaximum bei der Mittellinie noch ein zweites Maximum unmittelbar an der Kontrollgrenze.
Bei der beschriebenen Kontrollkartentechnik wird Signifikanz der Zeitreihenstandardabweichung vorausgesetzt, d. h., alle Fluktuationen innerhalb einer Zeitreihe müssen dominierend durch die Standardabweichung σ_x (z. B. Fluktuationen des Qualitätsparameters) bedingt sein. Gegenüber σ_x muß der Analysenfehler s_A (mit f_A Freiheitsgraden) vernachlässigbar sein. Mit der Annahme $s_A < \sigma_x$ prüft man entsprechend Gl. (7.2b) nach

$$\frac{s_A^2}{\sigma_x^2} < \frac{\chi^2(1 - \bar{P}; f_A)}{f_A}.$$

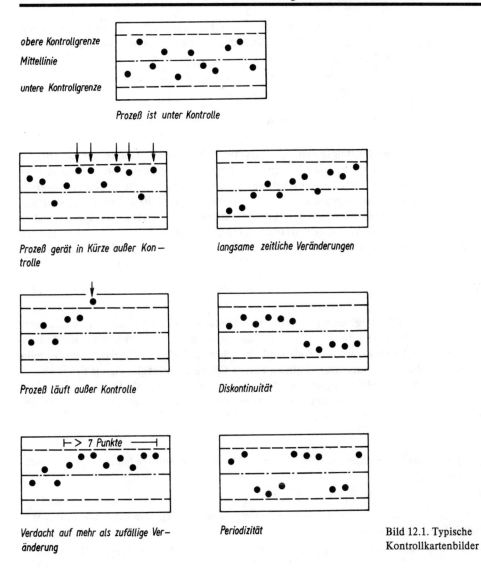

Bild 12.1. Typische Kontrollkartenbilder

Bei Erfüllung dieser Ungleichung darf mit Wahrscheinlichkeit $\bar{P}$ angenommen werden, daß s_A gegenüber σ_x vernachlässigt werden kann. Ist statt σ_x nur der Schätzwert s_x (mit f_x Freiheitsgraden) bekannt, so prüft man nach $F = (s_x/s_A)^2$ im Vergleich zu F ($\bar{P} = 0{,}99$; f_x; f_A) [Gl. (7.1)]. Nur bei vernachlässigbarem s_A dürfen die Kontrollkarten entsprechend Bild 12.1 geführt werden, andernfalls ist zu jedem Punkt das aus s_A berechnete Vertrauensintervall ($P = 0{,}95$) anzugeben (Eintragung in die Kontrollkarte mit ♦ statt nur ●). Ein Über- oder Unterschreiten der Kontrollgrenze ist nur dann gesichert, wenn der betreffende Meßpunkt einschließlich des Vertrauensintervalles außerhalb dieser Grenze liegt.

Unter der Annahme eines driftfreien Prozeßverlaufes kann man aus den n gemessenen Werten einer Zeitreihe $x_i(t)$ eine Voraussage auf den künftigen (noch nicht gemessenen) Wert $x'_{n+1}(t)$ geben. Es ist [13]

$$x'_{n+1}(t) = K \sum_{i=n-k}^{n-n_G} x_i(t) (1-K)^{n-i} \quad (k = 0, 1, 2 \ldots n_G)$$
$$= K x_n(t) + K(1-K) x_{n-1}(t) + K(1-K)^2 x_{n-2}(t) + K(1-K)^3 x_{n-3}(t) \ldots$$

Dabei bestimmt die Glättungskonstante K das Gewicht der einzelnen Zeitreihenwerte für den vorausgesagten Wert $x'_{n+1}(t)$. Es nimmt exponentiell mit dem »Alter« eines Zeitreihenwertes ab. Man bezeichnet deshalb diese Art der Gewichtsverteilung als exponentielle Glättung. Der aus den exponentiell geglätteten Werten abgeleitete Erwartungswert entspricht dem Erwartungswert aus den Beobachtungen. Die Varianz des exponentiellen Mittels erhält man aus der Prozeßvarianz [Gl. (12.1 b)] nach $K/(2-K)\sigma_x^2$. Die zahlenmäßige Größe der Glättungskonstante K ergibt sich aus der Länge des Glättungsintervalls (n_G Meßwerte) nach

$$K = 2/(n_G + 1). \tag{12.3}$$

Die Länge des Glättungsintervalls hat entscheidenden Einfluß auf den Vorhersagewert. Ein großes Glättungsintervall gleicht die Fluktuationen in der Zeitreihe für die Vorhersage aus, und der vorhergesagte Wert wird ähnlich dem linearen Mittelwert der Zeitreihe bei kleiner Vorhersagevarianz. Bei einem kurzen Glättungsintervall reagiert der Vorhersagewert schneller auf Fluktuationen der Zeitreihenwerte bei allerdings höherer Vorhersagevarianz. Die geeignete Wahl des Glättungsintervalls ermittelt man zweckmäßig experimentell im Vorversuch (häufiger Startwert $n_G = 20$).

[12.1] Bei einem Polymerisationsprozeß wurden im Abstand von 4 Stunden folgende $n = 10$ Umsatzwerte (in %) gemessen:

10 – 8 – 11 – 12 – 13 – 9 – 8 – 7 – 11 – 10

Mit einem Glättungsintervall von $n_G = 9$ (und entsprechend $K = 0,2$) ergab sich für den elften Wert aus Gl. (12.2) folgende Voraussage:

$x'_{11} = 0,2[10 + 0,8 \cdot 11 + 0,8^2 \cdot 7 + 0,8^3 \cdot 8 + 0,8^4 \cdot 9 + 0,8^5 \cdot 13 + 0,8^6 \cdot 12 + 0,8^7 \cdot 11 + 0,8^8 \cdot 8] = 8,42$.

Mit einem Glättungsintervall von $n_G = 3$ ($K = 0,5$) ergab sich ein ähnlicher Vorhersagewert ($x'_{11} = 8,38$). Beide vorausgesagten Werte fanden durch den nachträglich gemessenen Wert ($x_{11} = 9\%$) eine gute Bestätigung.
Nach der Messung von x_{11} erfolgte ein Initiatorzusatz, der zu etwas erhöhten Umsatzwerten führte. Die mit $n_G = 9$ und $n_G = 3$ berechneten Voraussagewerte sowie die gemessenen Umsätze zeigt die folgende Übersicht:

		$i =$	12	13	14	15
Vorausberechnet mit	$n_G = 9$		8,40	8,39	8,67	8,90
	$n_G = 3$		8,00	9,50	9,13	9,50
nachträglich gemessen			12	10	14	10

Die mit $n_G = 9$ vorausberechneten Werte antworten auf den Sprung mit einer über 4 Meßpunkte ansteigenden Tendenz. Die mit $n_G = 3$ erhaltenen Vorhersagewerte haben sich der neuen Situation bereits nach der nächstfolgenden Messung angepaßt, allerdings mit einer größeren Fluktuation.

Das hier beschriebene Modell ist auf driftfreie Prozesse beschränkt. Eine Wertevorhersage ist jedoch auch bei driftenden Prozessen möglich. Hierfür muß auf Originalliteratur verwiesen werden (vgl. weiterführende Literatur).

12.2. Nachweis determinierter Komponenten

In einer Zeitreihe können Sprünge, Periodizitäten oder auch Drifterscheinungen als determinierte Komponenten enthalten sein. Sprünge weist man mit Hilfe des t-Tests (vgl. Abschn. 7.3.) nach. Dabei ist die Differenz zwischen den beiden linearen Mittelwerten zu prüfen nach

$$t = \frac{|\overline{x_1(t)} - \overline{x_2(t)}|}{s_x} \sqrt{\frac{n_1 n_2}{n_1 + n_2}} \leftrightarrow t(P; f). \tag{12.4}$$

s_x Prozeßstreuung
$n_1 n_2$ die zu den beiden Abschnitten gehörige Meßwertanzahl

Periodizitäten in einer Zeitreihe lassen sich mit Hilfe des Vorzeichentests (vgl. Abschn. 7.5.) nachweisen. Man teilt die zentrierte Zeitreihe in zwei möglichst gleichgroße Abschnitte ($n_I \approx n_{II} \approx n/2$). Diese beiden Abschnitte ordnet man derart an, daß die Lage der Maxima und Minima möglichst gut korreliert. Für jedes einzelne Wertepaar $x_i^I(t)$ und $x_i^{II}(t)$ bildet man den Ausdruck

$$\text{sgn}(i) [x_i^I(t) \cdot x_i^{II}(t)]. \tag{12.5}$$

$i = 1, 2 \ldots \approx n/2$

Signifikantes Überwiegen von positiven Vorzeichen [Gl. (7.20)] darf als Nachweis einer Periodizität gedeutet werden. In kurzen Zeitreihen kann man Periodizitäten mit Hilfe des WALD-WOLFOWITZ-Runs-Tests (vgl. Abschn. 7.5) nachweisen. Zum Nachweis eines Trends in der Zeitreihe benutzt man den Trendtest nach NEUMANN. Dabei prüft man als Nullhypothese, daß die Meßwerte in der vorliegenden Zeitreihe voneinander unabhängig sind, d. h., daß in der Zeitreihe kein Trend nachweisbar ist. Man bildet

$$D = \frac{\sum_{i=1}^{n-1}(x_i - x_{i+1})^2}{s^2(n-1)} = \frac{n \sum_{i=1}^{n-1}(x_i - x_{i+1})^2}{n \sum_{i=1}^{n} x_i^2 - (\sum x_i)^2} \tag{12.6}$$

und vergleicht mit $D(P; n)$ (vgl. Tab. 12.1). Im Gegensatz zu allen bisher beschriebenen Tests (vgl. Abschn. 7.) ist die Nullhypothese abzulehnen, wenn D unterhalb von $D(P; n)$

Tabelle 12.1. Kritische Werte zum Trendtest nach NEUMANN

n	P = 0,95	P = 0,99
4	0,78	0,59
5	0,82	0,42
6	0,89	0,36
8	0,98	0,40
10	1,06	0,48
12	1,13	0,56
14	1,18	0,62
16	1,23	0,68
18	1,27	0,74
20	1,30	0,79
25	1,37	0,88
30	1,41	0,96
35	1,49	1,08

Als Näherung kann man im Bereich $10 < n < 30$ benutzen:

$D(P = 0{,}95; n) \approx 0{,}02n + 0{,}88$.
$D(P = 0{,}99; n) \approx 0{,}035\,n + 0{,}11$.

liegt [d. h. $D < D(P; n)$]. Mit der Ablehnung der Nullhypothese ist ein Trend in der Zeitreihe nachgewiesen.

[12.2] Zur inneren Kontrolle wurde in einem analytischen Laboratorium täglich zweimal eine Kontrollprobe bekannten Gehaltes eingeschleust. Zwischen den gefundenen Werten und dem Sollwert ergaben sich im Laufe einer Dekade folgende Differenzen (in % Cu):

| −0,002 | −0,003 | +0,001 | ±0 | −0,002 |
| ±0 | +0,001 | +0,001 | +0,003 | +0,004 |

Aus der graphischen Darstellung wird eine Tendenz zu positiven Werten und damit das Auftreten eines systematischen Plusfehlers vermutet. Der Trendtest [Gl. (12.5)] liefert

$$\sum_{1}^{n-1} (x_i - x_{i+1})^2 = 3{,}2 \cdot 10^{-5}.$$

$s = 2{,}21 \cdot 10^{-3}$,

$D = 3{,}2 \cdot 10^{-5} / 9 \cdot 4{,}88 \cdot 10^{-6} = 0{,}73$.

Es ist (vgl. Tab. 12.1)

$D(P = 0{,}95; n = 10) = 1{,}06 > D = 0{,}73 > D(P = 0{,}99; n = 10) = 0{,}48$.

Im Sinne der im Abschnitt 7.1. gegebenen Regeln ist der Verdacht auf einen systematischen Plusfehler (und damit auf abnehmende Qualität der analytischen Arbeit) zu bestätigen.

Mit der in Tabelle 12.1 gegebenen empirischen Näherung $D\,(P = 0{,}95; n) \approx 0{,}02n + 0{,}88$ kann man Gl. (12.6) umstellen nach

12.2. Nachweis determinierter Komponenten

$$C_D = \frac{[s^2(n-1)][0{,}02n + 0{,}88]}{\sum_{i=1}^{n-1}(x_i - x_{i+1})^2}.$$ (12.6)

Dabei bedeutet $C_D > 1$ ($\pm 0{,}03$), daß in der Zeitreihe ein Trend zu vermuten ist. Diese Abschätzung ist im Bereich $10 < n < 30$ ohne Zuhilfenahme der Tabellenwerte möglich. Eine besonders schnelle Nachweismöglichkeit für einen Trend erlaubt der Vorzeichentest (Abschn. 7.5.). Man halbiert die Zeitreihe (m Meßwerte) und zieht die (einander entsprechenden) Werte der ersten Hälfte von der zweiten Hälfte ab. Die Vorzeichen der Differenzen d_i prüft man auf Überwiegen der einen Sorte. Daraus kann die ansteigende oder abfallende Tendenz in der Zeitreihe abgeleitet werden. Diese Prüfung erfolgt anhand von $n_d = n/2$ Differenzen. Die Meßwerte der Zeitreihe werden deshalb nur mit geringer Effizienz ausgenutzt. Daher soll dieses Prüfverfahren nur bei umfangreichen Meßreihen angewandt werden. Hier erweist es sich wegen seiner Einfachheit als besonders vorteilhaft. Determinierte Komponenten in Zeitreihen lassen sich besonders anschaulich und effektiv mit Hilfe der »Cu-sum«-Technik [1] nachweisen. Im Falle einer nachträglichen Beurteilung der Zeitreihe bildet man die Differenzen zum linearen Mittelwert

$$d_i(t) = x_i(t) - \overline{x(t)}.$$ (12.7)

Bei der fortlaufenden Zeitreihenbeurteilung tritt anstelle des linearen Mittelwertes der Sollwert x^*:

$$d_i(t) = x_i(t) - x^*.$$ (12.7a)

Diese Differenzen werden unter Berücksichtigung des Vorzeichens laufend summiert. Es wird dann die vom Beginn der Beobachtung ($t = 0$) bis zum jeweiligen Zeitpunkt ($t = t_i$) erhaltene Summe der Differenzen D_i graphisch aufgetragen, d. h.

$$D_i(t) = \sum_{t=0}^{t=t_i} d_i(t).$$ (12.8)

Solange die einzelnen Differenzen $d_i(t)$ allein durch σ_x bedingt zufällig streuen, ergibt die kumulative Summierung einen zeitlich konstanten Wert. Treten bei den Qualitätskennwerten Abweichungen vom Mittel- bzw. Sollwert auf, so führen sie durch die kumulierte Summierung der $D_i(t)$ zu Abweichungen vom konstanten Wert, und die Punktfolge beginnt, nach der einen oder anderen Seite auszuwandern. Bei geeigneter Wahl des Maßstabes in der Cu-sum-Darstellung können selbst kleine Drifterscheinungen – etwa in den Grenzen von $\pm \sigma_x$ – bereits nach wenigen Meßpunkten erkannt werden. Kontrollkarten für diese kumulativen Differenzsummen (Cu-sum-Technik) teilt man zweckmäßig derart, daß auf der Ordinate die Größe $2\sigma_x$ und auf der Abszisse der Zeitabstand zweier Messungen die gleiche Strecke erhalten. Mit dieser Einteilung erscheinen die zufälligen Fluktuationen als klein, eine Drift der Cu-sum-Werte in den Grenzen von $\pm 2\sigma_x$ ergibt einen Linienzug mit einem Winkel von 45° gegen die Horizontale. Der Verlauf des Linienzuges wird ständig bei jeder neuen Eintragung mit einer V-förmigen Maske geprüft. Bei der hier vorgeschlagenen Teilung der Abszissen- und Ordinatenachse beträgt der Öffnungswinkel der Maske 14°, der letzte zu prüfende Punkt befindet sich im Abstand von $n = 8$ Zeiteinheiten vom Scheitel des Winkels entfernt. (Zur Wahl von n vgl. [15].)

[12.3] Für den Wassergehalt von Cellulose war durch Qualitätsnorm $x^* \geq 1{,}80\,\%$ gefordert. In einer Serie von 20 Meßwerten ergaben sich $x_1 = 1{,}80\,\%$, $x_2 = 1{,}75\,\%$, $x_3 = 1{,}68\,\% \ldots x_{20} = 1{,}60\,\%$. Daraus folgte die Standardabweichung der Produktion zu $\sigma_x = 0{,}07\,\%\ H_2O$. Die graphische Darstellung der Analysenwerte (vgl. Bild 12.2 a) zeigt ein regelloses Fluktuieren innerhalb der $3\sigma_x$-Grenze. Der Prozeß scheint also unter Kontrolle zu laufen.

Für die Cu-sum-Karte berechnet man zunächst die Differenzen der einzelnen Ergebnisse zum Sollwert $x^* = 1{,}80\,\%$ und erhält $d_1 = 0{,}00$; $d_2 = -0{,}05$; $d_3 = -0{,}12\ldots$. Daraus ergeben sich die Werte $D_1 = 0{,}00$; $D_2 = -0{,}05$; $D_3 = -0{,}17\ldots$ zum Eintragen in die Cu-sum-Karte. Aus ihr ist zu ersehen (Bild 12.2b), daß zunächst ein Produkt gefertigt wird, dessen Qualität stabil der geforderten Norm entspricht. Die Prüfung beispielsweise bei dem zehnten Meßwert ergibt, daß sämtliche Punkte innerhalb der aufgelegten Maske streuen. Es kann jedoch eine am Ende der Beobachtungsperiode auftretende Drift der $D_i(t)$ bereits nach vier Messungen klar erkannt werden im Gegensatz zur Einzelwertkarte.

Diese graphische Form der Cu-sum-Technik ist besonders effektiv beim Nachweis von Instationaritäten. Es können für die $D_i(t)$

– Driften im Bereich von $2\sigma_x$ nach 4 Meßpunkten,
– Driften im Bereich von σ_x nach 8 Meßpunkten,
– Driften im Bereich von $\sigma_x/2$ nach 12 Meßpunkten

deutlich erkannt werden.

Im Verlaufe eines Cu-sum-Linienzuges treten meist lokale Extremwerte D_{Extr} auf. Sie sind Ausdruck dafür, daß sich der Mittelwert in der Zeitreihe geändert hat. Beispielsweise deutet ein Maximum D_{max} eine Änderung von $x_i(t) > \overline{x(t)}$ nach $x_i(t) < \overline{x(t)}$ an. Diese Extremwerte sind gegenüber der Streuung der Cu-sum-Werte auf Signifikanz zu prüfen.

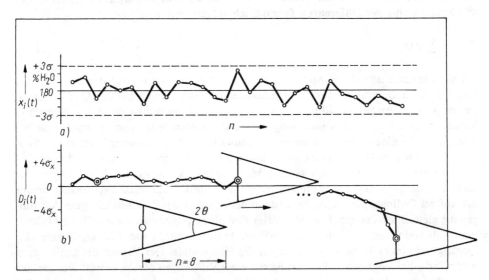

Bild 12.2. Kontrollkartentechnik
a) $\bar{x}$-s-Karte
b) Cu-sum-Karte mit V-förmiger Prüfmaske

12.2. Nachweis determinierter Komponenten

Man berechnet zunächst über alle n Cu-sum-Werte die lokale Standardabweichung

$$s_l = \sqrt{\frac{\sum_{i=1}^{n-1}[D_i(t) - D_{i+1}(t)]^2}{2(n-1)}} = \sqrt{\frac{\sum_{i=1}^{n-1}(-d_i)^2}{2(n-1)}} \approx \sqrt{\frac{s_x^2}{2}}$$

und bildet [2]

$$A = \frac{|\Delta D_{\text{Extr}}|}{s_l} \qquad (12.10)$$

mit $\Delta D_{\text{Extr}} = D_{\text{Extr}} - 0$ zur Prüfung gegen $\overline{x(t)} = 0$ bzw. $\Delta D_{\text{Extr}} = D_{\max} - D_{\min}$ zur Prüfung des Unterschiedes zwischen zwei Extremwerten.

Die Nullhypothese – es tritt keine Veränderung des Prozeßmittels auf – ist zu verwerfen für $A > A(P, n)$ (vgl. Tab. 12.2). Mit der in Tabelle 12.2 gegebenen Näherung $A(P = 0{,}95; n) \approx 0{,}165n + 1{,}71$ kann man Gl. (12.10) umstellen nach

$$C_A = \frac{\Delta D_{\text{Extr}}}{s_l(0{,}165n + 1{,}71)}. \qquad (12.11)$$

Dabei bedeutet $C_A > 1$ ($\pm 0{,}05$), daß ΔD_{Extr} als mehr als zufällig anzusehen ist.
Determinierte Komponenten in der Zeitreihe $x(t)$ geben sich in typischen Verläufen der

Tabelle 12.2. Zahlenwerte für $A(P; n)$

n	$P = 0{,}95$	$P = 0{,}99$
5	2,5	3,3
6	2,7	3,6
7	2,9	4,0
8	3,1	4,3
9	3,3	4,6
10	3,6	4,9
12	4,0	5,3
15	4,5	5,8
20	5,3	6,6
25	6,0	7,3
30	6,7	8,0
40	8,0	9,3
50	9,1	10,4
60	10,0	11,3
70	10,8	12,2
80	11,5	12,9
90	12,2	13,7
100	12,8	14,3

Als empirische Näherung im Bereich $5 < n < 30$ kann verwendet werden:
$D(P = 0{,}95; n) \approx 0{,}165n + 1{,}71$.

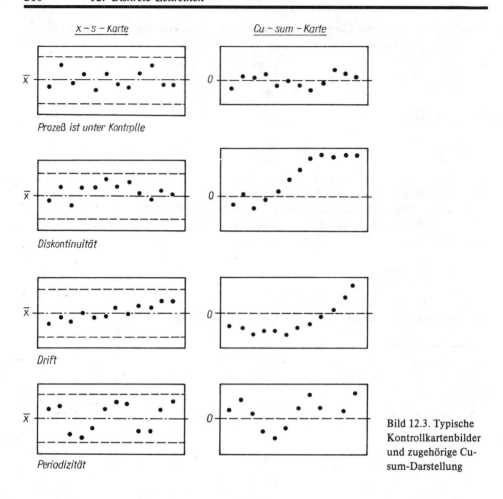

Bild 12.3. Typische Kontrollkartenbilder und zugehörige Cu-sum-Darstellung

Cu-sum-Darstellung zu erkennen (vgl. Bild 12.3). Diskontinuitäten [d. h. ein zeitlich begrenzter konstanter Verlauf der Zeitreihe ober- oder unterhalb von $\overline{x(t)}$] führen zu einem linearen Anstieg über n^* Meßwerte. Die durchschnittliche Größe dieser zeitlich konstanten Abweichung ergibt sich aus

$$\bar{a} = \frac{D(t_1) - D(t_{i+n^*})}{n^*} = \frac{D(t_{\text{Anf}}) - D(t_{\text{End}})}{i_{\text{Anf}} - i_{\text{End}}}. \qquad (12.12)$$

Linear ansteigende oder fallende Änderungen (Drift) erzeugen als Cu-sum-Darstellung einen parabelförmigen Kurvenzug. Periodizitäten in der Zeitreihe drücken sich in einer gegenüber der Zeitreihe phasenverschobenen Periodizität der Cu-sum-Darstellung aus. Die graphische Darstellung der Abschnitte $\overline{a_j(t)}$ zeigt besonders übersichtlich die Perioden in der Zeitreihe mit $x_i(t) < \overline{x(t)}$ bzw. $x_i(t) > \overline{x(t)}$. In dieser Darstellung entspricht der erste Wert dem ersten Wert der Cu-sum-Reihe, d. h., $a(t_1) = D(t_1)$.

Diese ursprünglich für die Zeitreihenanalyse beschriebene Cu-sum-Technik kann gleichermaßen auch für die Auswertung anderer Abhängigkeiten [z. B. Ortsreihe in der Verteilungsanalyse oder auch Linearitätsprüfung (S. 164)] genutzt werden.

[12.4] An einem aus der Bronzezeit stammenden Beil wurde mittels LASER-Mikrospektralanalyse die Elementverteilung längs der Schneide bestimmt [3]. Für die Elemente Zinn und Eisen ergaben sich die folgenden Werte:

Lfd. Nr.	Meßwerte Sn		Meßwerte Fe	
	% Sn	Cu-sum	% Fe	Cu-sum
1	0,83	0,06	0,42	0
2	0,86	0,15	0,40	−0,02
3	0,88	0,26	0,51	+0,07
4	0,84	0,33	0,48	0,13
5	0,79	0,35	0,39	0,10
6	0,75	0,33	0,48	0,16
7	0,72	0,28	0,38	0,12
8	0,73	0,24	0,45	0,15
9	0,68	0,15	0,43	0,16
10	0,74	0,12	0,39	0,13
11	0,78	0,13	0,42	0,13
12	0,76	0,12	0,36	0,07
13	0,73	0,08	0,39	0,04
14	0,77	0,08	0,47	0,09
15	0,72	0,03	0,35	+0,02
16	0,75	0,01	0,38	−0,02
$\overline{x(r)} = 0,77\,\%$			$\overline{x(r)} = 0,42\,\%$	

Die Ortsreihe des Zinns (vgl. Bild 12.4a, S. 212) zeigt gegenüber der des Eisens deutlich die geringere Streuung (bessere Homogenität der Legierung). Die Cu-sum-Darstellung (vgl. Bild 12.4b) ergibt für beide Elemente einen anfänglich über dem Mittel $\overline{x(r)}$ liegenden Wert. Die Signifikanzprüfung der Extremwerte führt zu

Sn
$s_l = 0,044$
$D_{max} = 0,35$
$A = 7,95$

Fe
$s_l = 0,110$
$D_{max} = 0,16$
$A = 1,45$

$A(P = 0,95; n = 16) = 4,6$
$A(P = 0,99; n = 16) = 5,9$

Die inhomogene Verteilung ist nur im Falle des Zinns nachweisbar, entsprechend Gl. (12.12) sind anzugeben (vgl. Bild 12.4c):

$a(r_1) = D(r_1) = 0,06$,

$\bar{a}_I = \dfrac{0,06 - 0,35}{1 - 5} \approx 0,0725$,

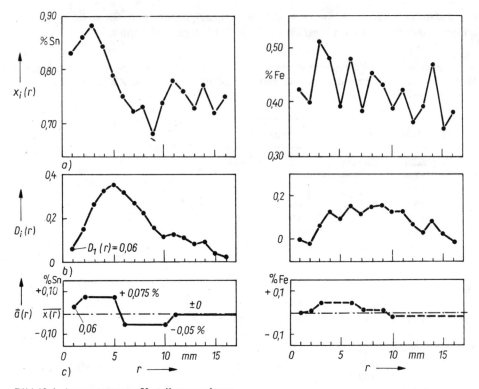

Bild 12.4. Auswertung von Verteilungsanalysen
a) Ortsreihe aus Laser-Mikrospektralanalyse
b) Cu-sum-Darstellung
c) Perioden der Elementverteilung

$$\bar{a}_{II} = \frac{0{,}35 - 0{,}12}{5 - 10} \approx -0{,}05,$$

$$\bar{a}_{III} = \frac{0{,}12 - 0{,}01}{10 - 16} \approx 0.$$

Entsprechende Abschnitte im Falle des Eisens sind nicht signifikant nachzuweisen. Damit ist für Sn eine inhomogene, für Fe eine homogene Verteilung in der Matrix (Cu) anzunehmen.

Bei Zeitreihen – besonders über längere Dauer – wird eine zeitreihenbegleitende Testierung der analytischen Güte gefordert.
Als Kontrollgröße für die Reproduzierbarkeitskonstanz benutzt man die Spannweite der Doppelbestimmungen $R_i = x'_i - x''_i$ nach Größe und Vorzeichen mit dem Erwartungswert $\bar{R}^* = 0$. Das Vorzeichen von R_i kann u. U. Aufschluß geben über systematische Fehler (z. B. zeitlich inkonstante Färbung bei photometrischen Verfahren) oder auch über die Arbeitsweise zweier parallel arbeitender Laboranten. Die Richtigkeit der Zeitreihenwerte prüft man aus der Analyse von eingestreuten Kontrollproben bekannten Gehaltes x^*. Man berechnet für jede einzelne dieser Kontrollanalysen x_i die Differenz $d_i = x_i - x^*$ und

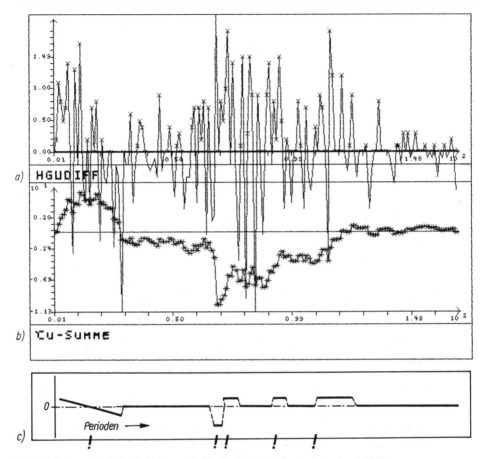

Bild 12.5. Reproduzierbarkeitskontrolle für Hg im Urin (Rechnerausdruck [14])
a) Spannweiten $R_i = x'_i - x''_i$
b) Cu-sum-Darstellung
c) Periodendarstellung

beurteilt die einzelnen d_i im Vergleich zum Erwartungswert $\bar{d}^* = 0$. In ähnlicher Weise kann man auch Wiederfindungsraten [Gl. (9.50)] mit dem Erwartungswert $\bar{b}^* = 1{,}000$ zur Richtigkeitskontrolle einsetzen. Im Falle von Spurenanalysen prüft man zusätzlich die Konstanz der Nachweisgrenze aus Messungen an einzelnen Blindproben.
Für die Auswertung dieser Kontrollmessungen verwendet man zweckmäßig die Cu-sum-Technik. Auf diese Weise lassen sich Tendenzen leicht erkennen. Zur Kontrolle der Reproduzierbarkeitskonstanz berechnet man die Cu-Summe aus den einzelnen R_i mit $\bar{R}^* = 0$, zur Richtigkeitskontrolle legt man der Cu-sum-Karte die einzelnen d_i mit $\bar{d}^* = 0$ [Gl. (12.7a)] zugrunde. Trotz großen Rauschens (vgl. Bild 12.5) oder scheinbar ordnungsgemäßer Fluktuation (Bild 12.6a) liefert die Cu-sum-Karte und die daraus abgeleitete Periodendarstellung Aussagen zu Zeitabschnitten mangelnde Reproduzierbarkeit oder Richtigkeit der Werte (in den Bildern 12.5 und 12.6 mit (!) gekennzeichnet).

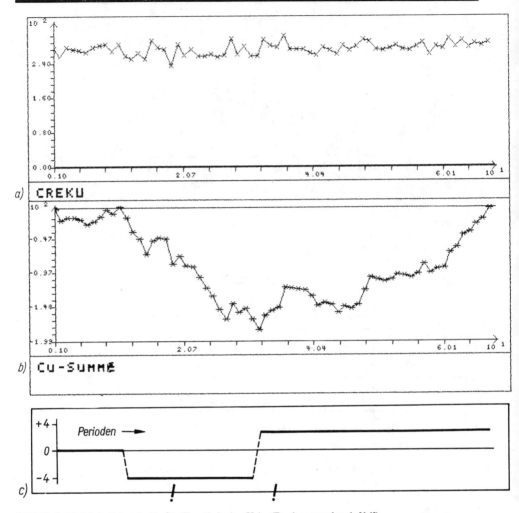

Bild 12.6. Richtigkeitskontrolle für Kreatinin im Urin (Rechnerausdruck [14])
a) Differenzen $d_i = x_i - \bar{x}^*$
b) Cu-sum-Darstellung
c) Periodendarstellung

Häufig werden Zeitreihen synchron an m verschiedenen Orten r_j gemessen (z. B. Schadstoffüberwachung in der Luft). Man erhält dann m Reihen $x_i(t, r_j)$, die die Konzentration (oder den Gehalt) des Analyten x am Beobachtungsort j in Abhängigkeit von der Zeit beschreiben. Gesucht sind dann Möglichkeiten, die Analytkonzentration zwischen den einzelnen Meßstellen wenigstens angenähert zu beschreiben. Eine solche Aussage ist aus den meist sehr stark fluktuierenden Meßwerten nicht ohne weiteres abzuleiten.
Man berechnet deshalb als gemeinsame Bezugsbasis den linearen Mittelwert [Gl. (12.1)] aus allen $m \cdot n = N$ Meßwerten und erhält $\overline{x(t, r)}$. Mit diesem gemeinsamen Mittelwert bil-

det man für jede einzelne der m Zeitreihen die zugehörige Cu-sum-Reihe [Gl. (12.8)] und daraus [Gl. (12.12)] die Perioden a_i für $x_i(t, r_j) > \overline{x(t, r)}$ bzw. $x_i(t, r_j) < \overline{x(t, r)}$. Die erhaltenen m Periodenreihen zeichnet man zweckmäßig perspektivisch. Man verbindet in dieser Darstellung die zum gleichen Zeitpunkt gehörenden Werte $a_i(t, r_j)$ durch Geraden (»Isochrone«). Die Durchstoßpunkte dieser Geraden durch die Ebene des gemeinsamen Mittelwertes $\overline{x(t, r)}$ bilden die Grenzen für die Gebiete $x_i(t, r) > \overline{x(t, r)}$ bzw. $x_i(t, r) < \overline{x(t, r)}$. Diese Gebiete lassen sich in der Art einer Landkarte darstellen. Dabei kann man die Erhebungen und Senken entsprechend der Konzentration des Analyten in Stufen unterteilen (und diese z. B. durch unterschiedliche Farbgebung verdeutlichen).

[12.5] Die Staubbelastung eines Territoriums wurde an $m = 3$ verschiedenen Meßstellen synchron über einen Zeitraum von 36 Monaten registriert (vgl. Bild 12.7a). Aus den stark fluktuierenden 108 Meßwerten ergaben sich der gemeinsame lineare Mittelwert $\overline{x(t, r)}$ und darauf aufbauend die Cu-sum-Reihe für jede der 3 Zeitreihen sowie die Periodendarstellungen (vgl. Bild 12.7b). Es ergibt sich z. B. für die Meßstelle 3 ein durchgängiger Verlauf $x_i(t, r_3) < \overline{x(t, r)}$, für die Meßstelle 1 ein Alternieren zwischen $x_i(t, r_1) < \overline{x(t, r)}$ und $x_i(t, r_2) > \overline{x(t, r)}$. Die durch Verbinden zeitgleicher Punkte entstehenden Flächen (z. B. Februar 1985 bis Januar 1986) schneiden die Ebene $x(t, r)$. Die Schnittlinien umschließen das Gebiet erhöhter Staubbelastung. Entsprechend der Höhe dieser Staubbelastung erfolgt in der Darstellung als »Landkarte« eine unterschiedliche Farbgebung. Man erkennt die tendenziell nach Fläche und Menge zunehmende Belastung.

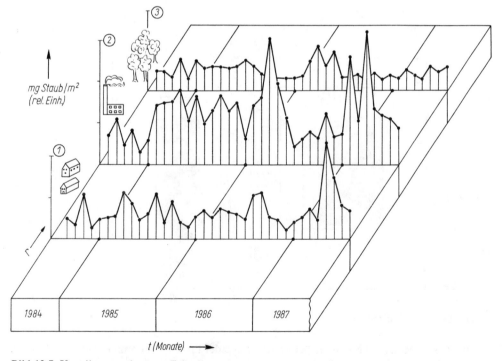

Bild 12.7. Verteilungsanalyse aus Zeitreihen
a) Zeitreihen zur Staubbelastung an drei verschiedenen Orten

12. Diskrete Zeitreihen

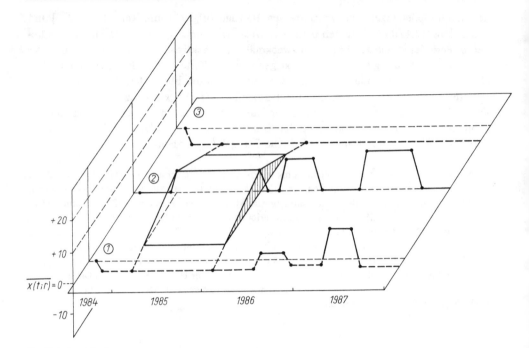

b) Gehaltsperioden

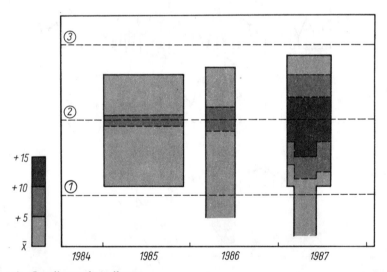

c) »Landkartendarstellung«

Die diesem Modell zugrunde liegende Annahme der linearen Zusammenhänge stellt eine starke Vereinfachung dar. Sie ist deshalb insbesondere zum Erkennen von Tendenzen brauchbar. Das Modell ist generell anwendbar für die Interpretation von zweidimensional abhängigen Meßwerten (z. B. auch Elementverteilung in einem Flächenscan, vgl. weiterführende Literatur).

12.3. Korrelation innerhalb einer Zeitreihe

Zwischen den in äquidistanten Zeitabständen Δt erhaltenen n Werten einer Zeitreihe besteht ein mehr oder weniger stark ausgeprägter Verbundenheitsgrad. Dieser wird in Abhängigkeit vom zeitlichen Abstand $k \, \Delta t$ der Meßwerte ($k = 0, 1, 2 \ldots$) durch die Autokorrelationsfunktion (AKF) beschrieben. Zu ihrer Berechnung zentriert man die Zeitreihe zunächst nach

$$x_i(t) - \overline{x(t)} = x_{zi}(t) \tag{12.13}$$

$x_{zi}(t)$ zentrierte Zeitreihenwerte
$\overline{x(t)}$ linearer Mittelwert [Gl. (12.1)]

und berechnet für $k \ll n$ ($k = 0, 1, 2 \ldots$) die Autocovarianzfunktion (ACVF) [5] nach

$$\psi_{xx}(k) = \frac{1}{n-k} \sum_{i=1}^{n-k} x_{zi}(t) \, x_{z(i \pm k)}(t) . \tag{12.14}$$

Die ACVF entspricht der Covarianz [Gl. (9.2)] mit $y = x_{i+1}$ und $\bar{x} = \bar{y} = 0$. Der Funktionswert $\psi_{xx}(k=0)$ ist die Varianz des Prozesses σ_x^2 [Gl. (3.2 b)]. Aus der ACVF erhält man die Autokorrelationsfunktion nach

$$\varrho_{xx}(k) = \psi_{xx}(k)/\psi_{xx} \quad (k=0) . \tag{12.15}$$

In der Näherung

$$\varrho_{xx}(k) \approx \frac{\sum\limits_{i=1}^{n-k} x_{zi}(t) \, x_{z(i+k)}(t)}{\sum\limits_{i=1}^{n} x_{zi}^2(t)} \tag{12.16}$$

entspricht die AKF dem Korrelationskoeffizienten [Gl. (9.6)] mit $y = x_{i+k}$; $\bar{x} = \bar{y} = 0$ und $s_x = s_y$.

Die AKF ist eine gerade Funktion mit dem Maximum bei $\varrho_{xx}(k=0) = 1$. Gewöhnlich stellt man nur den Teil mit $k \geq 0$ dar. Mit wachsender Verschiebung k (= wachsender Meßwertabstand in der Zeitreihe) nimmt $\varphi_{xx}(k)$ ab. Die bis zum Abklingen auf den Funktionswert $\dfrac{1}{e}$ notwendige Verschiebung wird als Korrelationskonstante k_c bezeichnet, die zugehörige Zeit als Korrelationsdauer T_c. Es ist also

$$T_c = k_c \cdot \Delta t . \tag{12.17}$$

Zwei Meßwerte $x_i(t)$ und $x_{i+1}(t)$ im zeitlichen Abstand $\Delta t > T_c$ gelten als unkorreliert. Deshalb sollte in einer Zeitreihe $\Delta t \leq T_c$ sein. Die Vertrauensgrenze der AKF ergibt sich nach [6] zu

$$\Delta \varrho_{xx}(k) = u(P) \sqrt{\text{var}\,\varrho_{xx}(k)} \tag{12.18}$$

mit

$$\text{var}\,\varrho_{xx}(k) = \frac{1}{n} \left[\frac{1+p^2}{1-p^2} (1-p^{2k}) - 2kp^{2k} \right], \tag{12.19}$$

$$= \frac{1}{n}(AB - C),$$

wobei

$$p = e^{-1/k_c}. \tag{12.20}$$

Werte für $(AB - C)$ für kleine k gibt Tabelle 12.3. Funktionswerte von $\varrho_{xx}(k)$ innerhalb des Vertrauensintervalls (zwei- oder einseitige Begrenzung beachten!) gelten nicht mehr als signifikante Werte.

Tabelle 12.3. Werte für $\sqrt{\text{var}\,\varrho_{xx}(k)}$

k	$k_c = 0{,}5$	$k_c = 1$	$k_c = 2$	$k_c = 3$	$k_c = 5$
0	0	0	0	0	0
0,5	0,872 7	0,679 8	0,494 9	0,406 4	0,315 7
1	0,990 8	0,929 9	0,795 1	0,697 6	0,574 2
2	1,017 6	1,102 6	1,153 1	1,111 7	0,996 3
3	1,018 5	1,137 9	1,325 7	1,370 2	1,316 6
4	1,018 5	1,144 5	1,406 3	1,529 2	1,558 3
5	1,018 5	1,145 7	1,442 9	1,625 6	1,740 0
6	1,018 5	1,145 8	1,459 1	1,683 3	1,875 7

Der Verlauf der AKF steht im unmittelbaren Zusammenhang mit dem Verlauf der Zeitreihe. Die AKF einer stochastischen Funktion fällt exponentiell zum Wert Null ab. Im einfachsten Fall ist ihr Verlauf zu beschreiben durch

$$\varrho_{xx}(k) = e^{-k/k_c}. \tag{12.21}$$

Im Falle unabhängiger Meßwerte in der Zeitreihe (»reiner Zufallsprozeß«) klingt die AKF bereits bei $k \leq 1$ auf Null ab ($k_c \leq k$) und streut dann zufällig um diesen Wert (vgl. Bild 12.8 a). Sind benachbarte Werte voneinander abhängig (vgl. Bild 12.8 b), so finden sich zwischen den Extremwerten der Zeitreihe noch weitere Zwischenwerte (»Prozesse mit Erhaltungsneigung«). Dies führt in der AKF zu $k_c > k$ (bzw. $T_c > \Delta t$). Die Korrelationskonstante k_c wächst, je mehr Meßpunkte zwischen zwei Extremwerten liegen, d. h. je langsamer die Werte der Zeitreihe fluktuieren. Die Korrelationszeit T_c ist somit ein Maß für die Dynamik der Zeitreihe. Bei Zeitreihen mit Drift (vgl. Bild 12.8 c) wird der Funktionswert für k_c erst bei sehr hohen Verschiebungen erreicht, man erhält deshalb keine auswertbare AKF. Periodizitäten (oder periodische Sprünge) in der Zeitreihe (vgl. Bild 12.8 d) führen zu einer periodischen AKF mit identischer Periode und einer der Zeitreihe entsprechenden Amplitude (z. B. $x = \sin t \rightarrow \varrho_{xx} = a \cos t$; $x = 2 \sin t \rightarrow \varrho_{xx} = 2a \cos t$). Aus einer (stark) verrauschten periodischen Zeitreihe erhält man eine unverrauschte periodische AKF.

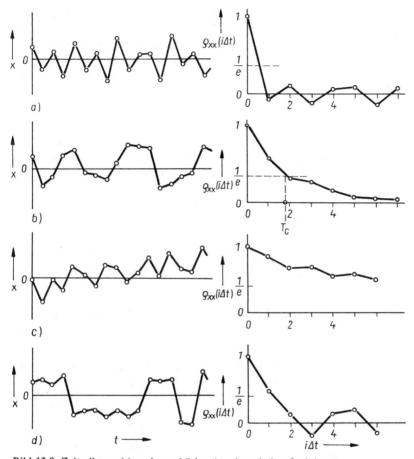

Bild 12.8. Zeitreihen $x(t)$ und zugehörige Autokorrelationsfunktionen
a) unabhängige Werte $x(t)$
b) abhängige Werte $x(t)$
c) Zeitreihe mit Drift
d) verrauschte periodische Funktion

Zur Berechnung der AKF ist eine genügend große Zahl von Werten erforderlich ($n > 150$). Bei der Zentrierung der Rohdaten ist gleichzeitig eine evtl. vorhandene Drift (»instationärer Prozeß«) zu korrigieren. Dazu gleicht man die Zeitreihe $x'(t)$ linear aus [Gln. (9.16), (9.17)] nach

$$x'_i(t) = a + b\,i \qquad (12.22\,\text{a})$$

und zentriert nach

$$x_{zi}(t) = x'_i(t) - a - b\,i. \qquad (12.22\,\text{b})$$

Bei Zeitreihen mit Sprüngen zentriert man jedes einzelne Segment in dieser Weise und faßt dann die einzelnen Abschnitte zusammen.

Weiterhin soll die Dynamik innerhalb der Zeitreihe konstant sein. Eventuelle Unterschiede in der Frequenzverteilung in den beiden Hälften führen zu Änderungen der Anzahl q_i der zwischen den Extremwerten liegenden Meßwerte. Man zählt diese Meßwerte in den beiden Hälften aus ($\sum q_{i1}$ und $\sum q_{i2}$). Bei genauer Halbierung der Zeitreihe ($\to n_\mathrm{I} = n_\mathrm{II}$ Werte) prüft man entsprechend Gl. (7.22) nach

$$u = \frac{|\sum q_{i1} - \sum q_{i2}|}{\sqrt{\sum q_{i1} + \sum q_{i2}}} \leftrightarrow u(P). \tag{12.23}$$

Dabei darf kein Unterschied nachweisbar sein [$u < u(P = 0{,}95)$]. Im Falle eines signifikanten Unterschiedes zwischen $\sum q_{i1}$ und $\sum q_{i2}$ (sowie im Falle eines nicht linearen Untergrundverlaufes) sind geeignete Filteroperationen anzuwenden [7], [8].

[12.6] An einer Destillationskolonne wurde im Abstand von $\Delta t = 3$ Std. der Aromatengehalt im Kopfprodukt bestimmt. Von den im Laufe eines Monats erhaltenen 240 Werten sind die ersten dreißig im folgenden angegeben (% Gesamtaromaten):

7,12 − 7,24 − 6,86 − 6,88 − 6,70 − 7,02 − 7,24 − 7,46 − 8,08 − 7,90 − 7,32 − 7,14 − 7,06 − 7,48 −

− 7,60 − 7,82 − 7,24 − 7,46 − 7,18 − 7,00 − 6,92 − 6,84 − 7,36 − 7,68 − 7,60 − 7,32 − 7,84 −

− 8,06 − 8,28 − 8,10

Es soll aus diesen Daten die Korrelationsdauer T_c für den Destillationsprozeß berechnet werden.

1. Zentrierung und Driftkorrektur

Die lineare Regression entsprechend den Gln. (9.16) und (9.17) führt zu $x_i(t) = 7{,}00 + 0{,}02\,i$. Danach werden die gemessenen Werte zentriert und driftkorrigiert [Gl. (12.22)] nach

$x_{zi}(t) = x_i(t) - 7{,}00 - 0{,}02\,i$.

Es ergeben sich die folgenden Werte:

+0,1 − +0,2 − −0,2 − −0,2 − −0,4 − −0,1 − +0,1 − +0,3 − +0,9 − +0,7 − +0,1 − −0,1 − −0,2 −

− +0,2 − +0,3 − +0,5 − −0,1 − +0,1 − −0,2 − −0,4 − −0,5 − −0,6 − −0,1 − +0,2 − +0,1 −

− −0,2 − +0,3 − +0,5 − +0,7 − +0,5

Zum Vereinfachen der weiteren Rechnung transformiert man nach $X_{zi}(t) = 10 x_{zi}(t)$.

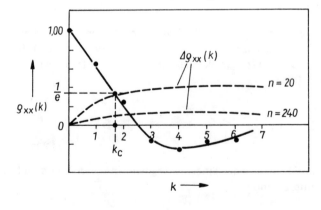

Bild 12.9. Autokorrelationsfunktion und Vertrauensintervall ($n = 20$ bzw. $n = 240$) zu Beispiel [12.6]

12.3. Korrelation innerhalb einer Zeitreihe

2. Berechnung der AKF

Die Berechnung von $\varrho_{xx}(k)$ erfolgt entsprechend den Gln. (12.14) bis (12.16).

k	$\sum X_{zi} X_{z(i+k)}$	$n - k$	$\psi_{xx}(k)$ [Gl. (12.14)]	ϱ_{xx} [Gl. (12.15)]
0	415	30	13,383 3	1,000 0
1	264	29	9,103 4	0,658 1
2	90	28	3,214 3	0,240 2
3	−51	27	−1,888 8	−0,141 1
4	−83	26	−3,192 3	−0,238 5
5	−54	25	−2,160 0	−0,161 4
6	−48	24	−1,916 7	−0,143 2

Aus der graphischen Darstellung (Bild 12.9, S. 220) ergibt sich $k_c = 1{,}67$ und damit als Korrelationsdauer [Gl. (12.17)] $T_c = 1{,}67 \cdot 3 = 5$ Std.

3. Vertrauensintervall ($\bar{P} = 0{,}95$)

Man berechnet zunächst

$$p = e^{-1/1{,}667} = 0{,}548\,8 \quad [\text{Gl. (12.20)}],$$

$$\left(\frac{1+p^2}{1-p^2}\right) = 1{,}861\,9 \quad (= A) \quad [\text{Gl. (12.19)}].$$

Der weitere Rechengang wird nach folgendem Schema durchgeführt:

k	p^{2k}	$1 - p^{2k}$ ($= B$)	AB	$2kp^{2k}$ ($= C$)	$1{,}65\sqrt{\dfrac{(AB-C)}{30}}$
0	p^0	0	0	0	0
1	p^2	0,698 1	1,301 9	0,603 8	0,251 7
2	p^4	0,908 8	1,695 0	0,364 6	0,347 5
3	p^6	0,972 5	1,813 7	0,165 1	0,386 0
4	p^8	0,991 7	1,849 5	0,066 5	0,402 3
5	p^{10}	0,997 5	1,860 3	0,025 1	0,408 1
6	p^{12}	0,999 2	1,863 6	0,009 1	0,410 2

Die graphische Darstellung von $\Delta\varrho_{xx}(k)$ (vgl. Bild 12.9) zeigt, daß der Funktionswert $\varrho_{xx}(k_c)$ außerhalb der Vertrauensgrenze ($\bar{P} = 0{,}95$) liegt. Die aus k_c abgeleitete Korrelationsdauer von $T_c = 5$ Std. darf deshalb als Kenngröße für die Dynamik des Destillationsprozesses angesehen werden. Bild 12.9 zeigt weiterhin die starke Abhängigkeit von $\Delta\varrho_{xx}(k)$ von der Anzahl der Meßwerte (und damit die oft begrenzte Aussage einer Autokorrelationsfunktion aus einer Zeitreihe mit nur wenigen Messungen).

Bei der Ermittlung der AKF müssen die Meßwerte genügend dicht liegen, so daß $\Delta t < T_0$ erfüllt ist. Durch einen Vorversuch mit 20 bis 30 Analysenwerten kann man überprüfen, ob dieser Forderung entsprochen wird. Es ist der Fall, wenn sich zwischen den p Extremwerten der Zeitreihe im Durchschnitt $\bar{q} = 2 \dots 4$ zusätzliche Meßwerte befinden [10]. Liegt $\bar{q}$ unter diesem Wert, so ist der Vorversuch mit verringertem Meßwertabstand Δt zu wiederholen. Im Falle $\bar{q} > 5$ läßt sich im Sinne der Verminderung von analytisch-chemischer Arbeit der Meßwertabstand bei der Bestimmung der Korrelationsfunktion vergrößern. Die Anzahl der zwischen den p Extremwerten gelegenen Werte $\bar{q}$ läßt sich bei n Messungen errechnen nach

$$\bar{q} = \frac{n-p}{p}. \tag{12.24}$$

[12.7] Im Bild 12.8 b wird die Zeitreihe durch $n = 17$ Werte gebildet, es treten $p = 6$ Extremwerte auf. Damit wird $\bar{q} = (17 - 6)/6 = 1{,}83 \approx 2$. Der für die Aufnahme der Korrelationsfunktion vorgesehene Meßwertabstand ist als noch ausreichend anzusehen.
Für die Zeitreihe von Bild 12.8a ergibt sich in gleicher Weise $\bar{q} = 0{,}15$. (Der erste Wert wurde nicht mitgezählt, weil keine eindeutige Zuordnung zu einem Extremwert möglich ist.) Der niedrige Wert von $\bar{q}$ deutet auf eine Zeitreihe mit unabhängigen Meßwerten.

Die Korrelation der Werte innerhalb einer Zeitreihe gestattet, aus einem gemessenen Wert $x_i(t)$ Voraussagen auf einen künftigen (noch nicht gemessenen) Wert $x_{i+k}(t)$ zu erbringen. Bei Kenntnis der Korrelationsdauer T_c können in Abhängigkeit von k ($k = 1, 2 \dots$) die Vertrauensgrenzen angegeben werden, innerhalb deren der Wert $x_{i+k}(t)$ mit Wahrscheinlichkeit P zu erwarten ist.
Im Falle zentrierter Werte [Gl. (12.13)] gilt ($P = 0{,}95$)

$$x_{z(i+k)}(t) = \alpha^k x_{zi}(t) \pm 1{,}96 \sigma_x \sqrt{1 - \alpha^{2k}}, \tag{12.25}$$

$$\alpha = e^{-\Delta t/T_c}. \tag{12.26}$$

σ_x Prozeßstreuung

Generell nimmt die Spanne des Vertrauensintervalls zu mit wachsendem k (wachsendes Prädiktionsintervall) und mit wachsendem Verhältnis von Meßwertabstand Δt zur Korrelationszeit T_c (vgl. Bild 12.10, S. 223). Eine Voraussage ist also um so sicherer zu treffen, je kürzer der geforderte Zeitraum und je dichter der Meßwertabstand in der Zeitreihe sind. Bei der Voraussage von $x_{zi}(t) \neq 0$ auf $x_{z(i+k)}(t)$ ist stets eine Tendenz nach $x_{z(i+k)}(t) \to 0$ zu beobachten.
Die Prädiktion ist auch möglich aus den originalen, nicht zentrierten Werten. Dann gilt

$$x_{z(i+k)}(t) = (1 - \alpha^k) \overline{x(t)} + \alpha^k x_i(t) \pm 1{,}96 \sigma_x \sqrt{1 - \alpha^{2k}}. \tag{12.27}$$

Die Prädiktion entsprechend Gl. (12.25) oder Gl. (12.27) liefert die Aussagen, wann ein zukünftiger Qualitätskennwert eine gegebene Schranke zu über- oder unterschreiten droht. Gleichermaßen kann abgeleitet werden, wann ein nächster Analysenwert erforderlich ist zur Beschreibung der Zeitreihe [9]. Wenn die zum vorausgesagten Analysenwert $x_{i+1}(t)$ gehörigen Vertrauensgrenzen die Qualitätsnorm des Produktes nicht tangieren, kann die $(i + 1)$-te Analyse ohne Gefahr für die Qualitätssicherung entfallen.
Die zur Beschreibung von Zeitreihen gegebenen Gesetzmäßigkeiten lassen sich auch auf Analysenwerte in Abhängigkeit von anderen Größen übertragen, z. B. für Abhängigkeit

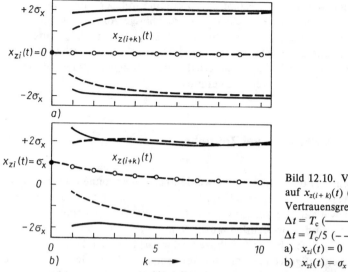

Bild 12.10. Vorhersage von $x_{zi}(t)$ (●)
auf $x_{z(i+k)}(t)$ (○)
Vertrauensgrenzen ($P = 0{,}95$) für
$\Delta t = T_c$ (———) bzw.
$\Delta t = T_c/5$ (- - - - -)
a) $x_{zi}(t) = 0$
b) $x_{zi}(t) = \sigma_x$

vom Ort $x(r)$ oder für Abhängigkeit bei fortlaufender Zählung $x(n)$. Mit $x(r)$ lassen sich mit T_r (Korrelationslänge) Aussagen z. B. zur Homogenität eines Festkörpers erbringen oder auch Periodizitäten z. B. von Elementverteilungen nachweisen (vgl. weiterführende Literatur)

[12.8] Die Verteilung des Bariumgehaltes längs des »Äquators« eines ozeanischen MnO_2-Akkumulats (Bild 12.11 a) mittels LASER-Mikrospektralanalyse [11] ergab stark streuende Schwärzungswerte (Bild 12.11 b). Die Autokorrelationsfunktion (Bild 12.11 c) zeigt deutlich die aus der Genese des Akkumulats vermuteten Periodizitäten. Dabei ist das Rauschen erwartungsgemäß völlig eliminiert.

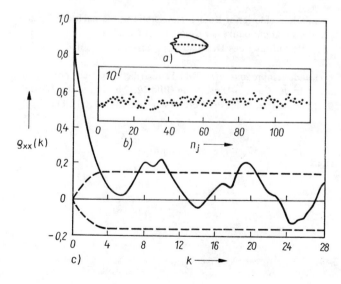

Bild 12.11. Verteilungsanalyse an einem MnO_2-Akkumulat
a) Prinzipskizze des Linienscans
b) transformierte Schwärzungswerte der Ortsreihe
c) Autokorrelationsfunktion (- - - - Vertrauensgrenzen $P = 0{,}95$)

Bei der Modulation eines Meßsignals entsteht eine Zeitreihe mit periodischem Nutzsignal und überlagertem Zufallsfehler (Rauschen). Die zugehörige Autokorrelationsfunktion entspricht dem vom Rauschen befreiten Nutzsignal. Es gelingt deshalb, durch Berechnen der Autokorrelationsfunktion eines modulierten Signals (Sinus- oder Rechteckfunktion), Analysensignale weit unterhalb der üblichen Nachweisgrenze [Gl. (6.12)] auszuwerten (vgl. weiterführende Literatur).

12.4. Korrelation zwischen zwei Zeitreihen

Es liegen zwei Zeitreihen $x(t)$ und $y(t)$ vor. Sie wurden parallel gewonnen mit gleichem Zeitabstand der Messungen ($\Delta t_x = \Delta t_y$). Es soll auf Korrelation zwischen den beiden Zeitreihen geprüft werden sowie auf evtl. gemeinsame determinierte Komponenten.
Diese gesuchten Aussagen sind meist deutlich abzuleiten aus den Cu-sum-Darstellungen $D_{ix}(t)$ und $D_{iy}(t)$ [Gl. (12.8)]. Selbst bei großer Prozeßvarianz σ_x^2 bzw. σ_y^2 erlaubt diese Darstellung, gleiche oder gegenläufige Tendenzen zu erkennen. Eine objektivierbare Aussage ist aus dem Vergleich der Qualitätsperioden $\bar{a}_x$ und $\bar{a}_y$ [Gl. (12.12)] erhältlich. Man berechnet

$$\text{sgn}(i)\,[a_{xi}(t) \cdot a_{yi}(t)]\,. \tag{12.28}$$

$i = 1, 2 \ldots n$

Die erhaltenen Vorzeichen ordnet man entsprechend ihrer Reihenfolge und prüft mittels Vorzeichentests [Gln. (7.20) und (7.21)]. Signifikantes Überwiegen von positiven Vorzeichen deutet auf positive Korrelation (und umgekehrt). Periodisches Verhalten kann aus der Folge der Vorzeichen in beiden Reihen z. B. durch den WALD-WOLFOWITZ-Runs-Test (vgl. Abschn. 7.5.) nachgewiesen werden.

[12.9] Bei der Aufarbeitung von Gemischen chlorierter Kohlenwasserstoffe wurde nach der Rohdestillation und nach der Feindestillation im Kopfprodukt der Kolonne der Gehalt an Perchlorethylen gaschromatographisch bestimmt. Für die Führung des Destillationsprozesses sollte auf Korrelation der beiden Produktqualitäten geprüft werden.
Die Zeitreihen für Rohprodukt $x(t)$ und Reinprodukt $y(t)$ (Bild 12.12 a) ließen gleichsinnige Tendenzen vermuten, sie werden deutlich in der Cu-sum-Darstellung (Bild 12.12 b) und in der Darstellung der Qualitätsperioden (Bild 12.12 c). Aus der Folge der Vorzeichen von $a_{xi}(t) \cdot a_{yi}(t)$ [Gl. (12.28)] erhält man (Bild 12.12 d)

$n = 30;\quad k^+ = 24;\quad k^- = 6$.

Der Vorzeichentest [Gl. (7.20)] liefert

$$F = \frac{24}{6+1} = 3{,}43\,,$$

$f_1 = 2(k^+ + 1) = 50$,

$f_2 = 2k^- = 12$,

$F(\bar{P} = 0{,}95;\ f_1 = 50;\ f_2 = 12) = 2{,}40$.

Wegen $F > F(\bar{P} = 0{,}95; f_1; f_2)$ darf eine Korrelation zwischen den Zeitreihen $x(t)$ und $y(t)$ angenommen werden.

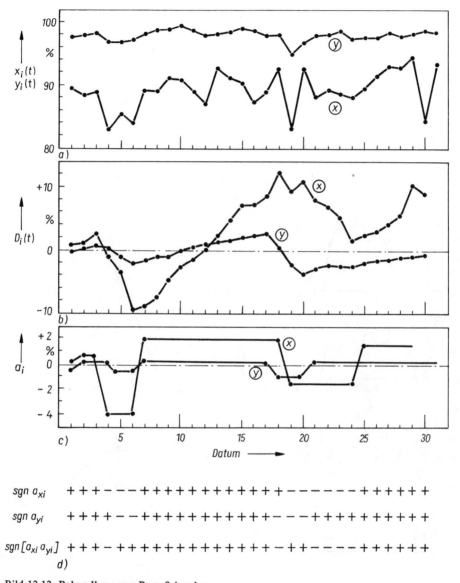

```
sgn a_xi        + + + - - - + + + + + + + + + + + + + - - - - - - + + + + + +
sgn a_yi        + + + + - - - + + + + + + + + + + + - - - + + + + + + + + + +
sgn [a_xi a_yi] + + + - + + + + + + + + + + + + + + - + + - - - - + + + + + +
                d)
```

Bild 12.12. Behandlung von Prozeßsignalen
a) Zeitreihe für Rohprodukt $x(t)$ und Reinprodukt $y(t)$ von Perchlorethylen
b) Cu-sum-Darstellung
c) Qualitätsperioden
d) Vorzeichenanalyse der Qualitätsperioden

Korrelationen zwischen zwei Zeitreihen nachzuweisen gelingt weiterhin durch Berechnen des Korrelationskoeffizienten [Gl. (9.6)] aus den zentrierten und driftkorrigierten Wertepaaren $(x_{zi}; y_{zi})$, $(x_{z(i+1)}; y_{z(i+1)})$ [Gl. (12.22)]. Der berechnete Korrelationskoeffizient ist in üblicher Weise [Gl. (9.8)] auf Signifikanz zu prüfen.

Korrelation kann auch bestehen zwischen den zeitverschobenen Daten der Zeitreihen $x(t)$ und $y(t)$. Diese Korrelationsbeziehungen in Abhängigkeit vom zeitlichen Abstand der Messungen $k\Delta t$ ($k = 0, 1, 2, ...$) beschreibt die Kreuzcovarianzfunktion KCVF (nicht ganz zutreffend auch als Kreuzkorrelationsfunktion bezeichnet). Die KCVF ergibt sich nach

$$\psi_{xy}(k) = \frac{1}{n-k} \sum_{1}^{n-k} x_i(t) y_{i+k}(t). \tag{12.29}$$

Die KCVF entspricht für $k = 0$ der Covarianz [Gl. (9.2)]. Für $y_{i+k} \to x_{i+k}$ geht die KCVF in die Autocovarianzfunktion [Gl. (12.14)] über.

Statistische Ähnlichkeiten zwischen $x(t)$ und $y(t)$ führen zu einem Extremwert der

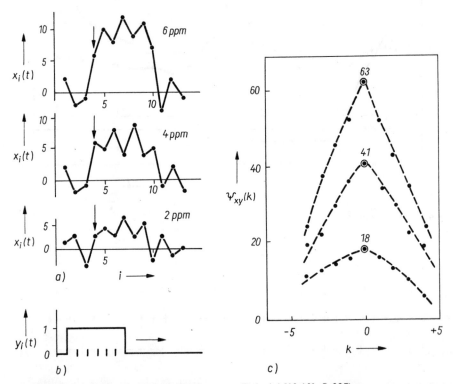

Bild 12.13. Spektrometrische TOC-Bestimmung (Beispiel [12.10], S. 227)
a) verrauschtes Rechtecksignal $x(t)$
b) zeitgleiches Referenzsignal $y(t)$
c) Kreuzcovarianzfunktion
(↓ Probeninjektion)

12.4. Korrelation zwischen zwei Zeitreihen

Kreuzcovarianzfunktion. (Maximum: positive Korrelation; Minimum: negative Korrelation.) Für zwei zufällige Funktionen resultiert als KCVF eine Konstante. Sie ist das Produkt der einzelnen linearen Mittelwerte $\overline{x(t)}$ und $\overline{y(t)}$. Im Falle, daß einer dieser Mittelwerte gegen Null geht (zentrierte Zeitreihe), strebt die gesamte KCVF gegen den Funktionswert Null. Liegen zwei periodische Zeitfunktionen vor, so entspricht die KCVF den in beiden Zeitreihen gemeinsamen Frequenzkomponenten. Dabei ist die Amplitude der Kreuzcovarianzfunktion das Produkt der Amplituden von $x(t)$ und $y(t)$. In der KCVF ist das Rauschen der periodischen Ausgangszeitreihen eliminiert. Die KCVF bietet deshalb für die Behandlung von periodischen Zeitreihen mit kleiner Amplitude und hohem Rauschen Vorteile:

- In der periodischen KCVF tritt kein Rauschen auf.
- Durch Benutzen einer Referenzfunktion $y(t)$ mit großer Amplitude kann das schwache Nutzsignal in der Zeitreihe $x(t)$ verstärkt werden.
- Der Extremwert der KCVF kann als konzentrationsanaloge Größe ausgewertet werden.

[12.10] Bei der spektrometrischen Bestimmung von TOC in Wässern wurden stark verrauschte Rechteckpeaks registriert (Bild 12.13 a). Die Auswertung dieser Signale ergab eine Nachweisgrenze von 1,8 ppm C. Zur Eliminierung des Rauschens wurden die untergrundkorrigierten Rechteckpeaks [$= x_i(t)$] mit einem unverrauschten Rechteckpeak gleicher Zeitdauer und konstanter Höhe [$= y_i(t)$, Bild 12.13 b] kreuzkorreliert. Aus den jeweils aufgenommenen 70 Werten sind im folgenden auszugsweise die Werte 1, 6, 11 ... 61 (mit $i = 1, 2 ... 13$ bezeichnet) angegeben. Der Referenzpeak wurde gebildet durch die binäre Ziffernfolge ...00111111100.... Für die Kreuzkorrelation [Gl. (12.29)] wurde vereinfacht lediglich die Produktsumme $\psi'_{xy}(k) = \sum_{1}^{n} x_i(t) y_{(i \pm k)}(t)$ gebildet. Für den Linienscan von 2 ppm ergab sich folgendes Schema:

$i =$	1	2	3	4	5	6	7	8	9	10	11	12	13	$\psi'_{xy}(k)$
$x_i(t)$	1	2	−3	2	3	2	5	2	4	−2	2	−1	0	
$y_{(i+k)}(t)$ für														
$k = -4$	1	1	1	1	1	1	0	0	0	0	0	0	0	12
-3	1	1	1	1	1	1	1	0	0	0	0	0	0	13
-2	0	1	1	1	1	1	1	1	0	0	0	0	0	15
-1	0	0	1	1	1	1	1	1	1	0	0	0	0	16
0	0	0	0	1	1	1	1	1	1	1	0	0	0	18
+1	0	0	0	0	1	1	1	1	1	1	1	0	0	16
+2	0	0	0	0	0	1	1	1	1	1	1	1	0	13
+3	0	0	0	0	0	0	1	1	1	1	1	1	1	11
+4	0	0	0	0	0	0	0	1	1	1	1	1	1	6

Die Größe $\psi'_{xy}(k)$ besitzt ein ausgeprägtes Maximum für $k = 0$. Die in analoger Weise berechneten Funktionen für 4 ppm und 6 ppm zeigten gleiches Verhalten. Die Funktionswerte für $k = 0$ sind als gehaltsproportionale Größen auswertbar (Bild 12.13 c).
In den Funktionen $\psi'_{xy}(k)$ ist das Rauschen der ursprünglichen Meßsignale völlig eliminiert. Dadurch konnte die Nachweisgrenze auf 0,83 ppm C erniedrigt werden.

Die KCVF kann geschärft werden, wenn man anstelle des Rechteckpeaks einen Dreieckpeak (z. B. ...00123432100...) oder einen Peak mit Lorentzprofil verwendet. Besonders in

228 12. Diskrete Zeitreihen

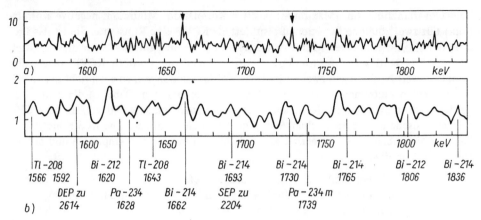

Bild 12.14. Nachweis von Radionukliden [12]
a) γ-Spektrum
b) Kreuzcovarianzfunktion aus Spektrum und darübergeschobenem Referenzpeak

dieser Variante ist die KCVF ein geeignetes Hilfsmittel zur Peaksuche im stark verrauschten Untergrund. Als Referenzsignal kann aber auch für die Mehrkomponentenanalyse das Gesamtspektrum einer reinen Komponente dienen. Auf diese Weise läßt sich zur Bestimmung die gesamte vom Spektrum dieser Komponente angebotene Information nutzen (vgl. weiterführende Literatur). Ganz allgemein bietet die KCVF Vorteile bei der Auswertung stark verrauschter, nicht wiederholbarer Linienscans (vgl. Bild 12.14).

Kreuzkorrelation zwischen zwei driftfreien Zeitreihen $x(t)$ und $y(t)$ kann vorgetäuscht werden, wenn innerhalb dieser Zeitreihen Autokorrelation besteht. Vor Berechnen der KCVF soll deshalb mit $T_c < \Delta t$ die Autokorrelation auszuschließen sein. (Andernfalls sind spezielle Filteralgorithmen anzuwenden, vgl. [7].)

12.5. Verringerung von Prüfaufwand

Die Qualitätsüberwachung eines Produktes wird in der chemischen Industrie meist als hundertprozentige Kontrolle durchgeführt, d. h., es wird jede Charge, jeder Kesselwagen ... analysiert. Dies erfordert einen hohen, meist teuren Prüfaufwand, dem Analysenergebnisse von oft nur formaler Aussage gegenüberstehen. Zur Rationalisierung analytischer Arbeit muß es das Ziel sein, unnötigen Prüfaufwand zu vermeiden ohne Einbuße an Sicherheit für die Qualitätsüberwachung.

Bei autokorrelierten Zeitreihen war es möglich, aus der Vorhersage von Analysenwerten [Gl. (12.27)] die Notwendigkeit oder den Zeitpunkt eines nächsten Analysenwertes abzuschätzen. Aber auch bei reinen Zufallsprozessen ($\Delta t \leq T_c$, vgl. Bild 12.8 a) ist eine Verringerung der Probendichte möglich. Es muß jedoch gewährleistet sein, daß das Risiko einer fehlerhaften, durch die Kontrolle nicht erfaßten Probe minimal bleibt und daß exakte

12.5. Verringerung von Prüfaufwand

Grenzen bekannt sind, innerhalb deren die zufälligen Qualitätsschwankungen auftreten können. Für die Stichprobenkontrolle muß deshalb vorausgesetzt werden, daß das interessierende Qualitätsmerkmal und seine Schwankungen bekannt sind, daß also aus einer genügend großen Zahl von Analysen der Mittelwert μ und die Standardabweichung σ bekannt sind. Eine weitere wichtige Voraussetzung für die Stichprobenkontrolle ist es, daß der Produktionsprozeß stetig und ohne häufige Ausreißer in der Qualität abläuft.

Wenn die Qualität eines Produktes langfristig stabil auf der zu guten Seite der vorgeschriebenen Norm liegt, kann die von FELIX und LEMARIE [4] beschriebene Art der Stichprobenkontrolle angewandt werden. Man greift bei dieser Überwachungsmethode in bestimmten regelmäßigen Abständen eine Charge, einen Kesselwagen ... heraus und analysiert das Produkt. Die Stichprobenkontrolle wird so lange beibehalten, wie das analysierte Qualitätsmerkmal der Norm nicht widerspricht. Wird irgendeine Stichprobe entdeckt, die den Anforderungen nicht gerecht wird, so setzt sofort die hundertprozentige Kontrolle ein. Diese wird so lange fortgeführt, bis eine festgelegte Anzahl von Proben den Qualitätsforderungen wieder genügt.

Bei Kenntnis des Mittelwertes μ und der Standardabweichung σ der Zeitreihe (es müssen alle Zufälligkeiten des Produktionsprozesses einschließlich eventueller saisonbedingter Schwankungen berücksichtigt sein) sowie bei Abwesenheit von häufigeren Ausreißern läßt sich die Wahrscheinlichkeit $\bar{P}$ dafür angeben, daß ein einzelner Qualitätswert T nicht größer ist als der z. B. durch Norm vorgeschriebene obere Grenzwert T_0. Aus Gl. (3.9) ergibt sich, daß

$$\frac{T_0 - \mu_T}{\sigma_T} = u(\bar{P}). \tag{12.30}$$

Die zugehörige Wahrscheinlichkeit $\bar{P}$ (einseitige Fragestellung) entnimmt man Tabelle A.2.

Geht man von der 100-%-Kontrolle zur Stichprobenkontrolle über, so wird unter n Proben jeweils nur eine Stichprobe untersucht, die restlichen $n-1$ Erzeugnisse bleiben ungeprüft. Somit durchlaufen stets nur $100/n = k\,\%$ aller Produkte die Kontrolle.

Bei dieser Stichprobenkontrolle geht man natürlich das Risiko ein, daß sich unter den $(100-k)\,\%$ nicht geprüften Proben Erzeugnisse von normwidriger Qualität befinden. Dieses Risiko nimmt ab, je dichter die zur Prüfung vorgesehenen Stichproben gelegt werden. Für eine k-prozentige Stichprobenkontrolle läßt sich das Risiko für das Auftreten normwidriger Erzeugnisse berechnen nach

$$\bar{\alpha}_K = (1 - \bar{P}^{n-1}). \tag{12.31}$$

$n-1$ Zahl der je Stichprobe nicht untersuchten Erzeugnisse

Eine genügende Zuverlässigkeit der Aussage ist dann gegeben, wenn das Risiko $\bar{\alpha}_K$ einen sehr kleinen Wert annimmt. Wird z. B. $\bar{\alpha}_K \leq 0{,}003$, so ist das gleichbedeutend damit, daß in höchstens drei von tausend Fällen ein normwidriges Produkt durch die Kontrolle schlüpft. Das wird für praktische Zwecke als ausreichend angesehen.

Nach den oben formulierten Voraussetzungen für die Stichprobenkontrolle müssen die einzelnen Qualitätswerte zur Grundgesamtheit mit dem Mittelwert μ_T und der Standardabweichung σ_T gehören. Diese Bedingung ist mit der Wahrscheinlichkeit P erfüllt, solange die einzelnen Qualitätskennwerte innerhalb der Grenzen

$$\mu_T \pm u(P)\,\sigma_T \tag{12.32}$$

regellos streuen. Man bezeichnet diese Grenzen als obere und untere Kontrollgrenze. Zu ihrer Festlegung wählt man im vorliegenden Falle zweckmäßig $P = 0{,}95$. Die laufende Kontrolle der durch Gl. (12.32) angegebenen Bedingung führt man auf graphischem Wege durch. Die aus den Stichproben ermittelten Qualitätsmerkmale zeichnet man in der zeitlich erhaltenen Reihenfolge in ein Formular, die Kontrollkarte, ein. Diese Eintragungen formieren sich zu einer Punktfolge, aus deren Verlauf sich Rückschlüsse ziehen lassen auf die Regelmäßigkeit des Produktionsprozesses und damit auf die Berechtigung zur Stichprobenkontrolle. Solange die Punkte regellos innerhalb der Kontrollgrenzen streuen (vgl. Bild 12.1), ist Gl. (12.32) erfüllt, die Stichprobenkontrolle darf beibehalten werden. Einmaliges Überschreiten der Kontrollgrenze bedeutet, daß der ermittelte Qualitätswert mit einer Wahrscheinlichkeit von P nicht mehr zur Grundgesamtheit mit dem Mittelwert μ_T und der Standardabweichung σ_R gehört. Die Voraussetzungen für die Stichprobenkontrolle sind dann nicht mehr gegeben, es setzt deshalb sofort die 100-%-Kontrolle ein, und man hat die Ursachen für den abseits liegenden Qualitätswert zu ermitteln. Diese 100-%-Kontrolle wird so lange beibehalten, bis die einzelnen Punkte wieder längere Zeit regellos innerhalb der Kontrollgrenze streuen.

[12.11] Die Überwachung des Eisengehaltes von technischer Salzsäure sollte durch eine zehnprozentige Stichprobenkontrolle mit dem Risiko $\bar{\alpha}_{10} = 0{,}002$ erfolgen (Felix und Lemarie [4]). Die zur Vorbereitung durchgeführten 420 Analysen lieferten Resultate, die einer Gaußverteilung mit $\mu_T = 0{,}017\,16\,\%$ Fe und $\sigma_T = 0{,}003\,98\,\%$ Fe folgten. Die Reinheitsvorschriften erlaubten einen Maximalgehalt von $T_0 = 0{,}03\,\%$ Fe. Nach Gl. (12.30) erhält man

$$u(\bar{P}) = \frac{0{,}030\,00 - 0{,}017\,16}{0{,}003\,98} = 3{,}22\,.$$

Aus Tabelle A.2 ergibt sich $Y(x = 3{,}22) = 0{,}999\,359$, daraus folgt als Risiko $\bar{\alpha}_{10}$ der zehnprozentigen Stichprobenkontrolle mit Gl. (12.31)

$$\bar{\alpha}_{10} = 1 - (0{,}999\,359)^9 = 0{,}005\,754\,.$$

Dieses Risiko ist größer, als es für tragbar anzusehen war. Deshalb mußte eine größere Dichte der Stichproben gewählt werden. Für eine 33%ige Stichprobenkontrolle ergibt sich

$$\bar{\alpha}_{33} = 1 - (0{,}999\,359)^2 = 0{,}001\,282\,.$$

Da $\bar{\alpha}_K$ genügend klein ist, wird zur laufenden Reinheitskontrolle somit jede dritte Probe analysiert. Die Kontrollgrenzen für die Kontrollkarten berechnet man nach Gl. (12.32) zu

$$\mu \pm u(P = 0{,}95)\,\sigma_T = 0{,}016\,94 \pm 1{,}96 \cdot 0{,}003\,98\,.$$

Hieraus findet man als obere Kontrollgrenze $0{,}024\,8\,\%$, als untere $0{,}009\,14\,\%$ Fe. Solange die Stichprobenwerte innerhalb dieser Grenzen regellos streuen, darf die 33%ige Stichprobenkontrolle beibehalten werden.

Diese von Felix und Lemarie beschriebene Art der Stichprobenkontrolle hat sich in der Praxis über einen Zeitraum von 20 Jahren bewährt. Kontrollaboratorien großer Betriebe

12.5. Verringerung von Prüfaufwand

konnten erst durch Einführung dieser Art der Stichprobenkontrolle den sich ständig steigenden Forderungsstrom der zu analysierenden Proben bewältigen. Durch die Stichprobenkontrolle gelang es, Arbeitskapazität freizusetzen zur umfangreicheren Charakterisierung von Produkten (z. B. zusätzliche umfangreiche Spurenelementbestimmung in Futtermitteln). Die Stichprobenkontrolle bedeutet auf diese Weise einen Übergang zur wesentlich erweiterten Qualitätscharakteristik. Erfahrungen ebenfalls über viele Jahre hinweg zeigten, daß nach Übergang zur Stichprobenkontrolle keine Zunahme von Reklamationen zu verzeichnen war. Unter diesem Blickpunkt darf die fachgerechte und verantwortungsbewußte Anwendung der Stichprobenkontrolle als wirksame Rationalisierung des analytischen Arbeitens angesehen werden.

Häufig sind auf Grund des Produktionsprozesses oder der Ausgangsstoffe die Qualitätsparameter eines Produktes korreliert. Solche Zusammenhänge lassen sich zur Kontrolle der analytischen Arbeit z. B. derart nutzen, daß das Verhältnis

$$Q = x_i(t)/y_i(t) \tag{12.33}$$

innerhalb der Grenzen $\bar{Q} \pm u(P)\,\sigma_Q$ zu finden sein muß. Die Korrelation zwischen zwei Zeitreihen ermöglicht es aber auch, analytischen Meßaufwand zu verringern, indem man nur die eine, leichter zugängliche Größe $x(t)$ bestimmt und daraus auf die schwerer zugängliche Größe $y(t)$ schließt. Zur Sicherheit kann $y(t)$ stichprobenartig in Abständen ermittelt werden.

Den Zusammenhang zwischen $x(t)$ und $y(t)$ liefert die Regressionsrechnung [Gln. (9.16) und (9.17)] nach

$$y(t) = a + b\,x(t). \tag{12.34}$$

Das Vertrauensintervall für einen aus Gl. (12.34) berechneten y-Wert bestimmt man nach Gl. (9.23). Es ist stets weiter gespannt, als wenn y experimentell direkt ermittelt wurde. Durch Ausnutzen von Korrelationen zwischen zwei Zeitreihen kann man zwar – oft beträchtlich – an Arbeitszeit und -aufwand gewinnen, man verschlechtert jedoch stets die Präzision für den berechneten Wert und daher auch gleichzeitig die Nachweisgrenze.

[12.12] Zur Reinheitskontrolle von NaOH wurden die Spurenelemente Al ($\sigma = 0{,}12$ ppm) und Si ($\sigma = 0{,}23$ ppm) bestimmt. Die Gehalte der beiden Elemente zeigten deutlich gleichsinniges Verhalten (vgl. Bild 12.15). Aus diesem Grunde sollte versucht werden, die experimentell aufwendigere Bestimmung des Si zu ersetzen, indem dieser Wert aus der Al-Bestimmung errechnet wird.
Der Trendtest [Gl. (12.6)] aus $n = 20$ Werten ergab D_{Al}; $D_{Si} > D\,(P = 0{,}95;\ n = 20)$. Damit ist in beiden Zeitreihen keine Drift nachzuweisen. Der aus beiden Zeitreihen berechnete Korrelationskoeffizient $r = 0{,}93 > r\,(P = 0{,}99;\ f = 18)$ darf deshalb als echt (und nicht als Folge einer Drift) gelten. Aus $n = 20$ Werten ergab die Regressionsrechnung [Gln. (9.16) und (9.17)] mit $x \triangleq$ Al und $y \triangleq$ Si

$y = 0{,}233\,4 + 1{,}585\,6x$,

$s_0 = 0{,}738\,8$.

Dieser Zusammenhang gestattet, aus einem experimentell ermittelten Gehalt an Al den Gehalt an Si zu berechnen. Das Vertrauensintervall ($P = 0{,}95$) für diesen Si-Wert ergibt sich nach Gl. (9.23) zu

$\Delta Y_m = \pm 0{,}35$ ppm in der Bereichsmitte,

$\Delta Y_{0,u} = \pm 0{,}65$ ppm an den Enden des Meßbereiches.

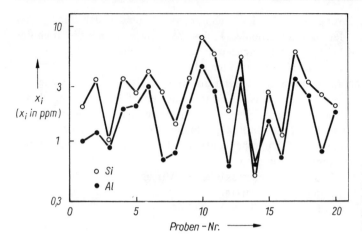

Bild 12.15. Gleichsinniges Verhalten der Aluminium- und Siliciumgehalte in Kaliumhydroxidproben

Es ist deutlich größer als bei einer direkten Si-Bestimmung ($\pm 0{,}58$ ppm für $n_j = 1$). Es können durch Berechnen nur Si-Gehalte $> 0{,}65$ ppm Si ($\triangleq 0{,}26\,\%$ Al) nachgewiesen werden ($\bar{P} = 0{,}98$). Auch die Nachweisgrenze ist schlechter als bei der experimentellen Bestimmung.

Bei der Regressionsrechnung wird vorausgesetzt, daß die x-Werte nahezu fehlerlos sind (S. 161). Für die vorliegende Problemstellung trifft das nicht zu. Deshalb wird s_0 zu groß berechnet. Mit dem damit verbundenen zu großen Vertrauensintervall ΔY liegt man deshalb bei der Fehlerabschätzung auf der sicheren Seite. Auch die Anwendung solcher korrelierender Ersatzgrößen muß mit Sorgfalt und Verantwortung erfolgen. Es muß auch hier oberstes Gebot sein, daß die Zuverlässigkeit der Qualitätssicherung durch die Verringerung des analytischen Aufwandes keine Einbuße erleiden darf.

Quellenverzeichnis zum Abschnitt 12.

[1] MARSHALL, R. A.: Cu-sum-Technique. Anal. Chem. **49** (1979) 2193/2195
[2] CAULCUTT, R.: Statistics in Research and Developement. London/New York: Chapman and Hall 1983, S. 111 ff.
[3] LANDMANN, M.: Diss. Halle 1986
[4] FELIX, M.; LEMARIE, M.: Die Anwendung statistischer Methoden im analytischen Laboratorium. Chem. Techn. **16** (1964) 359/363
[5] CHATFIELD, C.: Analyse von Zeitreihen. Leipzig: BSB B. G. Teubner Verlagsgesellschaft 1986
[6] BARTLETT, M. S.: J. Roy. Stat. Soc. **8** (1948) (B) 27
[7] ADEBERG, V.: Diss. Merseburg 1989
[8] ADEBERG, V.; DOERFFEL, K.: Ermittlung der Probenfrequenz aus nicht-idealen diskontinuierlichen Prozeßsignalen. Z. anal. Chem. **327** (1987) 128/131
[9] MÜSKENS, P. J. W. M.; KATEMAN, G.: Sampling of internally correlated lots. The reproducibility of gross samples as a function of sample size, lot size and number of samples Anal. Chim. Acta **103** (1978) 1/9
[10] DOERFFEL, K.; LORENZ, G.; TAGLE, I.: Ermittlung der Probenfrequenz zur Prozeßanalytik. Anal. Chim. Acta **112** (1979) 313/317

[11] ADEBERG, V.; BRÜGMANN, L.; DOERFFEL, K.; MOENKE, L.: Nachweis von Periodizitäten in einem stark verrauschten Linienscan. Z. anal. Chem. 333 (1989) 143
[12] DOERFFEL, K.; WUNDRACK, A.; MENZEL, M.: Verbesserung des Nachweisvermögens von γ-Spektren durch Kreuzkorrelation. Z. anal. Chem. 332 (1988) 58/59
[13] CERMBROWSKI, G. S.; WESTGARD, J. O.; u. a.: Trend Detection in Control Data: Clin. Chem. 21 (1975) 1396/1405
[14] DOERFFEL, K.; WENDLANDT, E.; LIEBICK, V.: Detecting Tendencies in Time-Series by Cu-sum. Z. anal. Chem. (im Druck)
[15] WOODWARD, R. H.; GOLDSMITH, P. L.: Cumulative sum Techniques. London: Oliver & Boyd 1964

Weiterführende Literatur zum Abschnitt 12.

DOERFFEL, K.; WUNDRACK, A.: Korrelationsfunktionen in der Analytik. In: Analytiker Taschenbuch. Bd. 6, S. 37/63. Berlin/Heidelberg/New York/Tokyo: Springer-Verlag 1986
KATEMAN, G.: Chemometrics, Sampling-strategies Topics in Current Chemistry (Chemometrics and Species Identification) Vol. 141 (1987) 41/63; Berlin: Akademie-Verlag
LORENZ, G.: Störgrößenanalyse. Berlin: Verlag Technik 1985
KRAUSE, B.; METZLER, P.: Angewandte Statistik – Lehr- und Arbeitsbuch für Psychologen, Mediziner, Biologen und Pädagogen. Berlin: Deutscher Verlag der Wissenschaften 1988, Kap. 8
ISERMAN, R.: Identifikation dynamischer Systeme. Bd. I. Berlin/Heidelberg/New York/Tokyo: Springer-Verlag 1988
ARNOLD, B. F.: Minimax-Prüfpläne für die Prozeßkontrolle. Berlin/Heidelberg/New York/Tokyo: Springer-Verlag 1987
MERTENS, P.: Prognoserechnung. Würzburg/Wien: Physica-Verlag 1978
DOERFFEL, K.; KÜCHLER. L.; MEYER, N.: Evaluation of Noisy Data from Distribution Analysis Using Time-Series-Models. Z. Anal. Chem. (in Druck)
DOERFFEL, K.: Anwendung der Cu-sum-Technik in der Prozeßanalytik. Wiss. Z. TH Leuna-Merseburg (in Druck)
DOERFFEL, K.; KREHER, U.: Evaluation of vague infrared-spectra using crosscovariance-function. Z. anal. Chem. (in Druck)
NIEDTNER, R.: Diss. Merseburg (in Vorbereitung)
LESCHE, K.: Diss. Merseburg (in Vorbereitung)
JURAN, J. M.; GRYNA, F. M.: Juran's Quality Control Handbook. 14th Ed. New York: McGraw Hill Book Comp. 1988

Abschließende Betrachtungen

Die mathematische Statistik bietet dem Analytiker eine Fülle der verschiedenartigsten Methoden für die Beurteilung von Analysenverfahren und -ergebnissen. Den Analytiker mit einer Auswahl hiervon bekannt zu machen war das Ziel dieses Buches. Am Ende der Ausführungen soll nunmehr Rückschau gehalten werden auf den gebotenen Stoff, verbunden mit der Frage nach den allgemeinen Möglichkeiten und Grenzen der beschriebenen Verfahren.

In sehr vielen Fällen wird der Analytiker dann auf die Methoden der mathematischen Statistik zurückgreifen, wenn es um die Angabe eines Fehlers bei Analysenverfahren und Analysenresultaten geht. Ganz allgemein macht sich die Tendenz in steigendem Maße bemerkbar, daß der Analytiker nicht mehr bloß Analysenwerte »produziert«, sondern daß er sie auch sorgfältig interpretiert. Diese Interpretation ist ebenso wichtig, wie z. B. die ordnungsgemäße Probenahme, denn im Zuge der immer stärker erfolgenden Arbeitsteilung und Spezialisierung müssen Analysenergebnisse mehr und mehr von Nichtanalytikern benutzt und gedeutet werden. Die Methoden der mathematischen Statistik sind allgemeingültig, und ihre Aussage ist allgemein anerkannt. Der Einsatz dieser Methoden erleichtert also die Verständigung zwischen Analytiker und Nichtanalytiker und hilft, Fehlurteile zu vermeiden und Mißverständnissen vorzubeugen.

Die Benutzung statistischer Methoden zur Fehlerabschätzung und Interpretation von Werten ist lediglich eine ihrer Einsatzmöglichkeiten. Ein optimales Urteil kann die mathematische Statistik nur dann erbringen, wenn der Versuch optimal angelegt war. Auch diese Frage nach der bestmöglichen Versuchsplanung ist mit Hilfe der mathematischen Statistik zu beantworten. Das gilt sowohl für allereinfachste Fragen wie z. B. die günstigste Zahl von Parallelbestimmungen zu einem Mittelwert als auch für komplexe Probleme wie etwa die Anlage eines Ringversuches. Die mathematische Statistik stellt deshalb kein »Anhängsel« an irgendwie durchgeführte Messungen dar, sondern sie ist bereits bei der Versuchsplanung zu Rate zu ziehen. Sie zeigt dann, unter welchen Bedingungen das optimale Ergebnis zu erwarten ist.

Selbstverständlich besitzt auch die Statistik ihre Grenzen. Sie vermag für den speziellen Einzelfall nicht die zugehörige spezielle Auskunft zu geben, sondern sie liefert die Aussage nur mit der vorgegebenen oder vereinbarten Wahrscheinlichkeit und dem zugehörigen Irrtumsrisiko. Eine unsachgemäß ausgeführte Analyse läßt sich nicht mit Hilfe der Statistik in ein zuverlässiges Ergebnis verwandeln. Nur dort, wo eine sinnvolle Analyse möglich ist, läßt sich auch die Statistik sinnvoll einsetzen. Die Methoden der mathematischen Statistik können also das kritische Urteilsvermögen des Analytikers nicht ersetzen, wohl aber vermögen sie, es wirkungsvoll zu unterstützen.

Spezielle mathematisch-theoretische Kenntnisse sind kaum erforderlich, wenn man die Statistik anwenden will. Lediglich muß man ihre Gedankengänge verstehen, muß wissen, wie man ein Experiment anzulegen hat, welche Aussagen die Statistik zu geben vermag und wo ihre Grenze zu finden ist. Unter diesem Gesichtspunkt möchte das vorliegende Buch dem Analytiker Anregung gegeben haben, das Handwerkszeug der Statistik auf seine Probleme kritisch anzuwenden zu seinem eigenen und zum allgemeinen Nutzen.

Tabellenanhang

Tabelle A.1. Ordinatenwerte der Gaußverteilung (entnommen ZIMMERMANN[1]))

u	0,00	0,01	0,02	0,03	0,04	0,05	0,06	0,07	0,08	0,09
0,0	0,39894	0,39892	0,39886	0,39876	0,39862	0,39844	0,39822	0,39797	0,39767	0,39733
0,1	0,39695	0,39654	0,39608	0,39559	0,39505	0,39448	0,39387	0,39322	0,39253	0,39181
0,2	0,39104	0,39024	0,38940	0,38853	0,38762	0,38667	0,38568	0,38466	0,38361	0,38251
0,3	0,38139	0,38023	0,37903	0,37780	0,37654	0,37524	0,37391	0,37255	0,37115	0,36973
0,4	0,36827	0,36678	0,36526	0,36371	0,36213	0,36053	0,35889	0,35723	0,35553	0,35381
0,5	0,35207	0,35029	0,34849	0,34667	0,34482	0,34294	0,34105	0,33912	0,33718	0,33521
0,6	0,33322	0,33121	0,32918	0,32713	0,32506	0,32297	0,32086	0,31874	0,31659	0,31443
0,7	0,31225	0,31006	0,30785	0,30563	0,30339	0,30114	0,29887	0,29659	0,29431	0,29200
0,8	0,28969	0,28737	0,28504	0,28269	0,28034	0,27787	0,27562	0,27324	0,27086	0,26848
0,9	0,26609	0,26369	0,26129	0,25888	0,25647	0,25406	0,25164	0,24923	0,24681	0,24439
1,0	0,24197	0,23955	0,23713	0,23471	0,23230	0,22988	0,22747	0,22506	0,22265	0,22025
1,1	0,21785	0,21546	0,21307	0,21069	0,20831	0,20594	0,20357	0,20121	0,19886	0,19652
1,2	0,19419	0,19186	0,18954	0,18724	0,18494	0,18265	0,18037	0,17810	0,17585	0,17360
1,3	0,17137	0,16915	0,16694	0,16474	0,16256	0,16038	0,15822	0,15608	0,15395	0,15183
1,4	0,14937	0,14764	0,14556	0,14350	0,14146	0,13943	0,13742	0,13542	0,13344	0,13147
1,5	0,12952	0,12758	0,12566	0,12376	0,12188	0,12051	0,11816	0,11632	0,11450	0,11270
1,6	0,11092	0,10915	0,10741	0,10567	0,10396	0,10226	0,10059	0,09892	0,09728	0,09566
1,7	0,09405	0,09246	0,09089	0,08933	0,08780	0,08628	0,08478	0,08329	0,08183	0,08038
1,8	0,07895	0,07754	0,07614	0,07477	0,07341	0,07206	0,07074	0,06943	0,06814	0,06687
1,9	0,06562	0,06438	0,06316	0,06195	0,06077	0,05959	0,05844	0,05730	0,05618	0,05508
2,0	0,05399	0,05292	0,05186	0,05082	0,04980	0,04879	0,04780	0,04632	0,04586	0,04491
2,1	0,04398	0,04307	0,04217	0,04128	0,04041	0,03955	0,03871	0,03788	0,03706	0,03626
2,2	0,03547	0,03470	0,03394	0,03319	0,03246	0,03174	0,03103	0,03034	0,02965	0,02898
2,3	0,02833	0,02768	0,02705	0,02643	0,02582	0,02522	0,02463	0,02406	0,02349	0,02294

Tabelle A.1 (Fortsetzung)

u	0,00	0,01	0,02	0,03	0,04	0,05	0,06	0,07	0,08	0,09
2,4	0,02239	0,02186	0,02134	0,02083	0,02033	0,01984	0,01936	0,01889	0,01842	0,01797
2,5	0,01753	0,01709	0,01667	0,01625	0,01585	0,01545	0,01506	0,01468	0,01431	0,01394
2,6	0,01358	0,01323	0,01289	0,01256	0,01223	0,01191	0,01160	0,01130	0,01100	0,01071
2,7	0,01042	0,01014	0,00987	0,00961	0,00935	0,00909	0,00885	0,00861	0,00837	0,00814
2,8	0,00792	0,00770	0,00748	0,00727	0,00707	0,00687	0,00668	0,00649	0,00631	0,00613
2,9	0,00595	0,00578	0,00562	0,00545	0,00530	0,00514	0,00499	0,00485	0,00471	0,00457
	0,0	0,1	0,2	0,3	0,4	0,5	0,6	0,7	0,8	0,9
3,0	0,00443	0,00327	0,00238	0,00172	0,00123	0,00087	0,00061	0,00042	0,00029	0,00020

In Tabelle A.1 angegebene Werte der Gaußkurve

[1]) ZIMMERMANN, K. F.: Formeln und Fachausdrücke zur Variationsstatistik. Berlin: Deutscher Verlag der Wissenschaften 1963

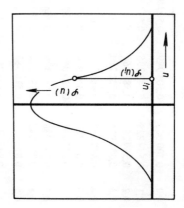

Tabelle A.2. Gaußsches Integral

Fläche F unter der normierten Gaußkurve im Bereich $-\infty \ldots +u$.
Umrechnung in die Fläche F' im Bereich $-u \ldots +u$ erfolgt nach $F' = 2(F - 0{,}5)$

u	0,00	0,01	0,02	0,03	0,04	0,05	0,06	0,07	0,08	0,09
0,0	0,500000	0,503989	0,507978	0,511966	0,515953	0,519938	0,523922	0,527903	0,531881	0,535856
0,1	0,539828	0,543795	0,547758	0,551717	0,555670	0,559618	0,563560	0,567495	0,571424	0,575345
0,2	0,579260	0,583166	0,587064	0,590954	0,594835	0,598706	0,602568	0,606420	0,610261	0,614092
0,3	0,617911	0,621720	0,625616	0,629300	0,633072	0,636831	0,640576	0,644309	0,648027	0,651732
0,4	0,655422	0,659097	0,662757	0,666402	0,670031	0,673645	0,677242	0,680822	0,684386	0,687933
0,5	0,691462	0,694974	0,698468	0,702944	0,705402	0,708840	0,712260	0,715661	0,719043	0,722405
0,6	0,725747	0,729069	0,732371	0,735653	0,738914	0,742154	0,745373	0,748571	0,751748	0,754903
0,7	0,758036	0,761148	0,764238	0,767305	0,770350	0,773373	0,776373	0,779350	0,782305	0,785236
0,8	0,788145	0,791030	0,793892	0,796731	0,799546	0,802338	0,805106	0,807850	0,810570	0,813267
0,9	0,815940	0,818589	0,821214	0,823814	0,826391	0,828944	0,831472	0,833977	0,836457	0,838913
1,0	0,841345	0,843752	0,846136	0,848495	0,850830	0,853141	0,855428	0,857690	0,859929	0,862143
1,1	0,864334	0,866500	0,868643	0,870762	0,872857	0,874928	0,876976	0,879000	0,881000	0,882977
1,2	0,884930	0,886861	0,888768	0,890651	0,892512	0,894350	0,896165	0,897958	0,899727	0,901475
1,3	0,903200	0,904902	0,906582	0,908241	0,909877	0,911492	0,913085	0,914656	0,916207	0,917736
1,4	0,919243	0,920730	0,922196	0,923642	0,925066	0,926471	0,927855	0,929219	0,930563	0,931889
1,5	0,933193	0,934478	0,935744	0,936992	0,938220	0,939429	0,940620	0,941792	0,942947	0,944083
1,6	0,945201	0,946301	0,947384	0,948449	0,949497	0,950528	0,951543	0,952540	0,953521	0,954486
1,7	0,955434	0,956367	0,957284	0,958185	0,959185	0,959941	0,960796	0,961636	0,962462	0,963273
1,8	0,964070	0,964852	0,965620	0,966375	0,967116	0,967843	0,968557	0,969258	0,969946	0,970621
1,9	0,971283	0,972933	0,971571	0,973197	0,973810	0,974412	0,975002	0,975581	0,976148	0,976704
2,0	0,977250	0,977784	0,978308	0,978822	0,979325	0,979818	0,980301	0,980774	0,981237	0,981691
2,1	0,982136	0,982571	0,982997	0,983414	0,983823	0,984222	0,984614	0,984997	0,985371	0,985738

Tabelle A.2 (Fortsetzung)

u	0,00	0,01	0,02	0,03	0,04	0,05	0,06	0,07	0,08	0,09
2,2	0,986 097	0,986 447	0,986 791	0,987 126	0,987 454	0,987 776	0,988 089	0,988 396	0,988 696	0,988 989
2,3	0,989 276	0,989 556	0,989 830	0,990 097	0,990 358	0,990 613	0,990 862	0,991 106	0,991 344	0,991 576
2,4	0,991 802	0,992 024	0,992 240	0,992 451	0,992 656	0,992 857	0,993 053	0,993 244	0,993 431	0,993 613
2,5	0,993 790	0,993 963	0,994 132	0,994 297	0,994 457	0,994 614	0,994 766	0,994 915	0,995 060	0,995 201
2,6	0,995 339	0,995 473	0,995 604	0,995 731	0,995 855	0,995 975	0,996 093	0,996 207	0,996 319	0,996 427
2,7	0,996 533	0,996 636	0,996 736	0,996 833	0,996 928	0,997 020	0,997 110	0,997 197	0,997 282	0,997 365
2,8	0,997 445	0,997 523	0,997 599	0,997 673	0,997 744	0,997 814	0,997 882	0,997 948	0,998 012	0,998 074
2,9	0,998 134	0,998 193	0,998 250	0,998 305	0,998 359	0,998 411	0,998 462	0,998 511	0,998 559	0,998 605
	0,0	0,1	0,2	0,3	0,4	0,5	0,6	0,7	0,8	0,9
3,0	0,998 650	0,999 032	0,999 313	0,999 517	0,999 663	0,999 767	0,999 841	0,999 892	0,999 928	0,999 952

In Tabelle A.2 angegebene Fläche unter der Gaußkurve

$u(P)$	P	$u(P)$	P
3,891	0,9999	5,326 72	0,999 999 9
4,417 17	0,999 99	5,730 73	0,999 999 99
4,891 64	0,999 999	6,109 41	0,999 999 999

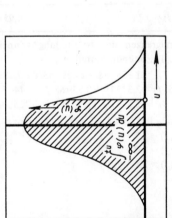

Tabelle A.3. Integralgrenzen der t-Verteilung in Abhängigkeit von der Wahrscheinlichkeit P (zweiseitige Fragestellung) bzw. $\bar{P}$ (einseitige Fragestellung) und dem Freiheitsgrad f (entnommen ZIMMERMANN, vgl. Tab. A.1)

f	$P = 0{,}50$	0,75	0,90	0,95	0,98	0,99
1	1,00	2,41	6,31	12,7	31,82	63,7
2	0,816	1,60	2,92	4,30	6,97	9,92
3	0,765	1,42	2,35	3,18	4,54	5,84
4	0,741	1,34	2,13	2,78	3,75	4,60
5	0,727	1,30	2,01	2,57	3,37	4,03
6	0,718	1,27	1,94	2,45	3,14	3,71
7	0,711	1,25	1,89	2,36	3,00	3,50
8	0,706	1,24	1,86	2,31	2,90	3,36
9	0,703	1,23	1,83	2,26	2,82	3,25
10	0,700	1,22	1,81	2,23	2,76	3,17
11	0,697	1,21	1,80	2,20	2,72	3,11
12	0,695	1,21	1,78	2,18	2,68	3,05
13	0,694	1,20	1,77	2,16	2,65	3,01
14	0,692	1,20	1,76	2,14	2,62	2,98
15	0,691	1,20	1,75	2,13	2,60	2,95
16	0,690	1,19	1,75	2,12	2,58	2,92
17	0,689	1,19	1,74	2,11	2,57	2,90
18	0,688	1,19	1,73	2,10	2,55	2,88
19	0,688	1,19	1,73	2,09	2,54	2,86
20	0,687	1,18	1,73	2,09	2,53	2,85
25	0,684	1,18	1,71	2,06	2,49	2,79
30	0,683	1,17	1,70	2,04	2,46	2,75
40	0,681	1,17	1,68	2,02	2,42	2,70
60	0,679	1,16	1,67	2,00	2,39	2,66
∞	0,674	1,15	1,64	1,96	2,33	2,58
f	$\bar{P} = 0{,}75$	0,875	0,95	0,975	0,99	0,995

Die Integralgrenzen der t-Verteilung können durch folgende Polynome beschrieben werden (KRATZSCH, TH.; mündl. Mitteilung):

$t(P = 0{,}95; f) = 1{,}958\,788 + 2{,}429\,953/f + 2{,}189\,891/f^2 + 4{,}630\,189/f^3 + 1{,}398\,179/f^9$,

$t(P = 0{,}975; f) = 2{,}322\,16 + 3{,}930\,68/f + 3{,}446\,57/f^2 + 14{,}414\,2/f^3 + 7{,}686\,42/f^{10}$,

$t(P = 0{,}99; f) = 2{,}563\,8 + 5{,}490\,59/f + 2{,}726\,54/f^2 + 31{,}244\,6/f^3 + 21{,}674\,5/f^{10}$.

Als Näherung für $f \geq 4$ kann man benutzen:

$t(P = 0{,}90; f) \approx 1{,}7 + 1{,}8/f$,

$t(P = 0{,}95; f) \approx 2{,}0 + 2{,}5/f$,

$t(P = 0{,}99; f) \approx 2{,}5 + 7{,}0/f$.

Tabelle A.4. Integralgrenzen der χ^2-Verteilung in Abhängigkeit von der Wahrscheinlichkeit $\bar{P}$ und vom Freiheitsgrad f

f	$\bar{P}=0,01$	0,05	0,10	0,50	0,90	0,95	0,99
1	0,0³15 7	0,0²39 3	0,015 8	0,455	2,71	3,84	6,64
2	0,020 1	0,103	0,211	1,39	4,61	5,99	9,21
3	0,115	0,352	0,584	2,37	6,25	7,81	11,3
4	0,297	0,711	1,06	3,36	7,78	9,49	13,3
5	0,554	1,15	1,61	4,35	9,24	11,1	15,1
6	0,872	1,64	2,20	5,35	10,6	12,6	16,8
7	1,24	2,17	2,83	6,35	12,0	14,1	18,5
8	1,65	2,73	3,49	7,34	13,4	15,5	20,1
9	2,09	3,33	4,17	8,34	14,7	16,9	21,7
10	2,56	3,94	4,87	9,34	16,0	18,3	23,2
11	3,05	4,57	5,58	10,3	17,3	19,7	24,7
12	3,57	5,23	6,30	11,3	18,5	21,0	26,2
13	4,11	5,89	7,04	12,3	19,8	22,4	27,7
14	4,66	6,57	7,79	13,3	21,1	23,7	29,1
15	5,23	7,26	8,55	14,3	22,3	25,0	30,6
16	5,81	7,96	9,31	15,3	23,5	26,3	32,0
17	6,41	8,67	10,1	16,3	24,8	27,6	33,4
18	7,01	9,39	10,9	17,3	26,0	28,9	34,8
19	7,63	10,1	11,7	18,3	27,2	30,1	36,2
20	8,26	10,9	12,4	19,3	28,4	31,4	37,6
21	8,90	11,6	13,2	20,3	29,6	32,7	38,9
22	9,54	12,3	14,0	21,3	30,8	33,9	40,3
23	10,2	13,1	14,8	22,3	32,0	35,2	41,6
24	10,9	13,8	15,7	23,3	33,2	36,4	43,0
25	11,5	14,6	16,5	24,3	34,4	37,7	44,3

Die Integralgrenzen der χ^2-Verteilung können in guter Näherung durch folgende Polynome beschrieben werden ($1 < f < 30$):

$\chi^2(\bar{P}=0,95) = 0,172\,6 + 0,956\,9f + 2,711\,5\sqrt{f}$,
$\chi^2(\bar{P}=0,99) = 1,975\,9 + 0,952\,1f + 3,707\,0\sqrt{f}$.
Für $f > 30$ gilt angenähert

$$\chi^2 = \frac{1}{2}[\sqrt{2f-1} + u(P)]^2.$$

Tabelle A.5. Integralgrenzen der F-Verteilung in Abhängigkeit vom Freiheitsgrad f_1 und f_2 (entnommen ZIMMERMANN, vgl. Tab. A.1).
Zur Interpolationsmöglichkeit vgl. Abschnitt 3.3.2.
a) für $\bar{P} = 0{,}95$

f_2	$f_1 = 1$	2	3	4	5	6	8
1	161	200	216	225	230	234	239
2	18,51	19,00	19,16	19,25	19,30	19,33	19,37
3	10,13	9,55	9,28	9,12	9,01	8,94	8,84
4	7,71	6,94	6,59	6,39	6,26	6,16	6,04
5	6,61	5,79	5,41	5,19	5,05	4,95	4,82
6	5,99	5,14	4,76	4,53	4,39	4,28	4,15
7	5,59	4,74	4,35	4,12	3,97	3,87	3,73
8	5,32	4,46	4,07	3,84	3,69	3,58	3,44
9	5,12	4,26	3,86	3,63	3,48	3,37	3,23
10	4,96	4,10	3,71	3,48	3,33	3,22	3,07
11	4,84	3,98	3,59	3,36	3,20	3,09	2,95
12	4,75	3,88	3,49	3,26	3,11	3,00	2,85
13	4,67	3,80	3,41	3,18	3,02	2,92	2,77
14	4,60	3,74	3,34	3,11	2,96	2,85	2,70
15	4,54	3,68	3,29	3,06	2,90	2,79	2,64
16	4,49	3,63	3,24	3,01	2,85	2,74	2,59
17	4,45	3,59	3,20	2,96	2,81	2,70	2,55
18	4,41	3,55	3,16	2,93	2,77	2,66	2,51
19	4,38	3,52	3,13	2,90	2,74	2,63	2,48
20	4,35	3,49	3,10	2,87	2,71	2,60	2,45
21	4,32	3,47	3,07	2,84	2,68	2,57	2,42
22	4,30	3,44	3,05	2,82	2,66	2,55	2,40
23	4,28	3,42	3,03	2,80	2,64	2,53	2,38
24	4,26	3,40	3,01	2,78	2,62	2,51	2,36
25	4,24	3,38	2,99	2,76	2,60	2,49	2,34
26	4,22	3,37	2,98	2,74	2,59	2,47	2,32
27	4,21	3,35	2,96	2,73	2,57	2,46	2,30
28	4,20	3,34	2,95	2,71	2,56	2,44	2,29
29	4,18	3,33	2,93	2,70	2,54	2,43	2,28
30	4,17	3,32	2,92	2,69	2,53	2,42	2,27
40	4,08	3,23	2,84	2,61	2,45	2,34	2,18
60	4,00	3,15	2,76	2,52	2,37	2,25	2,10
120	3,92	3,07	2,68	2,45	2,29	2,17	2,02
∞	3,84	2,99	2,60	2,37	2,21	2,09	1,94
f_2	$f_1 = 1$	2	3	4	5	6	8

10	12	16	20	24	50	∞	f_2
242	244	246	248	249	252	254	1
19,39	19,41	19,43	19,44	19,45	19,47	19,50	2
8,78	8,74	8,69	8,66	8,64	8,58	8,53	3
5,96	5,91	5,84	5,80	5,77	5,70	5,63	4
4,74	4,68	4,60	4,56	4,53	4,44	4,36	5
4,06	4,00	3,92	3,87	3,84	3,75	3,67	6
3,63	3,57	3,49	3,44	3,41	3,32	3,23	7
3,34	3,28	3,20	3,15	3,12	3,03	2,93	8
3,13	3,07	2,98	2,93	2,90	2,80	2,71	9
2,97	2,91	2,82	2,77	2,74	2,64	2,54	10
2,86	2,79	2,70	2,65	2,61	2,50	2,40	11
2,76	2,69	2,60	2,54	2,50	2,40	2,30	12
2,67	2,60	2,51	2,46	2,42	2,32	2,21	13
2,60	2,53	2,44	2,39	2,35	2,24	2,13	14
2,55	2,48	2,39	2,33	2,29	2,18	2,07	15
2,49	2,42	2,33	2,28	2,24	2,13	2,01	16
2,45	2,38	2,29	2,23	2,19	2,08	1,96	17
2,41	2,34	2,25	2,19	2,15	2,04	1,92	18
2,38	2,31	2,21	2,15	2,11	2,00	1,88	19
2,35	2,28	2,18	2,12	2,08	1,96	1,84	20
2,32	2,25	2,15	2,09	2,05	1,93	1,81	21
2,30	2,23	2,13	2,07	2,03	1,91	1,78	22
2,28	2,20	2,10	2,05	2,00	1,88	1,76	23
2,26	2,18	2,09	2,02	1,98	1,86	1,73	24
2,24	2,16	2,06	2,00	1,96	1,84	1,71	25
2,22	2,15	2,05	1,99	1,95	1,82	1,69	26
2,20	2,13	2,03	1,97	1,93	1,80	1,67	27
2,19	2,12	2,02	1,96	1,91	1,78	1,65	28
2,18	2,10	2,00	1,94	1,90	1,77	1,64	29
2,16	2,09	1,99	1,93	1,89	1,76	1,62	30
2,07	2,00	1,90	1,84	1,79	1,66	1,51	40
1,99	1,92	1,81	1,75	1,70	1,60	1,39	60
1,90	1,83	1,72	1,65	1,61	1,45	1,25	120
1,83	1,75	1,63	1,57	1,52	1,35	1,00	∞
10	12	16	20	24	50	∞	f_2

Für $f_1 = f_2 = f$ gilt im Bereich $4 < f < 50$:
$F(\bar{P} = 0{,}95; f) = 1{,}4023 + 12{,}6641/f + 29{,}1467/f^2$.
Als Näherung kann man im Bereich $3 \leq f \leq 20$ benutzen: $F(\bar{P} = 0{,}95; f) \approx \dfrac{115}{(f+1)^2} + 2$.

Tabelle A.5 (Fortsetzung)
b) für $\bar{P} = 0,99$

f_2	$f_1 = 1$	2	3	4	5	6	8
1	4052	4999	5403	5625	5764	5859	5981
2	98,49	99,00	99,17	99,25	99,30	99,33	99,36
3	34,12	30,81	29,46	28,71	28,24	27,91	27,49
4	21,20	18,00	16,69	15,98	15,52	15,21	14,80
5	16,26	13,27	12,06	11,39	10,97	10,67	10,27
6	13,74	10,92	9,78	9,15	8,75	8,47	8,10
7	12,25	9,55	8,45	7,85	7,46	7,19	6,84
8	11,26	8,65	7,59	7,01	6,63	6,37	6,03
9	10,56	8,02	6,99	6,42	6,06	5,80	5,47
10	10,04	7,56	6,55	5,99	5,64	5,39	5,06
11	9,65	7,20	6,22	5,67	5,32	5,07	4,74
12	9,33	6,93	5,95	5,41	5,06	4,82	4,50
13	9,07	6,70	5,74	5,20	4,86	4,62	4,30
14	8,86	6,51	5,56	5,03	4,69	4,46	4,14
15	8,68	6,36	5,42	4,89	4,56	4,32	4,00
16	8,53	6,23	5,29	4,77	4,44	4,20	3,89
17	8,40	6,11	5,18	4,67	4,34	4,10	3,79
18	8,28	6,01	5,09	4,58	4,25	4,01	3,71
19	8,18	5,93	5,01	4,50	4,17	3,94	3,63
20	8,10	5,85	4,94	4,43	4,10	3,87	3,56
21	8,02	5,78	4,87	4,37	4,04	3,81	3,51
22	7,94	5,72	4,82	4,31	3,99	3,76	3,45
23	7,88	5,66	4,76	4,26	3,94	3,71	3,41
24	7,82	5,61	4,72	4,22	3,90	3,67	3,36
25	7,77	5,57	4,68	4,18	3,86	3,63	3,32
26	7,72	5,53	4,64	4,14	3,82	3,59	3,29
27	7,68	5,49	4,60	4,11	3,78	3,56	3,26
28	7,64	5,45	4,57	4,07	3,75	3,53	3,23
29	7,60	5,42	4,54	4,04	3,73	3,50	3,20
30	7,56	5,39	4,51	4,02	3,70	3,47	3,17
40	7,31	5,18	4,31	3,83	3,51	3,29	2,99
60	7,08	4,98	4,13	3,65	3,34	3,12	2,82
120	6,85	4,79	3,95	3,48	3,17	2,96	2,66
∞	6,64	4,60	3,78	3,32	3,02	2,80	2,51
f_2	$f_1 = 1$	2	3	4	5	6	8

10	12	16	20	24	50	∞	f_2
6056	6106	6169	6208	6234	6302	6366	1
99,40	99,42	99,44	99,45	99,46	99,48	99,50	2
27,23	27,05	26,83	26,65	26,60	25,35	26,12	3
14,54	14,37	14,15	14,02	13,93	13,69	13,46	4
10,05	9,89	9,68	9,55	9,47	9,24	9,02	5
7,87	7,72	7,52	7,39	7,31	7,09	6,88	6
6,62	6,47	6,27	6,15	6,07	5,85	5,65	7
5,82	5,67	5,48	5,36	5,38	5,06	4,86	8
5,26	5,11	4,92	4,80	4,73	4,51	4,31	9
4,85	4,71	4,52	4,41	4,33	4,12	3,91	10
4,54	4,40	4,21	4,10	4,02	3,80	3,60	11
4,30	4,16	3,98	3,86	3,78	3,56	3,36	12
4,10	3,96	3,78	3,67	3,59	3,37	3,16	13
3,94	3,80	3,62	3,51	3,43	3,21	3,00	14
3,80	3,67	3,48	3,36	3,29	3,07	2,87	15
3,69	3,55	3,37	3,25	3,18	2,96	2,75	16
3,59	3,45	3,27	3,16	3,08	2,86	2,65	17
3,51	3,37	3,19	3,07	3,00	2,78	2,57	18
3,43	3,30	3,12	3,00	2,92	2,70	2,49	19
3,37	3,23	3,05	2,94	2,86	2,63	2,42	20
3,31	3,17	2,99	2,88	2,80	2,58	2,36	21
3,26	3,12	2,94	2,83	2,75	2,53	2,31	22
3,21	3,07	2,89	2,78	2,70	2,48	2,26	23
3,17	3,03	2,85	2,74	2,66	2,44	2,21	24
3,13	2,99	2,81	2,70	2,62	2,40	2,17	25
3,09	2,96	2,77	2,66	2,58	2,36	2,13	26
3,06	2,93	2,74	2,63	2,55	2,33	2,10	27
3,03	2,90	2,71	2,60	2,52	2,30	2,06	28
3,00	2,87	2,68	2,57	2,49	2,27	2,03	29
2,98	2,84	2,66	2,55	2,47	2,24	2,01	30
2,80	2,66	2,49	2,37	2,29	2,05	1,80	40
2,63	2,50	2,32	2,20	2,12	1,87	1,60	60
2,47	2,34	2,15	2,03	1,95	1,68	1,38	120
2,23	2,18	1,99	1,87	1,79	1,52	1,00	∞
10	12	16	20	24	50	∞	f_2

Für $f_1 = f_2 = f$ gilt im Bereich $4 < f < 50$:
$F(\bar{P} = 0,99; f) = 1,9549 + 9,1007/f + 187,998\, 1/f^2$.
Als Näherung kann man im Bereich $4 < f < 20$ benutzen: $F(\bar{P} = 0,99; f) \approx \dfrac{350}{(f+1)^2}$.

Tabelle A.6. Grenzwerte zum DUNCAN-Test in Abhängigkeit vom Freiheitsgrad f_2 und der Rangordnung p_k der Meßwerte (entnommen aus DUNCAN, vgl. Abschn. 8.3.)
a) für $P = 0{,}95$

f_2	$p_k = 2$	3	4	5	6	7	8	9	10	12	14	16	18	20
1	18,8	18,0	18,0	18,0	18,0	18,0	18,0	18,0	18,0	18,0	18,0	18,0	18,0	18,0
2	6,09	6,09	6,09	6,09	6,09	6,09	6,09	6,09	6,09	6,09	6,09	6,09	6,09	6,09
3	4,50	4,50	4,50	4,50	4,50	4,50	4,50	4,50	4,50	4,50	4,50	4,50	4,50	4,50
4	3,93	4,01	4,02	4,02	4,02	4,02	4,02	4,02	4,02	4,02	4,02	4,02	4,02	4,02
5	3,64	3,74	3,79	3,83	3,83	3,83	3,83	3,83	3,83	3,83	3,83	3,83	3,83	3,83
6	3,46	3,58	3,64	3,68	3,68	3,68	3,68	3,68	3,68	3,68	3,68	3,68	3,68	3,68
7	3,35	3,47	3,54	3,58	3,60	3,61	3,61	3,61	3,61	3,61	3,61	3,61	3,61	3,61
8	3,26	3,39	3,47	3,52	3,55	3,56	3,56	3,56	3,56	3,56	3,56	3,56	3,56	3,56
9	3,20	3,34	3,41	3,47	3,50	3,52	3,52	3,52	3,52	3,52	3,52	3,52	3,52	3,52
10	3,15	3,30	3,37	3,43	3,46	3,47	3,47	3,47	3,47	3,47	3,47	3,47	3,47	3,48
11	3,11	3,27	3,35	3,39	3,43	3,44	3,45	3,46	3,46	3,46	3,46	3,46	3,47	3,48
12	3,08	3,23	3,33	3,36	3,40	3,42	3,44	3,44	3,46	3,46	3,46	3,46	3,47	3,48
13	3,06	3,21	3,30	3,35	3,38	3,41	3,42	3,44	3,45	3,46	3,46	3,46	3,47	3,47
14	3,03	3,18	3,27	3,33	3,37	3,39	3,41	3,43	3,44	3,45	3,46	3,46	3,47	3,47
15	3,01	3,16	3,25	3,31	3,36	3,38	3,40	3,42	3,43	3,44	3,45	3,46	3,47	3,47
16	3,00	3,15	3,23	3,30	3,34	3,37	3,39	3,41	3,43	3,44	3,45	3,46	3,47	3,47
17	2,98	3,13	3,22	3,28	3,33	3,36	3,38	3,40	3,42	3,44	3,45	3,46	3,47	3,47
18	2,97	3,12	3,21	3,27	3,32	3,35	3,37	3,39	3,41	3,43	3,45	3,46	3,47	3,47
19	2,96	3,11	3,19	3,26	3,31	3,35	3,37	3,39	3,41	3,43	3,44	3,46	3,47	3,47
20	2,95	3,10	3,18	3,25	3,30	3,34	3,36	3,38	3,40	3,43	3,44	3,46	3,47	3,47
22	2,93	3,08	3,17	3,24	3,29	3,32	3,35	3,37	3,39	3,42	3,44	3,45	3,46	3,47
24	2,92	3,07	3,15	3,22	3,28	3,31	3,34	3,37	3,38	3,41	3,44	3,45	3,46	3,47
26	2,91	3,06	3,14	3,21	3,27	3,30	3,34	3,36	3,38	3,41	3,43	3,45	3,46	3,47
28	2,90	3,04	3,13	3,20	3,26	3,30	3,33	3,35	3,37	3,40	3,43	3,45	3,46	3,47
30	2,89	3,04	3,12	3,20	3,25	3,29	3,32	3,35	3,37	3,40	3,43	3,44	3,46	3,47
40	2,86	3,01	3,10	3,17	3,22	3,27	3,30	3,33	3,35	3,39	3,42	3,44	3,46	3,47
60	2,83	2,98	3,08	3,14	3,20	3,24	3,28	3,31	3,33	3,37	3,40	3,43	3,45	3,47
100	2,80	2,95	3,05	3,12	3,18	3,22	3,26	3,29	3,32	3,36	3,40	3,42	3,45	3,47
∞	2,77	2,92	3,02	3,09	3,15	3,19	3,23	3,26	3,29	3,34	3,38	3,41	3,44	3,47

Tabelle A.6 (Fortsetzung)
b) für $P = 0,99$

f_2	$p_k = 2$	3	4	5	6	7	8	9	10	12	14	16	18	20
1	90,0	90,0	90,0	90,0	90,0	90,0	90,0	90,0	90,0	90,0	90,0	90,0	90,0	90,0
2	14,0	14,0	14,0	14,0	14,0	14,0	14,0	14,0	14,0	14,0	14,0	14,0	14,0	14,0
3	8,26	8,5	8,6	8,7	8,8	8,9	8,9	9,0	9,0	9,0	9,2	9,2	9,3	9,3
4	7,51	6,8	6,9	7,0	7,1	7,1	7,2	7,2	7,3	7,3	7,4	7,4	7,5	7,5
5	6,70	5,96	6,11	6,18	6,26	6,33	6,40	6,44	6,5	6,6	6,6	6,7	6,7	6,8
6	5,24	5,51	5,65	5,73	5,81	5,88	5,95	6,00	6,0	6,1	6,2	6,2	6,3	6,3
7	4,95	5,22	5,37	5,45	5,53	5,61	5,69	5,73	5,8	5,8	5,9	5,9	6,0	6,0
8	4,74	5,00	5,14	5,23	5,32	5,40	5,47	5,51	5,5	5,6	5,7	5,7	5,8	5,8
9	4,60	4,86	4,99	5,08	5,17	5,25	5,32	5,36	5,4	5,5	5,5	5,6	5,7	5,7
10	4,48	4,73	4,88	4,96	5,06	5,13	5,20	5,24	5,28	5,36	5,42	5,48	5,54	5,55
11	4,39	4,63	4,77	4,86	4,94	5,01	5,06	5,12	5,15	5,24	5,28	4,34	5,38	5,39
12	4,32	4,55	4,68	4,76	4,84	4,92	4,96	5,02	5,07	5,13	5,17	5,22	5,24	5,26
13	4,26	4,48	4,62	4,69	4,74	4,84	4,88	4,94	4,98	5,04	5,08	5,13	5,14	5,15
14	4,21	4,42	4,55	4,63	4,70	4,78	4,83	4,87	4,91	4,96	5,00	5,04	5,06	5,07
15	4,17	4,37	4,50	4,58	4,64	4,72	4,77	4,81	4,84	4,90	4,94	4,97	4,99	5,00
16	4,13	4,34	4,45	4,54	4,60	4,67	4,72	4,76	4,79	4,84	4,88	4,91	4,93	4,94
17	4,10	4,30	4,41	4,50	4,56	4,63	4,68	4,72	4,75	4,80	4,83	4,86	4,88	4,89
18	4,07	4,27	4,38	4,46	4,53	4,59	4,64	4,68	4,71	4,76	4,79	4,82	4,84	4,85
19	4,05	4,24	4,35	4,43	4,50	4,56	4,61	4,64	4,67	4,72	4,76	4,79	4,81	4,82
20	4,02	4,22	4,33	4,40	4,47	4,53	4,58	4,61	4,65	4,69	4,73	4,76	4,78	4,79
22	3,99	4,17	4,28	4,36	4,42	4,48	4,53	4,57	4,60	4,65	4,68	4,71	4,74	4,75
24	3,96	4,14	4,24	4,33	4,39	4,44	4,49	4,53	4,57	4,62	4,64	4,67	4,70	4,72
26	3,93	4,11	4,21	4,30	4,36	4,41	4,46	4,50	4,53	4,58	4,62	4,65	4,67	4,69
28	3,91	4,08	4,18	4,28	4,34	4,39	4,43	4,47	4,51	4,56	4,60	4,62	4,65	4,67
30	3,89	4,06	4,16	4,22	4,32	4,36	4,41	4,45	4,48	4,54	4,58	4,61	4,63	4,65
40	3,82	3,99	4,10	4,17	4,24	4,30	4,34	4,37	4,41	4,46	4,51	4,54	4,57	4,59
80	3,76	3,92	4,03	4,12	4,17	4,23	4,27	4,31	4,34	4,39	4,44	4,47	4,50	4,53
100	3,71	3,86	3,98	4,06	4,11	4,17	4,21	4,25	4,29	4,35	4,38	4,42	4,45	4,48
∞	3,64	3,80	3,90	3,98	4,04	4,09	4,14	4,17	4,20	4,26	4,31	4,34	4,38	4,41

Verzeichnis allgemeiner Vorschriften

IUPAC: Compendium of Analytical Nomenclature. Pergamon Press 1978. 1. Recommendations for the presentation of Results of Chemical Analysis. 17. Nomenclature, Symbols, Units and their Usage in Spectrochemical Analysis. II. Data Interpretation.

MASCHIKO, Y.; IIZUKA, K.; SEAKI, S.: Precision and Accuracy of Physico-chemical Measurements and the Role of Certified Materials. Contribution of the IUPAC-Commission 1. 4, June 1982.

ISO 2854: Statistical Interpretation of Data − Techniques of Estimation and Tests relating to Means and Variances. Ref.-No. ISO 2854-1976 (E).

DIN 1319, Grundbegriffe der Meßtechnik − Teil 1: Messen, Zählen, Prüfen (November 1971) − Teil 2: Begriffe für die Anwendung von Meßgeräten (Januar 1980) − Teil 3: Begriffe für die Fehler beim Messen (Januar 1972).
DIN 1333, Zahlenangaben − Teil 2: Runden (Februar 1972).
DIN 13 303, Stochastik − Teil 1: Wahrscheinlichkeitstheorie. Gemeinsame Grundbegriffe der mathematischen und der beschreibenden Statistik, Begriffe und Zeichen (September 1979) − Teil 2: Mathematische Statistik, Begriffe und Zeichen (Dezember 1980).
DIN 51848, Prüfung von Mineralölen − Teil 1: Präzision von Prüfverfahren. Allgemeine Begriffe und ihre Anwendung auf Mineralölnormen, die Anforderungen enthalten (Dezember 1981) − Präzision von Prüfverfahren. Planung von Ringversuchen (Dezember 1981).
DIN 53 598 − Teil 1: Statistische Auswertung an Stichproben mit Beispielen aus der Elastomer- und Kunststoffprüfung (August 1974).
DIN 53 804 − Teil 3: Statistische Auswertung an Stichproben. Rangmerkmale (Ordinalmerkmale) (Januar 1980).
DIN 55 302, Statistische Auswerteverfahren − Teil 1: Häufigkeitsverteilung, Mittelwert und Streuung. Grundbegriffe und allgemeine Rechenverfahren (November 1970) − Teil 2: Häufigkeitsverteilung, Mittelwert und Streuung. Rechenverfahren in Sonderfällen (Januar 1967).
DIN 55 303, Statistische Auswertung von Daten − Teil 4: Macht von Tests für Mittelwerte und Varianzen (September 1978) − Teil 5: Bestimmung eines statistischen Anteilbereiches (September 1978).
DIN 55 350, Begriffe der Qualitätssicherung und Statistik − Teil 13: Begriffe der Qualitätssicherung, Genauigkeitsbegriffe (Januar 1981) − Teil 21: Begriffe der Statistik, Zu-

fallsgrößen und Wahrscheinlichkeitsverteilungen (April 1979) – Teil 22: Begriffe der Statistik, spezielle Wahrscheinlichkeitsverteilungen (Juni 1979).
DIN-ISO 5725, Präzision von Prüfverfahren. Bestimmung von Wiederholbarkeit und Vergleichbarkeit durch Ringversuche (November 1981).

AChT-Taschenbuch
Beuth-Verlag (in Vorbereitung) mit folgenden DIN-Vorschriften

DIN	Ausgabe	Titel
1301 T 1	12.85	Einheiten; Einheitennamen, Einheitenzeichen
1310	02.84	Zusammensetzung von Mischphasen (Gasgemische, Lösungen, Mischkristalle); Begriffe, Formelzeichen
1313	04.78	Physikalische Größen und Gleichungen; Begriffe, Schreibweisen
1343	01.90	Referenzzustand, Normzustand, Normvolumen; Begriffe und Werte
5477	02.83	Prozent, Promille; Begriffe, Anwendung
13 345	08.78	Thermodynamik und Kinetik chemischer Reaktionen; Formelzeichen, Einheiten
13 346	10.79	Temperatur, Temperaturdifferenz; Grundbegriffe, Einheiten
32 625	12.89	Größen und Einheiten in der Chemie; Stoffmenge und davon abgeleitete Größen; Begriffe und Definitionen
32 629	11.88	Stoffportion; Begriff, Kennzeichnung
32 630	06.85	Charakterisierung chemischer Analysenverfahren nach der Probengröße und dem Gehaltsbereich
32 635	06.84	Spektralphotometrische Analyse von Lösungen; Begriffe, Formelzeichen, Einheiten
32 640	12.86	Chemische Elemente und einfache anorganische Verbindungen; Namen und Symbole
32 645	01.90	Nachweis- und Bestimmungsgrenze
32 650	11.87	Analysen-Ablaufpläne; Zeichnerische Darstellung
51 401 T1	12.83	Atomabsorptionsspektrometrie (AAS); Begriffe
5140 T2	01.87	Atomabsorptionsspektrometrie (AAS); Aufbau von Atomabsorptionsspektrometern
53 804 T-1	09.81	Statistische Auswertungen; Meßbare (kontinuierliche) Merkmale
53 804 T-1 Bbl-1	05.88	Statistische Auswertungen; Meßbare (kontinuierliche) Merkmale; Beispiele aus der chemischen Analytik

Fachwörterverzeichnis Deutsch-Englisch-Russisch

Abhängigkeit	relationship	зависимость
Abnehmerrisiko	consumer's risk	риск потребителя
Abweichung	deviation	отклонение
Alternative	alternative	альтернатива
Alternativhypothese	alternative hypothesis	альтернативная гипотеза
Analyse	analysis	анализ
arithmetisches Mittel	arithmetic mean	среднее арифметическое
Ausreißer	outlying observation	грубая ошибка промах
Blindwert	blank	значение холостого опыта
χ^2-Verteilung	chi-square distribution	χ^2-распределение
Charakteristik	characteristics	характеристика
Datenreduktion	data reduction	свертывание информаций
Datenverarbeitung	data processing	обработка данных результатов
durchschnittliche Abweichung	average deviation (mean deviation)	среднее отклонение
Eliminieren von Ausreißern	rejection of outliers	исключение грубых ошибок
Empfindlichkeit	sensitivity	чувствительность
Exzeß	excess	эксцесс
F-Verteilung	F-distribution	F-распределение
Fehler	error	ошибка
Fehler erster, zweiter Art	error of first, second kind	ошибка первого, второго рода
Fehlertheorie	theory of errors	теория ошибок
Folge	runs	последовательность
Freiheitsgrad	degree of freedom	степень свободы
Gang	trend	ход, тенденция
geometrisches Mittel	geometric mean	зреднее геометрическое
graphisch	graphical	графический
Grenzwert	critical value	предельное значение
grobe Fehler	mistake	грубая ошибка, промах
Grundgesamtheit	population	генеральная совокупность
Häufigkeit	frequency	частота

relative Häufigkeit	relative frequency	относительная частота
Häufigkeitsdiagramm	frequency polygon	диаграмма частот
Häufigkeitsverteilung	frequency distribution	распределение частот
Herstellerrisiko	producer's risk	риск производителя
Hypothese	hypothesis	гипотеза
indirekte Messung	indirect measurement	косвенное измерение
Information	information	информация
Interpolation	interpolation	интерполяция
Irrtumswahrscheinlichkeit	error first kind probability	первого рода, уровень значимости
Kalibrieren	calibration	калибровка
Kalibrierkurve	calibration curve	калибровочный (градуировочный) график
Klasseneinteilung	grouping	группировка
Kontrollgrenzen	control limits	контрольные пределы
Kontrollkarten	kontrol chart	контрольная карта
Korrektur	correction	поправка
Korrelationskoeffizient	coefficient of correlation	коэффициент корреляции
Kovarianz	covariance	ковариация
Median	median	медиана
Merkmal	quality characteristics	признак, свойство
Messung	measurement	измерение
Mittelwert	mean value	зреднее (значение)
Nachweisgrenze	limit of decision	Граница обнаружения (откруваемый минимум)
Näherung	approximation	приближение
nichtparametrische statistische Methoden	nonparametric statistics	непараметрическая статистика
Nomogramm	nomogram	номограмма
Normalverteilung	normal distribution	нормальное распределение
Nullhypothese	null-(zero-)hypothesis, hypothesis H_0	нуль-гипотеза
Parallelbestimmung	parallel estimation	параллельное определение
Parameter	parameter	параметр
Präzision	precision	точность
Probenahme	sampling	отбор пробы
Prozeß in statistischer Kontrolle	process in statistical control	процесс под статистическим контролем
100 %-Prüfung	100 percent inspection	100 %-ный контроль
Quadratsumme	sum of squares	зумма квадратов
Qualitätskontrolle	quality control	контроль качества
Rangkorrelationskoeffizient	rank correlation coefficient	ранговый коэффициент корреляции

Rangordnung	rank	ранг
rechnerisch	numerical	нюмерический, численный
Rechenhilfsmittel	computation aids (comp. devices)	вычислительная техника
Regression	regression	регрессияа
Regressionsgerade	regression line	прямая регрессии
Regressionskoeffizient	coefficient of regression	коэффициент регрессии
relativ	relative	относительный
Reproduzierbarkeit	precision	воспроизводимость
Resultat	result	результат
Richtigkeit	accuracy	правильность
Risiko	risk	риск
Schätzung	estimate	оценка
Schiefe	skewness	асимметрия
Sequentialanalyse	sequential analysis	секвенциальный (последовательный) анализ
Signifikanz	significance	значимость
Spannweite	range	ширина разброса
Standard	standard	эталон
Standardabweichung	standard deviation	стандартное отклонение, зредняя квадратичная ошибка
statistische Qualitätskontrolle	statistical quality control	статистической контроль качества
statistische Sicherheit	level of significance	уровен значимостй
Stichprobe	sample	выборка
Stichprobenumfang	sample size	объем выборки
Streudiagramm	scatter diagram	диаграмма рассеяния
Strichliste	tally	маркировочным список
Summenhäufigkeit	cumulative frequency	накопленная частота
Summenhäufigkeitsverteilung	cumulative frequency polygon	распределение накопленной частоты
systematischer Fehler	systematic error, bias	зистематическая ошибка
t-Verteilung	Student's distribution	t-распределение (стюдента)
Test	significance test	критерий
Test der Anpassung	test for goodness of fitting	критерий согласия
Test der Unabhängigkeit	test for independence	критерий независимости
Theorie	theory	теория
Unabhängigkeit	independence	независимость
Untergrund	background	фон
Urliste	original list	начальный лист
Varianz	variance	дисперсия
Varianzanalyse	analysis of variance	дисперсионный анализ
Variationskoeffizient	coefficient of variation	коэффициент вариации
Vergleichbarkeit	reproducibility	сопотабимость
Verteilung	distribution	распределение

Verteilung, asymmetrische	distribution, unsymetrical	распределение, асимметричное
Verteilungsdichtefunktion	density function	функция плотности вероятности
Verteilungsfunktion	distribution function	функция распределения
Vertrauensintervall	confidence interval	доверительный интервал
Vorlauf	preliminary process estimates	предварительная оценка процесса
Wahrscheinlichkeit	probability	вероятность
Warngrenzen	tightened control limits	жесткие пределы
Wert	value	значение
Wiederholbarkeit	repeatability	воспроизводимость
zufälliges Ereignis	random event	случайное событие
Zufallsfehler	random error	случайная ошибка
Zufallsveränderliche	random variable	случайная переменная
Zuverlässigkeit	reability	достоверность

Sachwörterverzeichnis

$a \rightarrow$ Ordinatenabschnitt der Regressionsgeraden 159
Abhängigkeit zwischen Zufallsveränderlichen 32, 153
Ablehnung einer Hypothese 108
Ablesefehler 60
Abnehmerrisiko 10
Abrunden 96
Absolutbestimmung 17
Absolutfehler 16
ACVF $\rightarrow$ Autocovarianzfunktion 217
Adäquatheit 195
AKF $\rightarrow$ Autokorrelationsfunktion 217
Aliquotieren 57
Analyse, indirekte 65
Analysenprobe 15, 71
–, repräsentative 73
Analysenverfahren, biologische 38
–, indirekte 65
–, konventionelle 18
–, maßanalytische 60
–, photometrische 58, 63
–, zählende 68
Anlage von Ringversuchen 20, 34, 147, 151
Annahme einer Testhypothese 108
Anpassung durch Gerade 161
Anstieg der Geraden 159
Arbeitshygiene-Normen 104
Auflösen von Fehlern 135
Aufrunden 96
Ausgleichsgerade 159
– nach Gauss 161
– nach Theil 160
Auslaufzeit von Büretten 60
Ausreißerprüfung 125
Autocovarianzfunktion 217
Autokorrelationsfunktion 217

$b \rightarrow$ Regressionskoeffizient 159
Bartlett-Test 114
Bestimmtheitsmaß 155, 194
Bestimmung, graphische, der Standardabweichung 43
Beurteilungsregeln bei Prüfverfahren 109
Blindwert, Definition 98
–, Ermittlung 100
–, Standardabweichung 98

– und Nachweisgrenze 99
Camp-Meidell-Bedingung 46
Chi-Quadrat-Test 127
Chi-Quadrat-Verteilung 52
Cochran-Test 193
Covarianz 154
Cu-sum-Technik 207
–, zweidimensionale 215

$d \rightarrow$ Klassenbreite 19, 79
Dezimalstellen, Anzahl 97
Differenz ähnlicher Zahlen 56
–, maximal zulässige 95
–, Messung 56, 65
– von Ereignishäufigkeiten 124
– – Mittelwerten 116, 141
Differenztechnik 64
DIN-Normen 248
Duncan-Test 133, 142

$E \rightarrow$ Extinktion 63
$e \rightarrow$ Einwaage 58, 172
Einwaage, Probenahmefehler 72
–, Verhältnis zur Auswaage 59
Empfindlichkeit 58, 99, 107, 169
–, partielle 186
Ereignisse, seltene 48
Erfassungsgrenze 108
Ergebnisfläche 192
Ersatzgrößen, Messung 231
Erzeugerrisiko 101
Existenzprüfung des Korrelationskoeffizienten 155
exponentielle Glättung 161
Extinktion 63
–, Messung 59, 63
Extinktionskoeffizient 63
Exzeß 29

$f \rightarrow$ Freiheitsgrad 26
Faktorexperiment 178
Faktorpläne, unvollständige 160, 183
–, vollständige 178
– nach Plackett und Burman 184
Fehler, absoluter 16
– erster Art 102, 106, 109
–, Klassifizierung 16
–, konstanter 16, 171
–, linear veränderlicher 16, 171
–, Nachweis 171
–, prozentualer 16

–, relativer 16
–, systematischer 14
–, veränderlicher 16
– von Differenzen 55, 56, 95
– – Produkten 56
– – Quotienten 56
– – Summen 55
– – transzendenten Funktionen 55, 63
–, zufälliger 14
– zweiter Art 106, 109
Fehlerauflösung 135
Fehlerfaktor 27
Fehlerfortpflanzung 56
– bei Korrelation 156
Fläche unter der Gaußkurve 41, 45
Fragestellung, einseitige und zweiseitige 46
Freiheitsgrad 26
F-Test 110
F-Verteilung 51

Gang (bei Kontrollkarte) 203
Gaußkurve 38
–, Konstruktion 38
Gaußsches Integral 41
Gaußverteilung, integrierte 41
–, normierte 39
– von Mittelwerten 40
Genauigkeit 14
Gerade, beste 159, 161
Gesetz der seltenen Ereignisse 48
Glättung, exponentielle 161
Gravimetrie 58
Grenze nach 100 % 98
Größen, korrelierte 42, 153, 155, 224, 231
Grundbegriffe, statistische 15
Grundgesamtheit 15
Grundniveau 178, 193
G-Test nach Cochran 194

Häufigkeit 19
Häufigkeitsverteilungen, Darstellung 20
–, empirische 19
–, mehrgipflige 20
–, theoretische 37
–, Vergleich zweier 124
–, zweidimensionale 30

Sachwörterverzeichnis

Hauptwirkung 178
Herstellerrisiko 101
Heteroskedaszitität 169
Homogenität von Proben 143
Homogenitätsprüfung für Standardabweichungen 114
Homoskedaszitität 161
Hypothese, Prüfen 108
–, statistische 108

Impulszahlvorwahl 69
Integralgrenzen der Gaußverteilung 44, 238
– – χ^2-Verteilung 52, 241
– – F-Verteilung 51, 242
– – t-Verteilung 50, 240
Integration der Gaußkurve 41
Interpolation bei F-Test 111
Intervallschätzung 46, 90
Irrtumsrisiko 96, 106, 108
ISO-Normen 248

Kammlinienanalyse 200
KCVF → Kreuzcovarianzfunktion 226
Klassenbreite, Wahl 19
Klasseneinteilung 19
Klassengrenzen 20
Klassifikation von Fehlern 15
KOLMOGOROW-SMIRNOW-Test 128
Konfidenzintervall 46, 90
– bei inhomogenem Zahlenmaterial 147
– der Standardabweichung 84
– von Regressionskonstanten 162
Konstanten, Berechnung 160, 161
– der Regressionsgeraden 159
Kontrolle analytischer Arbeit 213
–, hundertprozentige 228
– durch Stichproben 229
Kontrollgrenzen 202
Kontrollkarten 201
Kontrollkartenbilder 203
– und Cu-sum-Verläufe 210
Korrekturfaktoren, empirische 17, 177
Korrelationskoeffizient 155
– als Anpassungsmaß 163, 165
–, graphische Abschätzung 154
–, Verfälschungen 158
Korrelationskonstante 217
Korrelationslänge 223
Korrelationszeit 217
Kreuzcovarianzfunktion 226

Laborkontrolle 213
Lieferbedingungen 101
Liefervereinbarungen 104
Linearitätsprüfung 164
LORDS Test 119

m → Probenzahl 78
Maßanalyse 60
Median 25
Mehrfachbestimmungen 78, 91, 101
Meßbedingungen, günstige 56
Meßfehler 15
Meßwerte, Anzahl 15
Meßwerte-Transformation 27
Methode der kleinsten Quadrate 161
Methoden, graphische, bei Prüfverfahren 112
Minimumsbedingungen 161
Mißweisung 16, 177
Mittel, arithmetisches 23
–, geometrisches 24
Mitteln von Werten 24
Mittelwert, Abweichung vom Sollwert 118
–, Differenz zwischen mehreren 141
–, – – zwei 116
– vom zertifizierten Wert 150
Multifaktorplan 184

n → Meßwerte, Anzahl 23
Nachlauffehler 60
Nachweisgrenze aus Regression 167
–, Definition 99, 167
–, Ermittlung 100
Netz, projektiv verzerrtes 159
Netze, logarithmisch geteilte 165
NEUMANNS Trendtest 205
Nicht-Gaußsche Verteilungen 45
Normalproben 16
Normalverteilung 37
–, eindimensionale 19, 37
–, integrierte 41
Normierung der Gaußverteilung 41
Nullhypothese 108

Ordinatenabschnitt 159
Ordnen von Meßwerten 20
Operationscharakteristik 102
Optimum, globales 192
–, lokales 200

$\bar{P}$; P Wahrscheinlichkeit bei ein- bzw. zweiseitiger Fragestellung 47

Parallelbestimmungen 90
Parameter von Häufigkeitsverteilungen 37, 48
partielle Empfindlichkeiten 188
PEARSONS Faktoren 95
Perzentile 28
PLACKETT-BURMAN-Plan 184
Poissonverteilung 48
Prädiktion 204, 222
Präzision 14
Probenahme 15
Probenahmefehler 72
Probenfamilie 34, 85, 151
Probengröße 72
Probeninhomogenität 72
Probenrepräsentanz 70, 71
Probenzahl 74
Prüfen auf Gaußverteilung 43, 127
– – Poissonverteilung 49, 131
– von Ausreißern 125
– – Ereignishäufigkeiten 124
– – Mittelwerten 116
– – Standardabweichungen 110
Prüffehler 95
Prüfhypothese 108
Prüfverfahren 102, 108
Prüfverteilung 50

Quadrate, Methode der kleinsten 161
Quadratsumme, Berechnung 26
–, Definition 26
Qualität, garantierte 103
–, Kontrolle 202
–, Merkmale, korrelierte 224
–, Vereinbarung 104
Qualitätsperioden 210, 224
Quartilabstand 28

R → Spannweite 28, 82
r → Korrelationskoeffizient 155
recovery rate 174
Regression, einfache 159
–, – gewichtete 170
–, – nicht parametrische 160
–, Koeffizient, dominanter 196
Reinheitsgarantie 93, 106
Reinheitsgrade 98
Relativfehler 16
Relativmessung 17
Reproduzierbarkeit 14
– bei logarithmisch-normaler Verteilung 81, 93
response surface 192
Richtigkeit von Ergebnissen 14, 177
Ringversuche 19, 20, 34, 146

–, Anlage 147, 152
– bei wenigen Laboratorien 151
– im Spurenbereich 151
– mit Probenpaaren 34, 151
–, Zielstellungen 147
Röntgenspektroskopie 48, 68
Rücktitration 65
Rückweisewahrscheinlichkeit 103
Runden von Werten 96
Runs 123

s → Standardabweichung 26
Säulendiagramm 19
Schätzwerte für Mittel 23
– – Standardabweichung 26
SCHEFFÉ-Test 146
Schiefe 29
Schrittweite 180, 193
Signifikanzstufen 110
– höherer Ordnung 142
Spannweite 28
Spektralphotometrie 67
Spurenanalyse 11, 22, 98
Standardabweichung, Berechnung 77
– bei Gaußverteilung 26
– – Poissonverteilung 48
–, Definition 26
– der Mittelwerte 40
–, graphische Bestimmung 42, 43
–, Gültigkeit 84
–, logarithmische 81
–, lokale 209
– und Probenfamilie 85
–, Vergleichsstandardabweichung 151
–, Vertrauensintervall 84
– von Analysenverfahren 87, 151
–, Wiederholstandardabweichung 151
Stichprobe 15
–, Kontrolle 230
–, repräsentative 15
Stichprobenkontrolle 230
Streichen von Werten 24, 126
Streuung bei zweidimensionaler Verteilung 32
–, zufällige 16
– zwischen Laboratorien 147
Streuungsmaße 26
Streuungszerlegung → Varianzanalyse 133

Summe der kleinsten Quadrate 161
systematische Fehler, Nachweis 171
– – nach DOERFFEL 172
– – nach PASSING und BABLOCK 174
– – nach YOUDEN 171

Teilfaktorplan 193
Teilfehler 135
THEILS Regressionsalgorithmus 160
Tests 169
–, nichtparametrische 110
–, parametrische 110
Titerherstellung 60
Toleranzen von Volumenmeßgeräten 61
t-Prüfung 116
Transformation von Meßwerten 27
Trend 205
Trendtest 205
Tropfenfehler 60
TSCHEBYSCHEW-Bedingung 45
t-Verteilung

Überlagerung von Signalen 67
Unterschiede von empirischer und theoretischer Verteilung 127
– – Mittelwerten 116, 141
– – Standardabweichungen 109, 114
– – Zählergebnissen 124

Variable, natürliche 193
–, codierte 193
Varianz 26
Varianzanalyse, einfache 133
– mit Untergruppen 137
Varianzkomponenten 129, 136, 140
Variationskoeffizient 86
Verfahren, radiometrische 68
Verfahrensprüfung durch Ringversuch 34, 146
Vergleich zweier Richtungsfaktoren 165
Vergleichsstandardabweichung 151
Versuchsplan 1. Ordnung 179, 193
– 2. Ordnung 196
– nach PLACKETT und BURMAN 184
Verteilung, asymmetrische 27, 21
–, empirische 19
–, Gaußsche 37, 236
–, logarithmische, Darstellung 23
–, –, Standardabweichung 77, 81
–, –, Vertrauensintervall 92

–, Mittelwert 31
–, Poissonsche 48
–, schiefe 21, 29
–, Standardabweichung 32
–, theoretische 37
–, unsymmetrische 21
–, zweidimensionale 30, 39
–, zweigipflige 20
Verteilungen, überhöhte 30
Verteilungsanalyse 211, 223
Vertrauensintervall 46, 84, 90
– bei inhomogenem Zahlenmaterial 147
– der Standardabweichung 84
– für logarithmische Verteilungen 92
Volumenmeßfehler 61
Vorzeichentest 120

Wägefehler 58
Wägung 58
Wahl des Formeltyps 165
Wahrscheinlichkeit 43
– des Vorkommens von Fehlern bestimmter Größe 44
Wahrscheinlichkeitspapier 42
WALD-WOLFOWITZ-Runs-Test 123
Wechselwirkung 180, 186
WELCH-Test 118, 150
Wendepunkt bei der Gaußkurve 38, 41
– – – integrierten Gaußkurve 41
Wert, häufigster 19
Wiederfindungsrate 174
Wiederholstandardabweichung 133, 151
Wirksamkeit eines Faktors 196

YOUDENS Fehlerquotient 34

Zahlenmaterial, inhomogenes 133
Zeit-Verteilungsanalyse 216
Zeitvorwahlmethode 69
Zentralwert 25
Zentrieren einer Zeitreihe 217
Zerlegen in Teilfehler 135
– – Teilkollektive 44
Zielgröße zur Optimierung 192
Zufallsfehler 16
Zufallsstichproben 15
Zusammenhang, funktioneller 159